"十四五"职业教育国家规划教材

智能制造专业群系列教材

金 工 实 训

（第三版）

主　编　杨小华　陈　明
主　审　李三波

科学出版社

北　京

内 容 简 介

本书是按照高等职业教育技术技能型人才的培养目标和基本要求,在总结编者近年来金工实训教学改革经验的基础上编写的。本书以各工种国家职业标准为依据,较完整地介绍了工作过程所需的基本知识和基本技能训练项目,同时把生产管理理念融入各个环节。本书内容包括钳工实训、车工实训、铣工实训、焊工实训和数控加工五个项目,每个项目分为若干个任务,各任务又分别由工作任务、相关知识、任务实施及考核评价等环节组成。

本书采用最新国家标准,内容简洁实用,可作为应用型本科院校和职业院校机械类、近机械类等专业的教材,也可作为相关工种技术工人培训教材或自学用书。

图书在版编目(CIP)数据

金工实训 / 杨小华,陈明主编. —3 版. —北京:科学出版社,2019.11(2024.8 修订)

"十四五"职业教育国家规划教材

ISBN 978-7-03-063452-8

Ⅰ. ①金… Ⅱ. ①杨…②陈… Ⅲ. ①金属加工-实习-高等职业教育-教材 Ⅳ. ①TG-45

中国版本图书馆 CIP 数据核字(2019)第 254598 号

责任编辑:张振华 / 责任校对:马英菊
责任印制:吕春珉 / 封面设计:东方人华平面设计部

科 学 出 版 社 出版

北京东黄城根北街 16 号
邮政编码:100717
http://www.sciencep.com

三河市中晟雅豪印务有限公司印刷

科学出版社发行 各地新华书店经销

*

2012 年 12 月第 一 版 2024 年 12 月第十五次印刷
2016 年 3 月第 二 版 开本:787×1092 1/16
2019 年 11 月第 三 版 印张:18 1/4
字数:400 000

定价:**56.00** 元

(如有印装质量问题,我社负责调换)

销售部电话 010-62136230 编辑部电话 010-62135120-2005

前　言

本书于 2012 年 12 月首次出版，2013 年 8 月被评为"十二五"职业教育国家规划教材，2023 年 6 月被评为"十四五"职业教育国家规划教材，至今已更新至第三版。多年来，本书受到广大读者的普遍欢迎，许多热心读者在使用本书后提出了宝贵的修订建议。

党的二十大报告指出："加快建设国家战略人才力量，努力培养造就更多大师、战略科学家、一流科技领军人才和创新团队、青年科技人才、卓越工程师、大国工匠、高技能人才。"为了深入贯彻落实二十大报告精神，编者根据二十大报告和《职业院校教材管理办法》《高等学校课程思政建设指导纲要》《"十四五"职业教育规划教材建设实施方案》等相关文件精神，对本书内容做了更新、完善等修订工作。

在修订过程中，编者紧紧围绕"培养什么人、怎样培养人、为谁培养人"这一教育的根本问题，以落实立德树人为根本任务，以学生综合职业能力培养为中心，以培养卓越工程师、大国工匠、高技能人才为目标。通过修订，本书的体例更加合理和统一，概念阐述更加严谨和科学，内容重点更加突出，文字表达更加简明易懂，工程案例和思政元素更加丰富，配套资源更加完善。具体而言，主要具有以下几个方面的突出特点。

1）校企"双元"联合编写，行业特色鲜明。本书是在行业专家、企业专家和课程开发专家的指导下，由校企"双元"联合编写的。编者均来自教学或企业一线，具有多年的教学或实践经验。在编写过程中，编者能紧扣该专业的培养目标，遵循教育教学规律和技术技能人才培养规律，将新理论、新标准、新规范和技能大赛所要求的知识、能力和素养融入教材，符合当前企业对人才综合素质的要求。

2）项目引领，任务驱动，与实际工作岗位对接。本书基于"项目-任务"的编写理念，以真实生产和大赛项目、典型工作任务、案例等为载体组织教学内容，能够满足项目化、模块化等不同教学方式的要求。

3）融入思政元素，落实课程思政。为落实立德树人根本任务，充分发挥教材承载的思政教育功能，本书凝练思政要素，融入精益化生产管理理念，将安全意识、质量意识、职业素养、工匠精神的培养与教材的内容相结合，使学生在学习专业知识的同时，潜移默化地提升思想政治素养。

4）对接职业标准和大赛标准，体现"岗课赛证"融通。在编写过程中，紧密围绕"知识、技能、素养"三位一体的教学目标，注重对接与 1+X 职业资格证书和国家职业技能标准以及技能大赛要求，体现"书证"融通、"岗课赛证"融通。

5）立体化资源配套，便于实施信息化教学。为了方便教师教学和学生自主学习，本书配有免费的立体化的教学资源包，包括多媒体课件、微课、视频等。本书中穿插有丰富的二维码资源链接，通过扫描可以观看相关的微课视频。

本书可作为高职高专、职业本科和应用型本科院校机械类、近机械类专业金工实训课程教材，也可供有关技术人员参考或自学。

本书由杨小华（丽水职业技术学院）、陈明（丽水职业技术学院）任主编，朱凌宏（丽水职业技术学院）、李银海（金华职业技术学院）、陆勇星（金华职业技术学院）任副主编，方忠恕（丽水欧意阀门有限公司）、申建华（丽水职业技术学院）、孙顺仁（丽水职业技术学院）、徐征（丽水职业技术学院）参与编写，李三波（丽水职业技术学院）任主审。

在编写本书的过程中，编者得到了丽水信毅单向器有限公司、丽水欧意阀门有限公司的大力支持，兄弟院校的同仁在本书的编写及修订中提供了宝贵意见，在此深表谢意。

由于编者水平有限，加之时间仓促，书中难免存在不足之处，恳请广大读者批评指正。

目 录

课程导入　　走进车间

　　金工实训是制造类专业学生或初学者步入社会之前首次接触工业生产、参与工业仿真管理的重要手段和主要实践环节。在实训教学中引入企业管理模式可以促进学生企业化价值观的形成，培养学生的职业意识和职业素质，有利于学生职业生涯的发展。

　　实训前，通过了解车间的组织机构、生产流程，学习企业的现场管理、质量与安全管理知识，学生可以初步体会并熟悉企业管理模式，养成良好的职业素养。

企业是指从事生产、流通、服务等经济活动，以生产或服务满足社会需要，实行自主经营、独立核算、依法设立的一种营利性的经济组织。企业为了营利、生存和发展，必须对企业进行管理。企业管理的主要内容之一是生产管理，包含技术管理、安全管理、设备管理、质量管理和物资管理等。

车间是生产企业的基本生产单位，是企业经营产品的制造现场。

1. 车间的组织机构

车间拥有一定量的原材料、零部件、外购件等加工对象，拥有厂房、设备、工夹量具等加工设施，还拥有各类员工。车间是具有完善组织系统并组织生产、指挥生产、完成生产任务的基层单位。

1）企业车间组织机构

车间一般由若干工段和班组组成。车间行政负责人是车间主任，在车间主任之下，根据需要还设有必要的办事人员，如统计员、质检员、技术员、生产调度员、设备管理员等，其具有清晰的职责分工。

企业管理组织形态结构常见的有直线制、职能制、直线职能制；现代企业还有事业部制、模拟分权制、矩阵制、网络组织、虚拟组织等组织结构。

在制造业的中、小企业中最常见的是直线职能制，它是运用得最为广泛的一个组织形态（图0-1），甚至很多机关、学校、医院等也采用这种组织形态结构。

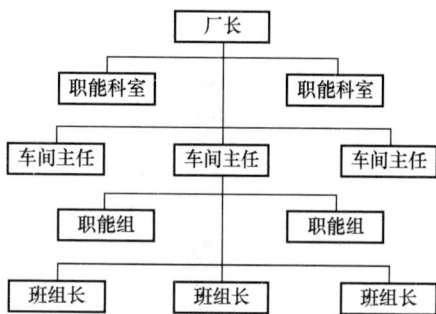

图 0-1　直线职能制

2）实训车间组织机构

借鉴企业的管理方法，建立相应的实训车间组织体系（属于直线职能制），实训中心、实训车间、班级分别承担厂级、车间及班组三级生产管理职能，由实训指导教师兼任车间主任、统计员及质检员，学生班干部兼任班组长。实训车间组织机构如图0-2所示。

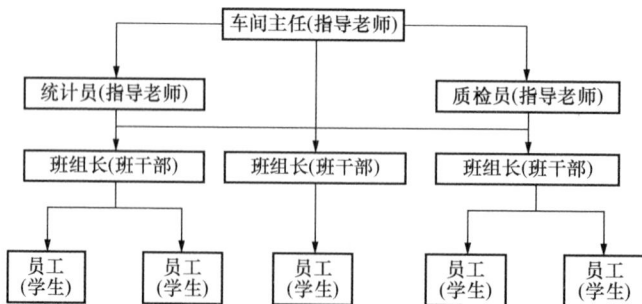

图 0-2　实训车间组织机构

2. 车间的生产过程

生产过程是企业最基本的活动过程。任何产品的制造，都要经过一定的生产过程。

产品的生产过程是指从原材料投入生产开始，直到成品检验合格入库为止所经历的全部过程。

1）生产过程

生产过程由以下四部分组成。

（1）生产技术准备过程。生产技术准备过程是指企业为了制造新产品或改进老产品，在投入生产前进行的一系列准备工作过程，主要包括新产品设计、工艺设计、工艺装备的设计与制造，新产品的试制与鉴定、材料与工时定额的确定、生产组织的调整等工作。

（2）基本生产过程。基本生产过程是指对构成产品实体的劳动对象直接进行工艺加工的过程，如机械企业中的铸造、锻造，机械加工和装配等过程。基本生产过程是企业的主要生产活动。

（3）辅助生产过程。辅助生产过程是指为保证基本生产过程的正常进行而从事的各种辅助性生产活动的过程，如为生产提供动力、工具和维修工作等。

（4）生产服务过程。生产服务过程是为保证生产活动顺利进行而提供的各种服务性工作，如供应工作、运输工作、技术检验工作等。

2）生产执行过程

按照生产订单的数量及质量要求，车间将生产计划分解到各个班组组织生产，包括生产计划的落实、生产计划的组织实施、生产计划完成情况的检查、车间生产的改进等。

3）实训生产

由车间下达产品生产任务（即实训任务），学生按要求完成各项工作（即零件的制作），并参与管理生产过程的各个环节、检查验收生产零件的质和量，以此作为实训的主要考核内容。完整的生产过程这条主线把实训各个要素有机地贯穿起来。

3. 车间的现场管理

1）现场和现场管理

现场就是指事件发生的场所，企业生产现场是指直接从事产品生产、经营、工作、试验的场所。

现场管理就是指用科学的管理制度、标准和方法对生产现场各生产要素，包括人员、设备、工具、原材料、加工方法、环境、信息等进行合理有效的计划、协调，使其处于良好的结合状态，达到优质、高效、低耗、均衡、安全、文明生产的目的。

2）车间现场管理

车间现场管理主要包括现场6S管理、定置管理和目视管理等。

（1）现场6S管理。6S管理是指整理（Seiri）、整顿（Seiton）、清扫（Seiso）、清洁（Seiketsu）、素养（Shit-suke）和安全（Security），因其日语的罗马拼音均以"S"开头而简称6S管理。

① 整理：将工作场所的任何物品区分为有必要和没有必要的两类，留下有必要的，去除没有必要的。目的是腾出空间，空间活用，防止误用，营造清爽的工作环境。

② 整顿：把留下来的有必要的物品按规定位置摆放，并放置整齐加以标示。目的是使工作场所一目了然，减少寻找物品的时间，营造整齐的工作环境，消除过多的积压物品。

③ 清扫：将工作场所清扫干净，保持工作场所干净、亮丽的环境。目的是保持工作环

境和工作设施设备处于良好的状态，稳定品质，减少工业伤害。

④ 清洁：维持上面 3S 成果。目的在于将整理、整顿、清扫内容化为每位员工的自觉行为，从而全面提升每个人的职业素质和品位。

⑤ 素养：每位员工养成良好的习惯，并遵守规则做事，培养积极主动的精神。目的在于培养员工良好的习惯，遵守规则做事。

⑥ 安全：关注、预防、杜绝、消除一切不安全因素和现象，树立安全第一观念，防患于未然。目的在于建立安全生产的环境，所有的工作应建立在安全的前提下。

6S 管理针对企业中每一位员工的日常行为方面提出要求，倡导从小事做起，力求每位员工都养成事事"讲究"的习惯，从而达到提高整体工作质量的目的。

（2）定置管理。定置管理是以生产现场为主要对象，研究分析人、物、场所的状况，以及它们之间的关系，并通过整理、整顿、改善生产现场条件，促进人、机器、原材料、制度、环境有机结合的一种方法。其目的是实现人和物的有效结合，合理、充分利用空间和场所，促进生产现场管理文明化、科学化，达到高效生产、优质生产、安全生产的效果。

定置管理的内容包括：工厂区域定置，如车间定置包括工段、工位、机器设备、工作台、工具箱等；生产现场区域定置，包括毛坯区、半成品区、成品区、废品区、清洁物品存放区等；可移动物件定置，包括工具、量具、原材料、半成品、在制品、废品、杂物等。

定置管理实际上是 6S 管理的深入和发展。

（3）目视管理。目视管理是利用形象直观且色彩适宜的视觉感知信息来组织现场生产活动，达到提高劳动生产率的一种管理手段，也称看得见的管理、一目了然的管理、用眼睛来管理的方法。目视管理综合运用了管理学、生理学、心理学、社会学等多学科的研究成果。

① 目视管理的目的：以视觉信号为基本手段，以公开化为基本原则，尽可能地使管理者的要求和意图被大家看见，借以推动目视管理、自主管理、自我控制。

② 目视管理三要点：无论是谁都能判明是好是坏（异常）；能迅速判断，精度高；判断结果不会因人而异。

③ 目视管理的内容：规章制度与工作标准的公开化；生产任务与完成情况的图表化；与定置管理相结合，实现视觉显示资讯的标准化；生产作业控制手段的形象直观化与使用方便化；物品的码放和运送的数量标准化；现场人员着装的统一化与实行挂牌制度和色彩管理标准化。

④ 目视管理的优点：形象直观，有利于提高工作效率，目视管理透明度高，便于现场人员互相监督，发挥激励作用，产生良好的生理和心理效应，调动并保护现场人员的生产积极性。

4. 车间的质量与安全管理

1）车间的质量管理

生产合格的产品是保证企业经营利润的唯一途径，也是企业成立和发展的最终目的。产品质量是企业赖以生存的根本条件，也是企业的生命体现。质量把握着企业的命脉，让每位员工形成良好的质量观是一项重要工作。

质量管理的发展经历了三个阶段：质量检验阶段、统计质量控制阶段和当今的全面质量管理阶段。

就其本质而言，产品质量是生产出来的，而不是靠检验得到的。针对生产中存在的质量问题，车间应从设备、人员、操作、工艺上找原因，找问题，实行质量责任制，并将质量指标分解到班组、个人。

质量赢得市场，管理创造效益。我们既要充分发挥管理者的作用，也要注意调动员工的自主性，充分发挥员工的才干和工作热情，造就人人争做贡献的工作环境，确保质量策划、质量控制、质量保证和质量改进的活动能顺利进行。

2）车间的安全管理

（1）安全管理的目的和意义。"安全生产重于泰山""安全第一，预防为主"是企业的生命线，更是实训教学工作的重中之重。

车间安全管理包括工序操作管理、物料管理、环境管理、防护管理、文明生产管理、装卸管理、消防管理、用电管理等。车间安全管理的目的是提高员工的安全意识，提升员工的安全操作技能和安全管理水平，最大程度减少人身伤害事故的发生，杜绝财产损失。

（2）实训生产安全要求。

第一，切实加强安全生产教育和培训工作。实训第一节课必须安排安全教育，在车间（教室）相应之处设置安全操作规范、规章制度、文明生产要求、安全警示及目标口号等仿真企业文化的软环境，利用环境因素对学生进行潜移默化的影响。

第二，制订安全管理规定、安全技术操作规程和安全技术措施计划。坚持课前讲安全、课中检查安全、课后总结安全。

第三，预防为主。组织全体人员定期安全检查，落实隐患整改措施，保证设备、安全装置、消防、防护器材等处于完好状态。利用有关案例教育学生提高自我保护意识，督促学生严格按规程操作并记入实训考核成绩。

第四，坚持"四不放过"（事故原因未查清不放过、责任人员未处理不放过、整改措施未落实不放过、有关人员未受到教育不放过）原则，对发生的事故及时报告和处理，注意保护现场，查清事故原因，采取防范措施。

1 项目

钳 工 实 训

>>>>

◎ **项目导读**

钳工是机械制造中最悠久、以手工作业为主的金属加工技术。当今世界各种先进加工机床不断出现，但钳工仍是广泛应用的基本技术，如划线、刮削、研磨和机械装配等作业，至今尚无适当的机械化设备可以全部代替。钳工基本操作主要包括划线、锯削、锉削、孔的加工、攻螺纹和套螺纹、錾削、刮削和研磨、装配和拆卸等。有了钳工实训的经历，学生能得到一定的有关制造业的感性认识，为后续技能学习奠定基础。

◎ **知识目标**

1. 了解钳工工作的主要内容。
2. 熟悉钳工常用设备、工量具使用方法及维护保养知识。
3. 掌握钳工技能基本操作知识。
4. 掌握安全文明生产及现场 6S 管理知识。

◎ **能力目标**

1. 会钳工基本操作方法。
2. 会钳工设备及工量具的日常维护与保养。
3. 能看懂图样及编制加工工艺，具有独立加工制作中等难度零件的能力。
4. 具有分析和处理制作过程中存在问题的能力。
5. 具有一定的安全认知能力。

任务 1.1 —— 钳工认知与安全文明生产

☞ **工作任务**

1. 钳工常用设备、工量具的认识及使用。
2. 测量钳工复形样板各尺寸，图样如图 1-1 所示。

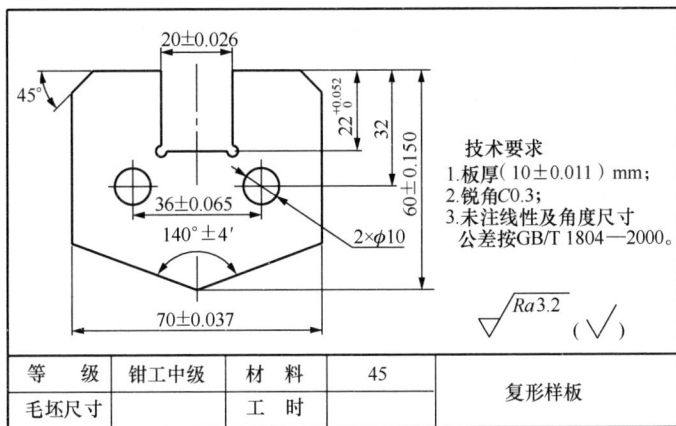

图 1-1 复形样板

1.1.1 相关知识：钳工设备及工量具

钳工工作主要是利用台虎钳，加之各种手用工具和一些机械工具、设备完成某些零件的加工制造。

国家职业标准把钳工分为装配钳工、机修钳工和工具钳工三类。其中，装配钳工指操作机械设备或使用工装、工具，进行机械设备零件、组件或成品组合装配与调试的人员；机修钳工是指从事设备机械部分维护和修理的人员；工具钳工是指操作钳工工具、钻床等设备，进行刃具、量具、模具、夹具、索具、辅具等（统称工具，亦称工艺装备）的零件加工和修整、组合装配、调试与修理的人员。简单地说，钳工的主要工作就是装配机器、维修设备和制作专用工具。

钳工加工方法灵活多样，可加工形状复杂和高精度的零件，且投资小，但是生产效率低，劳动强度大，加工质量取决于操作者的技术水平。

1. 钳工常用设备及工量具

1）钳工工作台

钳工工作台简称钳台或钳工桌，用来安装台虎钳，放置工量具（量具单独放置）、工件等，也是钳工主要的操作工位。要求钳工工作台坚实、平稳，台面高度 800～900mm，如

图 1-2（a）所示，台面上装台虎钳和防护网。装好台虎钳后，操作者工作时的钳口高度要合理，一般多以恰好与肘平齐为宜，即肘放在台虎钳最高点半握拳，拳刚好抵下额，如图 1-2（b）所示，钳工工作台台面的长度和宽度则依工作需要而定。钳工工作台使用注意事项如下：

（1）防护网是起安全保护作用的，不要随意拆除。

（2）若钳口偏高，则可加脚垫板。

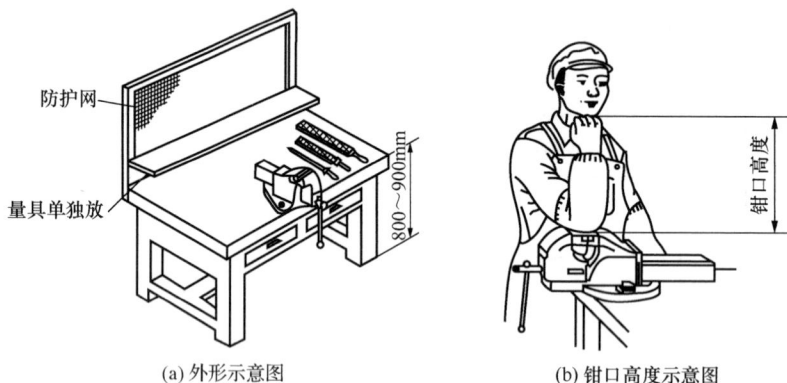

(a) 外形示意图   (b) 钳口高度示意图

图 1-2 钳工工作台

2）台虎钳

（1）台虎钳种类及各部分功能。台虎钳的作用是夹持工件。常用的台虎钳有固定式和回转式两种。回转式台虎钳的结构如图 1-3 所示。其工作原理为：活动钳身可以移动及固定，摇动手柄使螺杆旋转，带动活动钳身相对于固定钳座作轴向移动，起到夹紧或放松工件的作用。钳口用来夹紧工件，并经过淬火处理，具有良好的耐磨性，其工作面上制有交叉的网纹，使工件夹紧后不易滑动。固定钳座与转盘座和夹紧盘相连接，并通过夹紧手柄上螺栓的松紧来确定之间关系，可紧固或旋转。转盘座用来与钳工工作台固定。

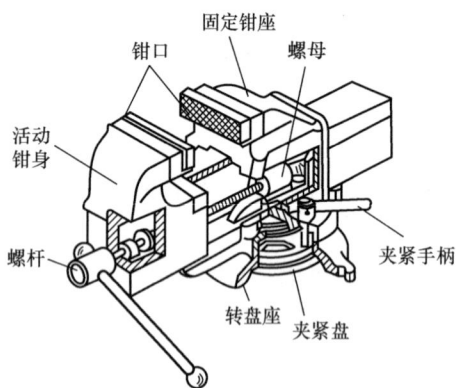

图 1-3 回转式台虎钳的结构

台虎钳规格以钳口的宽度来表示，常用的有 100mm、125mm、150mm 三种。

（2）台虎钳使用注意事项。

① 工件尽量夹在钳口中部，以使钳口受力均匀，工件高出钳口 10～15mm。

② 夹紧后的工件应稳定可靠，便于加工，并不易产生变形。

③ 夹紧工件时，一般只允许依靠手的力量来扳动手柄，不能用锤子敲击手柄或随意套上长管子来扳手柄，以免丝杆、螺母或钳身损坏。

④ 不要在活动钳身的光滑表面进行敲击作业，以免降低配合性能。

⑤ 加工时用力方向最好是朝向固定钳身。

3）砂轮机

砂轮机如图 1-4 所示，用来刃磨錾子、钻头和刮刀等刀具或其他工具，也可用来磨去材料或工件上的毛刺、锐边、氧化皮等。操作者使用砂轮机时遵守以下几点：

（1）砂轮旋转方向必须与指示牌相符，使磨去的碎屑向下飞离砂轮。

（2）砂轮机启动后应等转速达到正常时再进行磨削。

（3）使用砂轮机时，不准将磨削件与砂轮猛烈撞击或施加压力过大，以免砂轮碎裂。

（4）使用中发现砂轮表面跳动严重时，应及时用修整器进行修整。

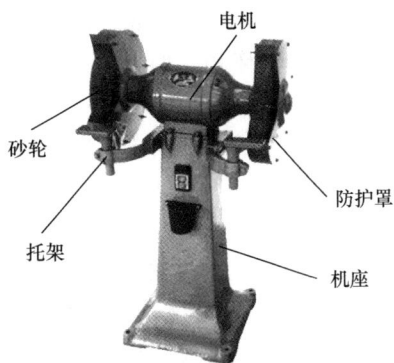

图 1-4 砂轮机

（5）使用时，操作者尽量不要站在砂轮的正面方向，而应站在砂轮的侧面或斜侧位置。

4）钻床

钻床是用来对工件进行孔加工的设备，如台式钻床、立式钻床和摇臂钻床等，如图 1-5 所示。

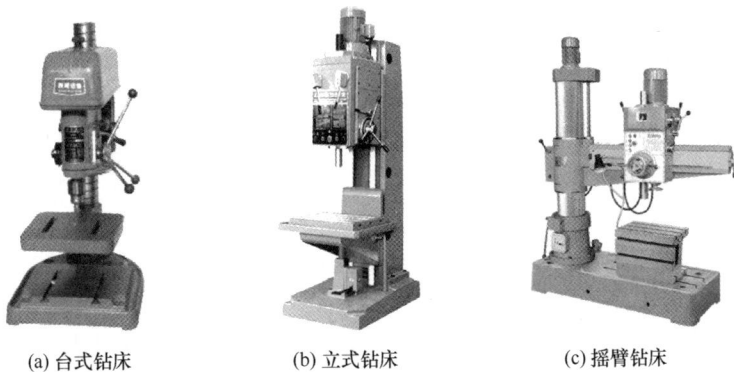

(a) 台式钻床　　　　(b) 立式钻床　　　　(c) 摇臂钻床

图 1-5 钻床

5）钳工常用的工、量具

钳工常用的工具有划线工具、锤子、锉刀、手锯、錾子、刮刀、钻头和螺纹加工工具、各种扳手和旋具等。

钳工常用的量具有平板、钢直尺、刀口尺、直角尺、内外卡钳、游标卡尺、游标高度卡尺、千分尺、游标万能角度尺、塞尺、正弦规、量块、百分表及磁性表座等。

2. 钳工 6S 管理及安全文明生产

1）设备的布局及工量器具的存放

（1）设备的布局要合理适当，钳桌要放在便于工作和光线适宜的地方，操作者面对面使用的钳工工作台，中间要装有防护网；钻床和砂轮机一般安装在场地的边缘或独立房间，以保证安全。

（2）使用的机床、工具要经常检查，发现损坏或故障要及时报修，在未修好前不得使用。

（3）清除切屑时要用刷子，不得直接用手或棉纱清除，更不能用嘴吹。

（4）毛坯和已加工零件应放置在规定位置，排列整齐，要保证安全，便于取放，并避免碰伤已加工的工件表面。

（5）工量具的摆放应满足以下要求：

① 在钳工工作台上工量具应按次序排列整齐。

② 量具不能与工具或工件混放。

③ 工具摆放要以方便取用为准。

④ 工量具要整齐放在固定的位置。

⑤ 工件图样、指导书等应放在便于阅读和使用的位置。

⑥ 铁屑、铁块、垃圾等要分别在指定的位置存放。

2）工作前准备

（1）必须按规定穿戴好防护用品，工作服的纽扣必须扣好，长发的女生必须戴上工作帽，并将头发盘起置于帽中。

（2）实训前，应仔细阅读设备安全操作规程和作业指导书，对实训内容有大概的了解，有疑问应及时与指导教师联系。

（3）检查需要使用的工量器具是否齐全，有无异常。例如，锉柄必须装有金属箍，不得用无锉柄或已损坏锉柄的锉刀锉削，以防伤害操作者的手。

（4）检查毛坯是否有缺陷，加工余量是否足够。

（5）钻孔前，应检查钻床各个部件是否正常，试车空运转检查是否正常。钻孔时，严禁戴手套操作。

3）工作过程中

（1）工件应正确安装，可靠夹紧。夹紧工件时只允许用手的力量扳紧手柄，不可用任何物件敲击手柄，也不允许用套管在手柄上加力。

（2）已加工的工件需要装夹在台虎钳上时，钳口可垫上铜皮或铝片，以保护已加工的表面。

（3）不得用锉刀锉削毛坯的硬皮、氧化皮及夹砂、夹渣和淬硬工件的表面，以防降低锉刀的使用寿命。

（4）锉削时，锉刀不能沾水、沾油，也不能用手去揩摸锉身，以免引起锉刀锈蚀和在锉削时发生打滑现象。

（5）不得用锉刀作撬动和敲打的工具，以防锉刀断裂。

（6）应使用毛刷或钢刷清除切屑，不准用嘴吹或用手擦除。

（7）不准在还没有停车时用手制动钻夹头，也不准在还没有停车时装夹、检测工件，以防发生人身事故。

4）工作结束后

（1）切断钻床电源，清除钻床上及钻床周围的切屑和切削液。

（2）台虎钳的丝杆、螺母和各运动表面，应经常加油润滑，并保持清洁。

（3）将用过的工具擦拭干净，放回原位，对需要防锈的工具应涂油。

（4）把不再使用的工量器具等送还工具室。

3. 常用量具

每一个零件的生产都必须按照图纸规定的尺寸公差要求来生产制作，而零件质量是通过测量来确定的，测量是用量具来实现的。量具是检验零件是否合格的基本工具。

1) 常用量具的分类

以一定形式复现量值的计量器具称为量具。

(1) 线纹类量具：钢直尺和钢卷尺等。

(2) 游标类量具：游标卡尺、游标高度卡尺和游标深度卡尺等。

(3) 测微类量具：内径千分尺和深度千分尺等。

(4) 指示类量具：百分尺、内径百分表和杠杆百分表等。

(5) 角度测量用量具：直角尺、游标万能角度尺和水平仪等。

(6) 其他常用量具：塞尺和各种量规等。

2) 量具常用的名词术语

(1) 刻线距离：刻度尺上相邻两条刻线之间距离。

(2) 分度值：刻度尺上相邻两条刻线所代表的长度单位数值。

(3) 测量范围：量具所能测量的最小值到最大值的范围。

(4) 示值范围：量具所能显示的最低值到最高值的范围。

(5) 测量力：在接触测量过程中，量具测头和被测量件表面接触时产生的机械力。

(6) 示值稳定性：在外界条件不变的情况下，对同一被测量连续多次重复测量（一般为5~10 次），量具示值变动的最大差值。有时也叫示值变化、示值变差和示值重复性等。

(7) 示值误差：量具的标称值和示值之间的差值。

(8) 灵敏度：计量器具对被测量变化的反应能力。

(9) 计量器具：用以直接或间接测出对象量值的量具、仪器、仪表和计量装置的统称。

3) 游标卡尺

游标卡尺是带有测量卡爪并用游标读数的通用量尺，应用范围很广。游标卡尺主要用于测量内径、外径、阶梯和深度等。实际生产使用中和游标卡尺具有相同功能的还有带表卡尺和电子数显卡尺等，外形如图 1-6 (a) ~ (c) 所示。

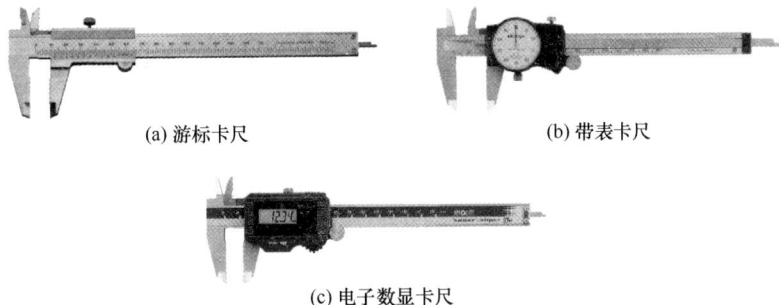

(a) 游标卡尺

(b) 带表卡尺

(c) 电子数显卡尺

图 1-6 常用卡尺的外形

带表卡尺是以精密齿条、齿轮的齿距作为已知长度，以带有相应分度的指示表作为放大、细分和指示部分的手携式长度测量工具。带表卡尺能解决游标卡尺的读数误差问题。常见的最小读数值有 0.01mm 和 0.02mm 两种。

电子数显卡尺是采用容栅、磁栅等测量系统，以数字显示测量示值的长度测量工具，可在测量范围内任意调零。常用的分辨率为 0.01mm。数显游标卡尺读数直观清晰、测量效率高，使用方法和普通卡尺一样。

（1）游标卡尺的结构。游标卡尺由尺身（主尺）和附在尺身上能滑动的游标（副尺）两部分构成。其中，游标卡尺的尺身和游标上有两副活动量爪，分别是内量爪和外量爪，内量爪通常用来测量内径，外量爪通常用来测量长度和外径。根据分度值不同分为 0.1mm、0.05mm 和 0.02mm 三种游标卡尺。常用分度值为 0.02mm 的游标卡尺的各部分结构如图 1-7 所示。

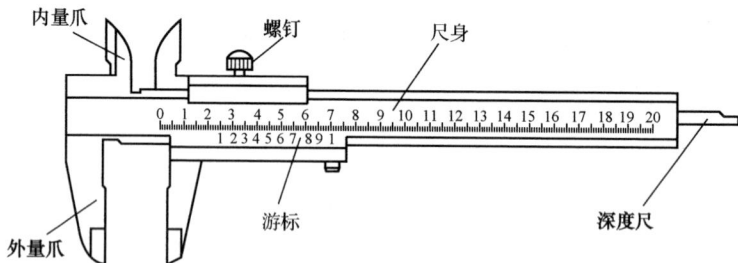

图 1-7 游标卡尺的结构

游标卡尺各部分的作用如下：
① 尺身、游标：用来进行读数。
② 螺钉：用来固定或松开游标。
③ 外量爪：测量工件的外径和长度。
④ 内量爪：测量工件的内径。
⑤ 深度尺：测量深度或高度尺寸。

（2）游标卡尺的原理。游标卡尺是利用游标原理细分读数的尺形手携式通用长度测量工具，如图 1-8 所示，0.02mm 分度值的游标卡尺，尺身每小格为 1mm，游标刻线总长为 49mm，并等分为 50 格，因此每格为 49mm/50＝0.98mm，则尺身和游标相对之差为 1mm－0.98mm＝0.02mm，所以它的分度值为 0.02mm。

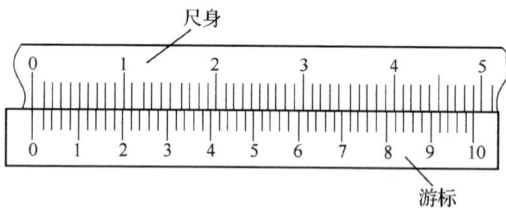

图 1-8 游标卡尺的原理

（3）游标卡尺的使用。测量时，右手拿住尺身，大拇指移动游标，左手拿待测外径（或内径）的物体，使待测物体位于外量爪（或内量爪）之间，当与量爪紧紧相贴时，即可读数。
① 测量时，旋松螺钉可使尺身移动。
② 利用尺身和游标的刻度线进行读数。
③ 可直接在测量时读数，也可测量后将螺钉旋紧，拿下待测物体后再读数。

（4）游标卡尺的读数。测量时，读数分三个步骤，读数方法如图 1-9 所示。
① 先读出整数部分，即在游标零刻度线左侧，与游标零刻度线最近的一条尺身上的刻线。
② 再读小数部分，即游标零刻度线右边与尺身刻线重合的一条游标刻线。

③ 将读数的整数部分与读数的小数部分相加，再加上或减去零误差即为所求的读数，即

读数＝整数部分＋小数部分±零误差

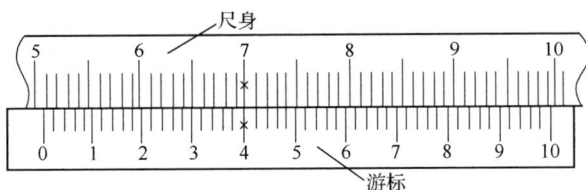

图 1-9　游标卡尺的读数方法

注：整数为 50mm；小数为 20×0.02mm＝0.40mm；读数尺寸为 50mm＋0.40mm＝50.40mm。

使用游标卡尺时的注意事项

1. 测量前，擦干净量爪和表面，检查游标卡尺各部件能否起到作用等。
2. 测量前，对零检查，即将两量爪紧密贴合，无明显的光隙，尺身零线应对齐。
3. 测量时，游标卡尺测量面要垂直于被测面，不可处于歪斜位置。
4. 读数时，游标卡尺应朝着亮的地方，目光应垂直尺面。
5. 实际测量时，对同一尺寸应多测几次，取其平均值来消除偶然因素的影响。

4）千分尺

千分尺是比游标卡尺更精密的测量长度的工具，分度值为 0.01mm。千分尺（又称螺旋测微器）分为机械式千分尺和数显千分尺两类。

机械式千分尺：简称千分尺，它是利用精密螺旋副传动原理测长的手携式通用长度测量工具。机械式千分尺的外形如图 1-10 所示。

数显千分尺：数显千分尺的测量系统应用了光栅测长技术和集成电路等，20 世纪 70 年代中期开始投入使用。数显千分尺的外形如图 1-11 所示。

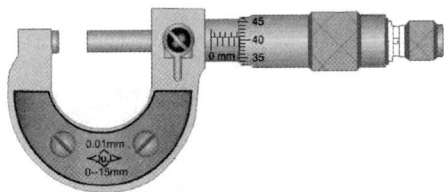

图 1-10　机械式千分尺的外形

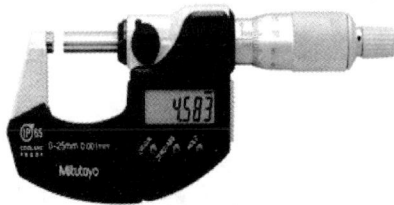

图 1-11　数显千分尺的外形

千分尺的种类很多，其制造原理基本相同，如外径千分尺、内径千分尺、深度千分尺、壁厚千分尺、杠杆千分尺、螺纹千分尺、公法线千分尺等。

（1）外径千分尺的结构。外径千分尺的结构如图 1-12 所示。

（2）外径千分尺的工作原理。外径千分尺是依据螺旋放大的原理制成的，即螺杆在螺母中旋转一周，螺杆便沿着旋转轴线方向前进或后退一个螺距的距离。外径千分尺测微螺杆的螺距为 0.5mm，固定刻度套管上刻线距离每格为 0.5mm（分上下刻线），当微分筒转一周

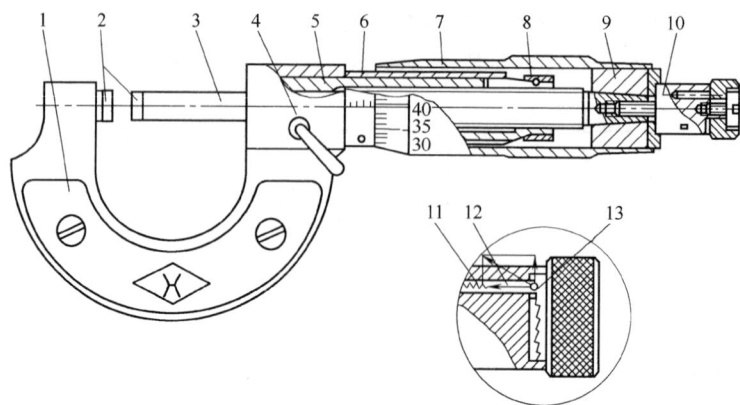

1—尺架；2—砧座；3—测微螺杆；4—锁紧装置；5—螺纹轴套；6—固定刻度套管；
7—微分筒；8—调节螺母；9—接头；10—测力装置；11—弹簧；12—棘轮爪；13—棘轮。

图1-12　外径千分尺的结构

时，测微螺杆就移动0.5mm，微分筒上的圆周上共刻有50格，因此当微分筒转一格时（1/50转），测微螺杆移动0.5/50mm＝0.01mm，即测量示值可准确到0.01mm，故其可称为百分尺。由于还能再估读后一位小数，即可读到毫米的千分位，故其又称为千分尺。

（3）外径千分尺的使用。外径千分尺的量程由于制造精度的限制分为不同规格，常用规格有0～25mm、25～50mm、50～75mm、75～100mm、100～125mm等。千分尺的常用精度分为0级、1级。使用时按被测量工件的尺寸和精度选取。

① 使用外径千分尺前，必须校正零位。即测量前，转动千分尺的棘轮使两侧砧面贴合或用校验棒，并检查是否密合，同时看微分筒与固定刻度套管的零刻度线是否对齐，如有偏差，则应调整固定刻度套管对零。

②如图1-13所示，可单手或双手握持对工件进行测量（双手更好）。双手测量时，左手握住尺架，用右手旋转微分筒，当测微螺杆即将接触工件时，改为旋转棘轮，直到棘轮发出"咔"声为止。

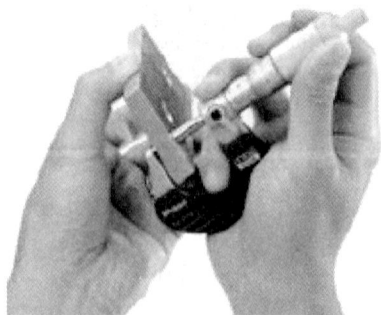

(a) 单手测量

(b) 双手测量

图1-13　外径千分尺的使用

③ 单手测量时要控制好测量力，一般可用标准量块来比较测量力。

（4）千分尺的读数方法。具体读数方法可分如下三步。

第1步　读出固定刻度套管上露出刻线的毫米数和半毫米数。

第2步　看微分筒上的哪一格与固定刻度套管上的零刻度线对齐，并读出不足半毫米的小数部分。

第3步　将两个读数相加，即为测得的实际尺寸，如图1-14（a）、（b）所示。

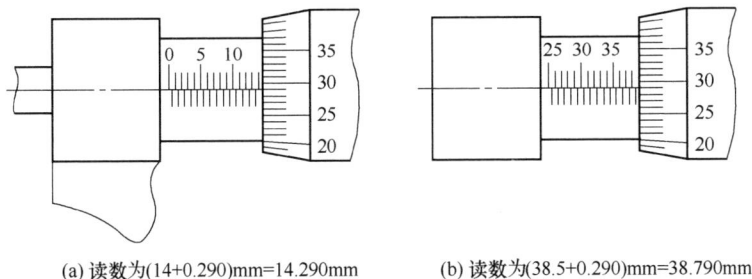

千分尺的使用

游标万能角度尺的使用

(a) 读数为(14+0.290)mm=14.290mm　　(b) 读数为(38.5+0.290)mm=38.790mm

图1-14　千分尺的读数

使用千分尺时的注意事项

1. 测量前应检查零位的准确性。
2. 测量时，千分尺的测量面和工件的被测量面应擦拭干净，以保证测量准确。
3. 使用千分尺后应擦拭干净，并在测量面上涂上防锈油。
4. 使用千分尺时，不可将其与工具、刀具、工件混放，用完后应放入盒内。
5. 定期将千分尺送到计量器具检定部门进行精度检定。

5）游标万能角度尺

（1）游标万能角度尺的结构。游标万能角度尺是用来测量工件内外角度的量具。按游标的测量精度分为 2′ 和 5′ 两种，其测量范围为0°～320°，钳工常用的测量精度为2′的游标万能角度尺，其结构如图1-15所示。

（2）游标万能角度尺的刻线原理。游标万能角度尺的刻线原理同游标卡尺，不同的是它测量的是角度。如尺身的每一小格为1°，游标刻线角度为 29°，并等分为 30 格，每格为（29°/30）°。因此，游标的每一格为58′，尺身与游标相对一格之差为 2′，测量的最小的读数值为2′。

（3）游标万能角度尺的读数方法。游标万能角度尺的读数方法与游标卡尺相似，如图1-16所示，先从尺身上读出游标零刻度线前的整"度"数，再从游标上读出"分"数，两者相加就是被测工件的角度数值。

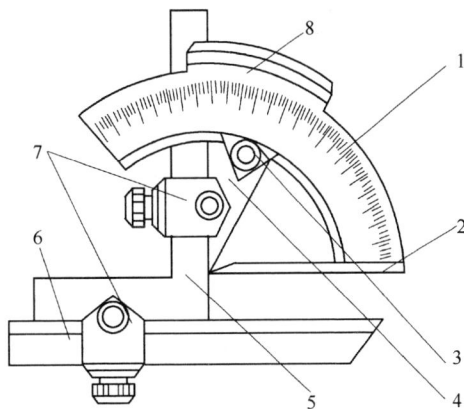

1—尺身；2—测量面；3—紧固螺钉；
4、8—游标；5—角尺；6—直尺；7—夹块。

图1-15　测量精度为2′的游标万能角度尺的结构

（4）游标万能角度尺的测量范围。通过角尺和直尺的移动和拆除，利用直接测量法可测量的角度范围为 $0°\sim320°$。在实际使用中往往还可采用间接测量法测量角度。

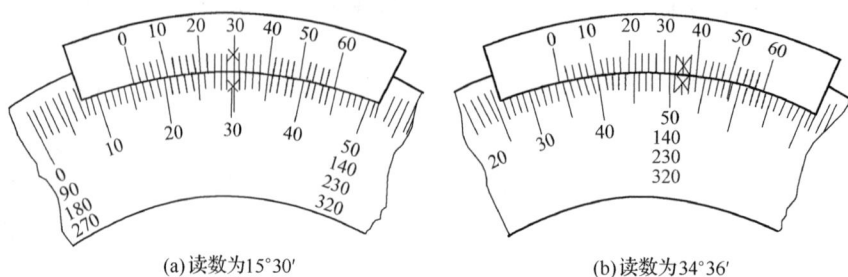

(a)读数为15°30′   (b)读数为34°36′

图 1-16　游标万能角度尺的读数

6）百分表和千分表

百分表和千分表都是利用精密齿条齿轮机构制成的表式通用长度测量工具，常用于形状和位置误差及小位移的长度测量，具有防振机构，使用寿命长，精度可靠。

百分表适用于尺寸公差等级为 IT8～IT6 零件的校正和检验；千分表适用于尺寸公差等级为 IT7～IT5 零件的校正和检验。百分表和千分表按其制造精度，可分为 0 级、1 级、2 级三种。

改变测头形状并配以相应的支架，可制成百分表的变形品种，如厚度百分表、深度百分表和内径百分表等。如用杠杆代替齿条可制成杠杆百分表和杠杆千分表。下面仅以百分表为例来说明。

（1）百分表的结构和传动原理。百分表的结构和传动原理如图 1-17 所示。

百分表的使用

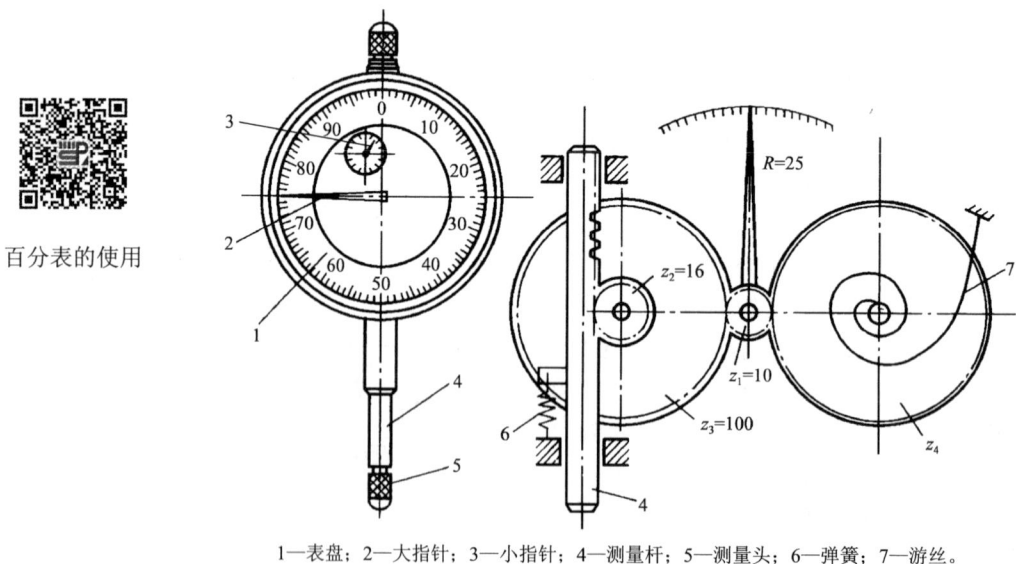

1—表盘；2—大指针；3—小指针；4—测量杆；5—测量头；6—弹簧；7—游丝。

图 1-17　百分表的结构和传动原理

百分表是一种精度较高的比较量具，它只能测出相对数值，不能测出绝对数值，分度值为 0.01mm，测量量程常用的百分表有 0～3mm、0～5mm 和 0～10mm 三种。

（2）百分表的测量原理。百分表是利用齿条齿轮或杠杆齿轮传动，将测杆的直线位移变为指针的角位移的计量器具。测量时，带有齿条的测量杆上升带动小齿轮 z_2 转动，与 z_2 同轴的大齿轮 z_3 及小指针也跟着转动，而 z_3 又带动小齿轮 z_1 及其轴上的大指针偏转。游丝的作用是迫使所有齿轮单向啮合，以消除由于齿侧间隙而引起的测量误差。弹簧是用来控制测量力的。

（3）百分表的使用方法。百分表和千分表表盘上都有刻度，百分表的圆表盘上刻有100 个等分刻度，即每一刻度对应量杆移动 0.01mm。同理，千分表圆表盘上每一分度值为 0.001mm。

① 百分表的读数。先读小指针转过的刻度线（毫米整数），再读大指针转过的刻度线（小数部分）并乘以 0.01，然后将两者相加，即得到所测量的数值。

② 百分表和千分表无法单独使用，一般需要利用专用夹持工具如磁性表座、万能表架等来安装固定。

（4）测量步骤。

① 用百分表校正或测量零件时，应当使测量杆有一定的初始测力，有 0.3～1mm 的压缩量；然后转动表盘的零位刻线，对准指针，轻轻地拉动测量杆的圆头，拉起和放松几次，指针所指的零位无改变后即可开始校正或测量零件。

② 检查工件平行度时，将工件放在平台上，使测量头与工件表面接触，把刻度盘零位对准指针，移动表座或工件。当指针顺时针摆动时，说明工件偏高；逆时针摆动则说明工件偏低。

③ 检查轴类零件圆度、圆柱度及跳动度。当测量轴时，以指针摆动最大数字为读数（最高点）；当测量孔时，以指针摆动最小数字（最低点）为读数。

④ 检验工件的偏心距。如果偏心距较小，可把被测轴装在两顶尖之间，使百分表的测量头接触在偏心部位上（最高点），用手转动轴，百分表上指示出的最大数字和最小数字（最低点）之差的 1/2 就等于偏心距的实际尺寸。偏心套的偏心距也可用上述方法来测量，但必须将偏心套装在心轴上进行测量。

使用百分表时的注意事项

1. 使用前，应检查测量杆活动的灵活性。

2. 使用时，必须把百分表固定在可靠的夹持架上。

3. 不准超量程使用测量杆。

4. 测量平面时，百分表的测量杆要与平面垂直；测量圆柱形工件时，测量杆要与工件的轴线垂直。

5. 为方便读数，在测量前一般把大指针调到刻度盘的零位。

▌1.1.2 任务实施：复形样板尺寸测量

1. 钳工常用设备、工量具的认识及使用

`01` 现场查看钳工常用设备，分小组练习台钻使用方法。

02 分小组领用工量具，学习游标卡尺、千分尺、游标万能角度尺的原理、读数和使用方法。

2. 练习测量钳工复形样板各尺寸

1）图样分析

根据图样可知，复形样板基本尺寸包含长度、角度和孔径，根据尺寸公差可选用千分尺测量板厚、游标卡尺测量长度和内孔尺寸，而角度测量选用游标万能角度尺。

2）准备工作

01 工件编号，学生每人随机领取一件。

02 分发实训指导书、图纸、量具及考核评分表。

03 看图样，了解测量内容及要求。

3）测量练习

01 按测量工件图技术要求测量各尺寸并记录。

02 根据自检与互检结果判定成绩。

▌考核评价

实训任务完成后，进行总结评价，学生自检（查）、班组长互检（查）与教师过程评价和综合评价相结合。合计分公式及权重由教师拟定。复形样板尺寸测量考核评价内容见表1-1。

表1-1　复形样板尺寸测量考核评价表

序号	考核项目及要求		配分	自检（查）	互检（查）	评分
1	认知	钳工常用设备及使用方法	10			
2		钳工常用工量具及使用方法	10			
3	复形样板测量	（20±0.026）mm	10			
4		（36±0.065）mm	5			
5		（70±0.037）mm	5			
6		（60±0.15）mm	5			
7		（32±0.3）mm	5			
8		$2 \times \phi$（10±0.2）mm	5			
9		$\phi 22^{+0.052}_{0}$ mm	10			
10		140°±4′	10			
11		45°±30′	5			
12	现场管理	相关知识	10			
13	实训安全	相关知识	10			

合计：

总体评价：

任务 1.2 ---- 划线 -----

☞ **工作任务**

练习划线，画出 U 形板所有平面线条，图样如图 1-18 所示。U 形板零件图如图 1-19 所示。

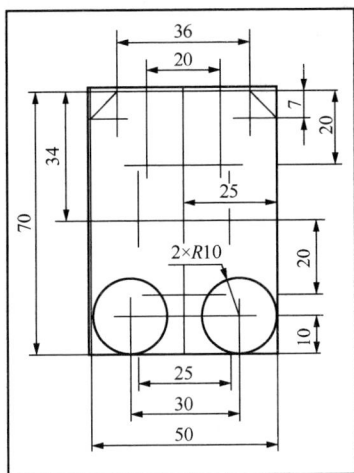

图 1-18　U 形板（划线）

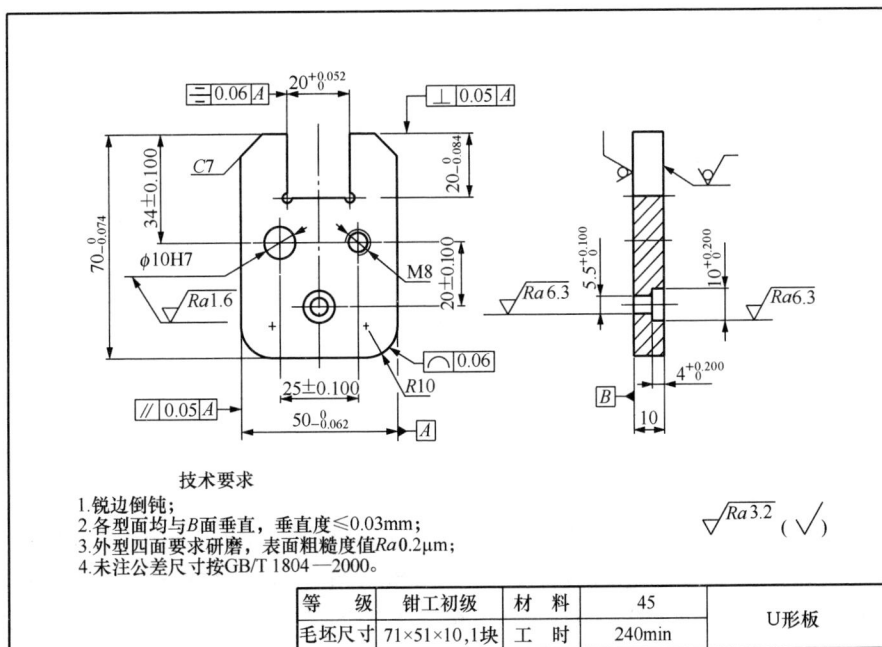

技术要求
1. 锐边倒钝；
2. 各型面均与 B 面垂直，垂直度 ≤0.03mm；
3. 外型四面要求研磨，表面粗糙度值 Ra0.2μm；
4. 未注公差尺寸按 GB/T 1804—2000。

等　级	钳工初级	材　料	45	U 形板
毛坯尺寸	71×51×10,1块	工　时	240min	

图 1-19　U 形板

▌1.2.1 相关知识：划线工具及方法

1. 划线概述

划线是钳工的基本操作技能之一，是根据图样的尺寸要求，用划线工具在毛坯或半成品上划出待加工部位的轮廓线（或称加工界限）或作为基准的点、线的一种操作方法。

1）划线的作用

（1）确定工件加工表面的加工余量和位置，即所划的线是加工界限，或是加工基准。

（2）检查毛坯的形状、尺寸是否合乎图纸要求。

（3）合理分配各加工面的余量，如留给锯削和锉削一定的余量。

（4）复杂工件在加工中的装夹、定位。

（5）正确排料，使材料得到合理使用。

2）划线精度及要求

划线的精度一般在 0.25～0.50mm，用游标高度卡尺可达 0.1mm。

（1）保证尺寸准确。

（2）线条清晰均匀。

（3）长、宽、高三个方向的线条互相垂直。

（4）不能依靠划线直接确定加工零件的最后尺寸。

3）划线的种类

（1）平面划线。在工件的一个表面上划线的方法称为平面划线，与平面几何作图相同。如图 1-20 所示。

（2）立体划线。在工件的几个表面上同时划线的方法称为立体划线，如箱体零件的划线，如图 1-21 所示。

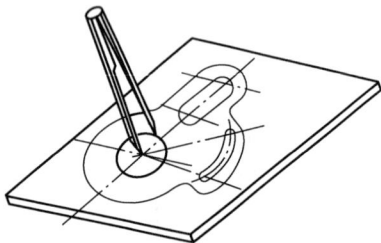

图 1-20 平面划线   图 1-21 立体划线

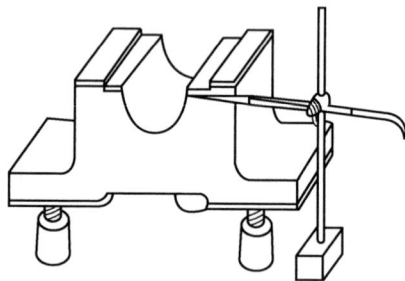

4）常用的划线工具

（1）基准工具。

划线平板：平板由铸铁制成，平板工作表面经过精刨或刮削加工，可用来作划线的基准面，现在也用花岗岩材料来制造。使用时，注意经常保持清洁、防止划伤、避免撞击。

方箱：方箱是由铸铁制成的空心立方体，各相邻的两个面均互相垂直。方箱用于夹持、支承尺寸较小而加工面较多的工件。通过翻转方箱，便可在工件的表面上划出互相垂直的线条。

（2）测量工具。

游标高度卡尺：用来测量工件的高度，为划针盘等量取尺寸，还可直接用来划线。游标高度卡尺一般和平板配合使用。

直角尺：钳工常用的测量垂直度的工具，划线时常用作划垂直线或平行线时的导向工具，也可用来调整工件基准在平台上的垂直度。

钢直尺：常用作划直线、平行线或垂直线的导向工具。

（3）绘划工具。

划针：在工件上直接划出加工线条的手用工具，常把端部磨尖成 15°～20° 夹角。常用的划针在其尖端部位焊有硬质合金。常用钢直尺、直角尺或半径样板作导向工具来划线。划针如图 1-22（a）所示，划针的使用方法如图 1-22（b）所示。

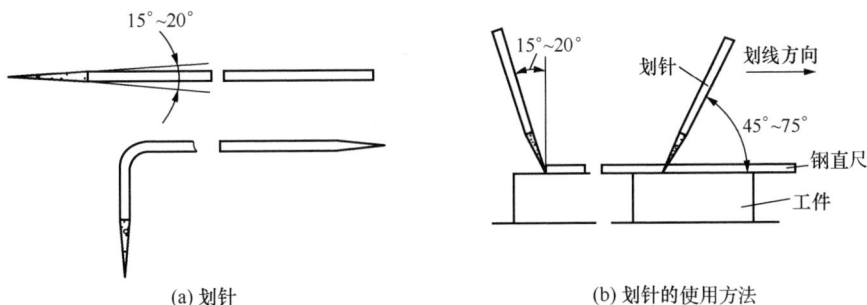

(a) 划针　　　　　　　　　　　(b) 划针的使用方法

图 1-22　划针及其使用方法

划针盘：在平板上对工件进行划线或找正位置，是立体划线的主要工具。按需要调节划针高度，并在平板上拖动划针盘，划针即可在工件上划出与平板平行的线来，弯头端可用来找正工件的位置，如图 1-23 所示。

划规：如图 1-24 所示，划规可以在工件上划圆和圆弧、等分线段、等分角度及量取尺寸等。

（4）样冲。用工具钢制成，淬火后磨尖，夹角为 45°～60°。用来在已划好的线上冲出小而均匀的眼，防止已划好的线被抹掉，也用于钻孔前打样冲眼，如图 1-25 所示。

　　　　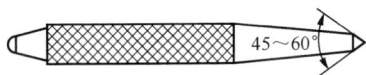

图 1-23　划针盘　　　　图 1-24　划规　　　　图 1-25　样冲

5）夹持工具

最常用的夹持工具是 V 形块，如图 1-26 所示，通常是用一个或两个 V 形块安放圆柱形工件，使圆柱形工件轴线与底板平行便于定位，划出中心线或找出中心，也可用于带角度的工件划线。

6）划线基准

（1）划线基准的确定。划线基准是指在划线时选择工件上的某个点、线、面作为依据，用它来确定工件的各部分尺寸、几何形状及工件上各要素的相对位置。

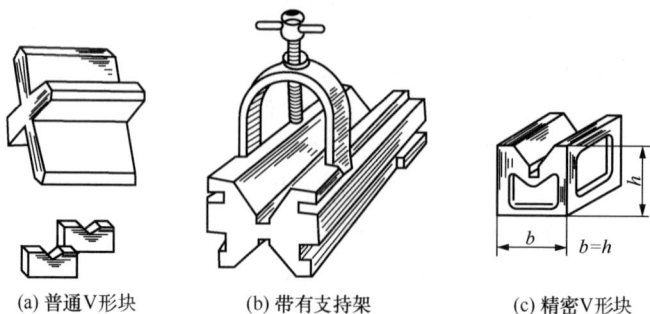

(a) 普通V形块 (b) 带有支持架 (c) 精密V形块

图 1-26　V形块

（2）划线基准常见的三种类型。

① 以两个相互垂直的平面（或线）为基准，如图 1-27（a）所示。

② 以两个相互垂直的中心平面（或线）为基准，如图 1-27（b）所示。

③ 以一个平面与一个对称平面（或线）为基准，如图 1-27（c）所示。

(a) 以两个相互垂直的平面为基准

(b) 以两个相互垂直的中心平面为基准

(c) 以一个平面与一个对称平面为基准

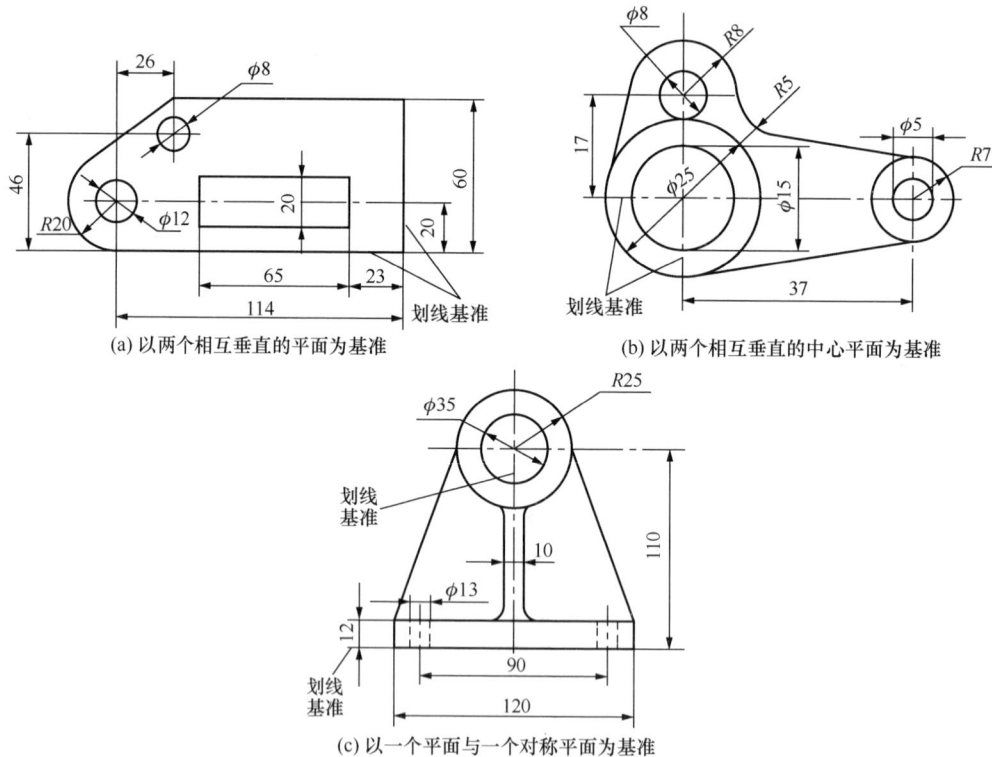

图 1-27　常见划线基准的三种类型

7）划线内容

常见的划线内容包括划直线、划平行线、划垂直线、划角度线、等分圆周作正多边形、划直线与圆弧相切、划圆弧与圆弧相切等。

2. 划线一般步骤

第1步　工件准备，包括工件的清理、检查和表面涂色。

第2步　看图样。根据工艺要求弄清划线部位，了解零件的作用，分析零件的加工顺序和加工方法。

第3步　确定基准，即确定工件长、宽、高三个方向的基准。

第4步　工量具准备。按工件图样的要求，选择所需工量具。

第5步　划线。先找出基准或先划基准线，再以此为基准划出其他所有线条（平行线）；同理，再换基准划出其他线条。为使工件表面上划出的线条清晰，可在工件表面的划线部位涂上一层薄而均匀的涂料，称表面涂色。常用的涂料包括石灰水加溶胶、酒精中加漆片和色素、硫酸铜溶液等。

第6步　检查。对照图纸检查有无遗漏或错划并改正。

第7步　打样冲眼。根据需要及时在线条上打样冲眼，如线条交叉点的位置，需要画圆、钻孔处等一定要打样冲眼，以显示明确的位置或界限。

划线时的注意事项

1. 应根据图形划出长短不一的线条，以免混淆图形轮廓而看不清楚；板料可以双面划线。

2. 工件夹持或支承要稳妥，以防滑倒或移动。

3. 在一次支承中应将要划出的平行线全部划全，以免再次支承补划，造成误差。

4. 正确使用划线工具，划出的线条要准确、清晰。

5. 划线完成后，要反复核对尺寸，才能进行加工。

1.2.2　任务实施：U 形板划线

1. 工艺准备

01 图样分析。根据图样可知，U 形板工件属于较典型的平面划线工件，工件图形基本对称，可以以两个相互垂直的平面作为划线基准，划出所有的平面线条，保证线条清晰、正确，双面划线。

02 加工准备。

① 材料为 45 钢，尺寸为 51mm×71mm×10mm。

② 划线工量具见表 1-2。

表 1-2　划线工量具

序号	名称	规格	精度	数量
1	划线平板、V 形块		1 级	各 1 块
2	划规和划针			1 套
3	游标高度卡尺	0～300mm	0.02mm	1 把
4	游标卡尺	0～150mm	0.02mm	1 把
5	游标万能角度尺	0°～320°	2′	1 把

续表

序号	名称	规格	精度	数量
6	钢直尺	150mm	1mm	1 把
7	样冲			1 支
8	锤子			1 把

2. 划线步骤

01 用游标万能角度尺选择一直角边作为基准。

02 用平板及游标高度卡尺划出水平线段共 6 条，如图 1-28（a）所示。

03 将工件转 90° 再划出 6 条线段，如图 1-28（b）所示（虚线表示已划的线段）。

04 用钢直尺、划针及划规划出 C7 及 R10mm，如图 1-28（c）所示。

05 用样冲冲出打孔点，共 5 处，完成。

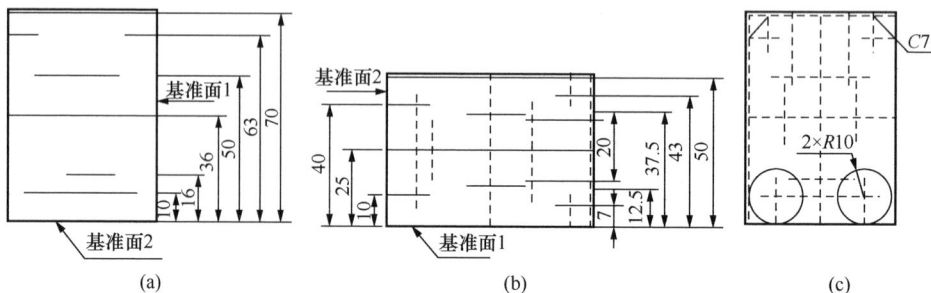

图 1-28　划线步骤示意图

考核评价

实训任务完成后，进行总结评价，学生自检（查）、班组长互检（查）与教师过程评价和综合评价相结合。合计分公式及权重由教师拟定。U 形板划线考核评价内容见表 1-3。

表 1-3　U 形板划线考核评价表

序号	考核项目及要求	配分	自检（查）	互检（查）	评分
1	方法和步骤	20			
2	工量具的使用	20			
3	线条正确及质量	40			
4	样冲眼有否，是否标准	10			
5	安全文明及现场管理	10			

合计：

总体评价：

任务 1.3 ···· 锯削

☞ **工作任务**

练习锯削，锯削任务 1.2 划线完成后的 U 形板工件，图样如图 1-29 所示。

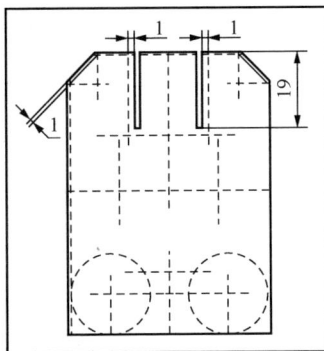

图 1-29　U 形板（锯削）

1.3.1　相关知识：锯削工具及方法

　　目前，各种自动化、机械化的切割设备已被广泛地使用，但用锯条切割还是很常见的，它具有简单、方便和灵活的特点，在单件小批生产、临时工地及切割异形工件、开槽、修整等场合应用较广。

　　用锯条对材料或工件进行切断或切槽等的加工方法称为锯削。锯削是钳工中重要的一项操作技能，在一定的理论基础之上多练习、多思考，才能真正掌握锯削的操作要领。

　　1. 锯削工具

　　锯削工具即手锯，由锯弓和锯条两部分组成。

　　1）锯弓

　　锯弓用来安装锯条，可调整锯条的松紧。锯弓有固定式［图 1-30（a）］和可调式［图 1-30（b）］两种。固定式锯弓的弓架是整体的，只能装一种长度规格的锯条。可调式锯弓的弓架分成前段和后段，由于前段在后段套内可以伸缩，因此可以安装不同长度规格的锯条，目前广泛使用的是可调式锯弓。

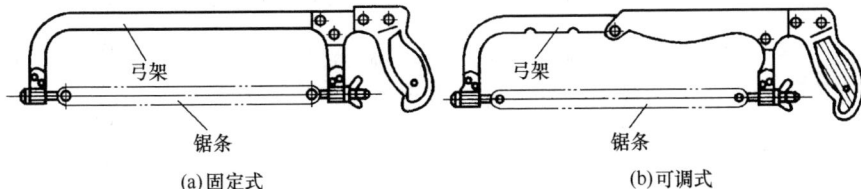

图 1-30　锯弓

2）锯条

（1）锯条材料。锯条常用碳素工具钢（如 T10A）制造生产，但现在市面上绝大多数是采用 20 冷轧钢带经渗碳后生产制造，质量不如前者。锯条必须经过热处理后使用，硬度应达 65HRA 以上。

（2）锯条结构。锯条的规格以锯条两端安装孔间的距离来表示，常用的锯条长 300mm、宽 12mm、厚 0.8mm。锯条的切削部分由许多锯齿组成，锯条锯齿的排列形状称为锯路。锯路有交叉形、波浪形等不同排列形状，如图 1-31 所示。其作用是减少锯条与锯缝的摩擦阻力，使排屑顺利，锯削省力。

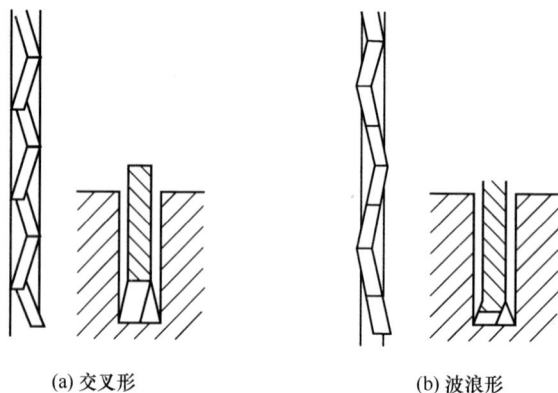

(a) 交叉形　　　　　　　　　(b) 波浪形

图 1-31　锯路

锯齿的粗细是按锯条上每 25.4mm（1in）长度内的齿数表示的：14 齿为粗齿，18 齿为中齿，24 齿为细齿。齿数越多则表示锯齿越细。锯齿的粗细也可按齿距 t 的大小来划分，如粗齿的齿距 $t=1.8$mm，中齿的齿距 $t=1.4$mm，细齿的齿距 $t=1.0$mm。

2. 锯条的使用

1）锯齿的选择

锯齿的粗细应根据加工材料的硬度、厚薄来选择。

（1）锯削软的材料（如铜、铝合金等）或厚材料，即较大的切面时，选用粗齿锯条，粗齿锯条的容屑槽较大，能提高切削效率。

（2）锯削薄板、薄管时应选用细齿锯条。细齿锯条同时工作的齿数多，可避免崩齿现象。

（3）锯削中等硬度材料（如普通钢、铸铁等）和中等硬度的工件时，一般选用中齿锯条。

2）锯条的安装

锯弓的两端都装有夹头，一端是固定的，一端是活动可调的。当锯条装在两端夹头的销内后，旋紧活动夹头上的翼形螺母就可以把锯条拉紧。

手锯是向前推时进行切割，返回时不起切削作用，因此安装锯条时应锯齿向前，如图 1-32 所示。锯条的松紧要适当，太紧失去了应有的弹性，锯条容易崩断；太松会使锯条扭曲，锯缝歪斜，锯条折断。

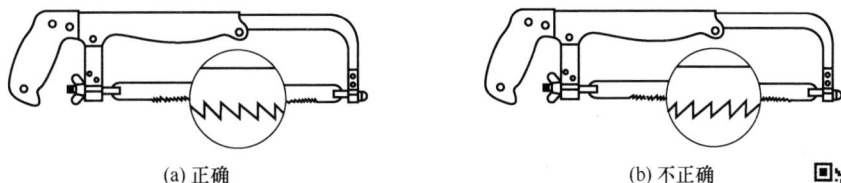

(a) 正确　　　　　　　　　　(b) 不正确

图 1-32　锯条的安装

锯条的安装与起锯

3. 锯削操作

1）工件的夹持

工件的夹持要牢固，避免锯削时产生抖动，而使工件移动并使锯条折断。同时也要防止夹坏已加工表面和工件变形；工件尽可能夹持在台虎钳的左面，以方便操作；锯削线应与钳口垂直，以防锯斜；锯削位置离钳口不应太远，以防锯削时产生抖动。

2）握锯的方法

右手握住锯弓的手柄，左手握住弓架的前端，推力和压力的大小主要由右手掌握，左手主要起把持方向的作用，如图 1-33 所示。

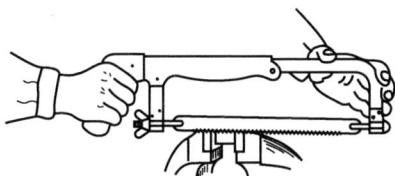

图 1-33　握锯的方法

3）起锯

起锯的方式有远边起锯和近边起锯两种，如图 1-34 所示。

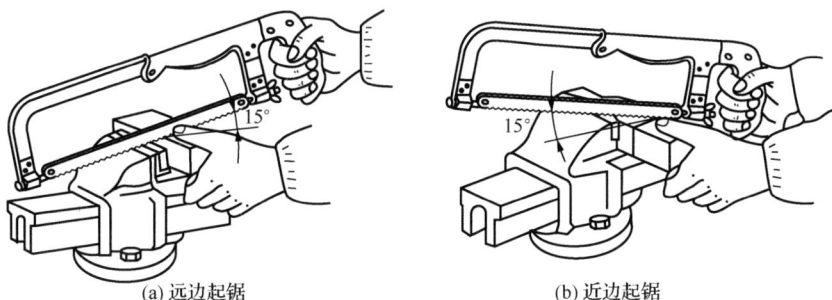

(a) 远边起锯　　　　　　　　(b) 近边起锯

图 1-34　起锯方式

锯削

起锯角度 θ 值一般取 15° 左右，如图 1-35（a）所示。如果起锯角太大，锯齿易被工件的棱边卡住，如图 1-35（b）所示。但起锯角太小，锯条会由于同时与工件接触的齿数多而不易切入材料；锯条还可能打滑，使锯缝发生偏离，工件表面被拉出多道锯痕而影响表面质量，如图 1-35（c）所示。为了起锯的位置正确和平稳，可用左手大拇指挡住锯条来定位，如图 1-35（d）所示。起锯时压力要小，往返行程要短。

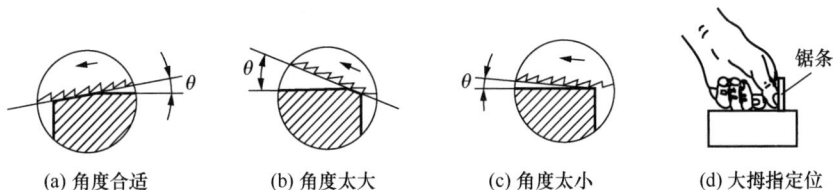

(a) 角度合适　　　(b) 角度太大　　　(c) 角度太小　　　(d) 大拇指定位

图 1-35　起锯示意图

4）正常锯削

锯削时，手握锯弓要舒展自然，右手握住手柄向前施加压力，左手轻扶在弓架前端，稍加压力。锯削时两脚站立姿势如图 1-36 所示，人体重量均布在两腿上。锯削时速度不宜过快，以 40 次/min 为宜，并且应用锯条全长的 2/3 以上工作，以提高锯条的利用率。

推锯时锯弓的运动方式有两种：一种是直线运动，适用于锯缝底面要求平直的槽和薄壁工件的锯削；另一种是锯弓上下摆动，这样操作自然，两手不易疲劳。

锯削到材料将断时，用力要轻，以防碰伤手臂或折断锯条。

5）锯削示例

（1）锯削圆钢时，为了得到整齐的锯缝，可锯削一定深度后，旋转圆钢一定角度再次切入，逐渐变更起锯方向，可使锯削面较为垂直。

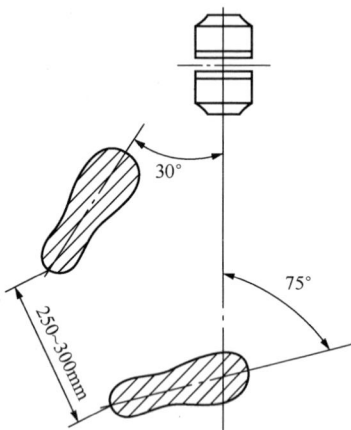

图 1-36　锯削时站立姿势示意图

（2）锯削圆管时，对于薄管或精加工过的圆管，应将其夹在木垫之间［图 1-37（a）］；也可锯到圆管内壁时停止，然后把圆管向推锯方向旋转一定角度，仍按原有锯缝锯下去，不断转锯直到锯断为止［图 1-37（b）］；直接锯下是不正确的方式，易使锯条崩齿［图 1-37（c）］。

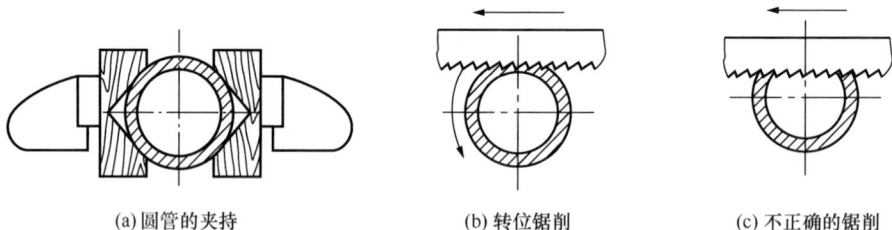

(a) 圆管的夹持　　　　(b) 转位锯削　　　　(c) 不正确的锯削

图 1-37　锯削圆管

（3）锯削薄板时，为了防止工件产生振动和变形，可用木板夹住薄板两侧进行锯削，如图 1-38 所示。

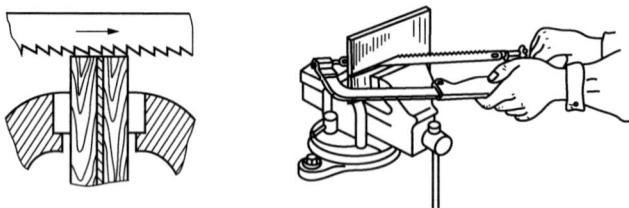

图 1-38　锯削薄板

（4）深缝锯削。如图 1-39 所示，正常安装的锯条一直锯到锯弓碰到工件为止，再将锯条转过 90°安装，使锯弓转到工件的侧面，或将锯弓转过 180°，锯条安装成锯齿朝向锯缝内的方向进行锯削。

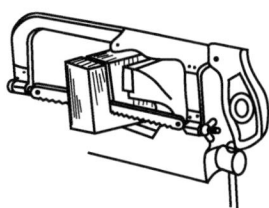

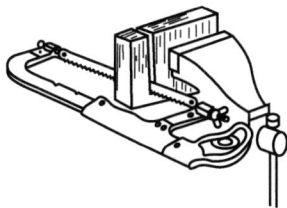

(a) 正常锯削到底　　　　　(b) 锯弓、锯条转90°锯削　　　　　(c) 锯弓、锯条转180°锯削

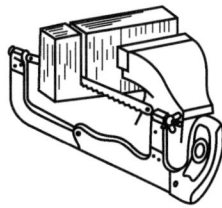

图 1-39 深缝锯削

锯削时的注意事项

1. 锯削前要检查锯条的安装方向和松紧程度。
2. 锯削时压力不可过大，速度不宜过快，以免锯条折断伤人。
3. 锯削将完成时，用力不可太大，以免该部分落下时砸脚。

1.3.2 任务实施：U 形板锯削

1. 工艺准备

01 图样分析。根据图样可知，U 形板工件属于简单锯削工件，要求锯缝基本成直线；锯削后应留有约 1mm 锉削余量。凹槽深度不要超过 19mm。

02 工量具准备。台虎钳、锯弓和锯条（中齿），量具包括游标卡尺和游标万能角度尺。

2. 锯削步骤

01 夹紧工件，看清锯削位置。

02 锯削凹槽第一、第二条锯缝。

03 锯削 C7 斜边。

考核评价

实训任务完成后，进行总结评价，学生自检（查）、班组长互检（查）与教师过程评价和综合评价相结合。合计分公式及权重由教师拟定。U 形板锯削考核评价内容见表 1-4。

表 1-4　U 形板锯削考核评价表

序号	考核项目及要求	配分	自检（查）	互检（查）	评分
1	锯削的方法和姿势	30			
2	工量具的使用	20			
3	锯缝正确及质量	40			
4	安全文明及现场管理	10			
合计：					
总体评价：					

任务 1.4 ---- 锉削

☞ 工作任务

练习锉削，锉削任务 1.3 锯削后的 U 形板工件，完成两个斜面、圆弧和外形尺寸的锉削，如图 1-40 所示。

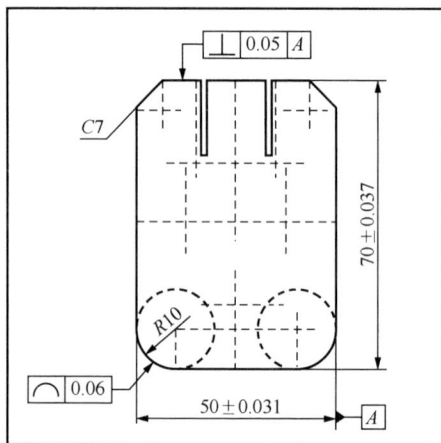

图 1-40 U 形板（锉削）

1.4.1 相关知识：锉削工具及方法

用锉刀对工件表面进行切削加工，使工件达到所要求的尺寸、形状和表面粗糙度，这种操作称为锉削。锉削加工简便，工作范围广，常用于錾削、锯削工序之后。锉削可对工件的平面、曲面、内外圆弧、沟槽及其他复杂表面，以及装配中修整工件进行加工，锉削的公差等级为 IT8～IT7，表面粗糙度为 $Ra1.6～0.8\mu m$。

1. 锉刀

1）锉刀构造

锉刀是锉削的工具，锉刀材料常用碳素工具钢 T10、T12 制成，并经热处理，洛氏硬度值大于 62HRC。

锉刀由锉身和锉柄两部分组成，如图 1-41 所示。

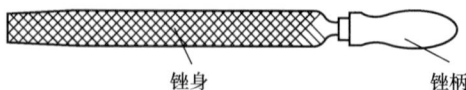

锉身　　　　　　锉柄

图 1-41 锉刀构造

2）锉刀的种类

（1）锉刀按用途不同分为：钳工锉、特种锉和整形锉（什锦锉）三类。其中钳工锉使用最多。

（2）锉刀按截面形状不同分为：平锉、半圆锉、方锉、三角锉和圆锉五类，如图 1-42 所示。

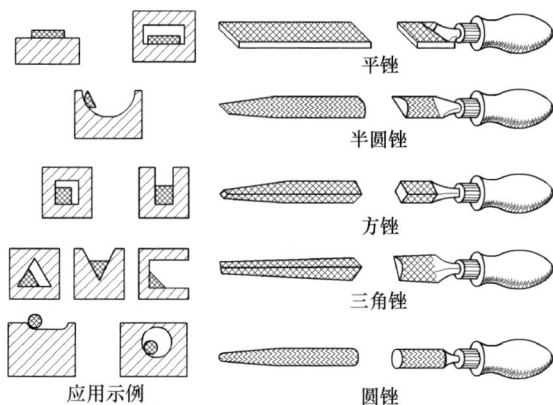

图 1-42 锉刀的截面形状

（3）按其锉纹参数（齿纹疏密），即锉刀的粗细以每 10mm 长的齿面上锉纹条数来表示，共分 1～5 号锉纹，锉纹号数越大表示锉刀越细，如 1 号纹就是常见的粗齿锉刀。具体锉纹参数见表 1-5。

表 1-5　锉纹参数表

规格/mm	每 10mm 锉纹条数					规格/mm	每 10mm 锉纹条数				
	锉纹号						锉纹号				
	1	2	3	4	5		1	2	3	4	5
100	14	20	28	40	56	300	8	11	16	22	—
125	12	18	25	36	50	350	7	10	14	20	—
150	11	16	22	32	45	400	6	9	12	—	—
200	10	14	20	28	36	450	5.5	8	11	—	—
250	9	12	18	25	32	—	—	—	—	—	—

3）锉刀的选用

合理选用锉刀，对保证加工质量、提高工作效率和延长锉刀使用寿命有很大的影响。选择锉刀的一般原则是：

（1）锉刀断面形状的选用。锉刀的断面形状应根据被锉削零件的形状来选择，使两者的形状相适应。锉削内圆弧面时，要选择半圆锉或圆锉（小直径的工件）；锉削内角表面时，要选择三角锉；锉削内直角表面时，可以选用平锉或方锉等。

（2）锉齿粗细的选择。锉齿的粗细要根据加工工件的余量大小、加工精度、材料性质来选择。粗齿锉刀适用于加工余量大、尺寸精度低、表面粗糙度值大、材料软的工件，反之应选择细齿锉刀。

（3）锉刀尺寸规格的选用。锉刀尺寸规格应根据被加工工件的尺寸和加工余量来选用。加工尺寸大、余量大时，要选用大尺寸规格的锉刀，反之要选用小尺寸规格的锉刀。

2. 锉削类型

1）平面锉削

平面锉削是最基本的锉削，常用三种方式锉削，如图 1-43 所示。

平面锉削

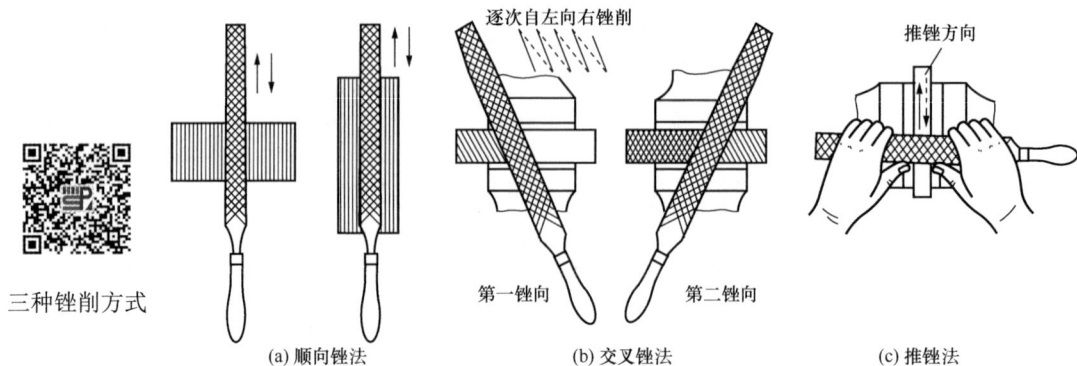

三种锉削方式

(a) 顺向锉法　　　　　　(b) 交叉锉法　　　　　　(c) 推锉法

图 1-43　常用三种方式锉削

（1）顺向锉法：锉刀沿着工件表面横向或纵向移动，锉削平面的锉纹均匀、美观，用于精锉。

（2）交叉锉法：以交叉的两个方向即锉刀运动方向与工件成30°～40°角对工件进行锉削，易掌握、易锉平。由于锉痕是交叉的，容易判断锉削表面的不平程度，因此也容易把表面锉平。交叉锉法除屑较快，适用于平面的粗锉。

（3）推锉法：两手对称地握着锉刀，用两大拇指推锉刀进行锉削。当工件表面已锉平，余量很小时，为了降低工件表面粗糙度值和修正尺寸，用推锉法较好。推锉法尤其适用于较窄表面的加工。

2）曲面锉法

（1）外圆弧面锉法。

轴向展成锉法：锉刀推进方向与外圆弧面轴线平行，将圆弧加工界线外的余量部分锉成多边形。一般用于外圆弧面的粗锉加工。

周向展成锉法：锉刀推进方向与外圆弧面轴线垂直，将圆弧加工界线外的余量部分锉成多边形。一般用于外圆弧面的粗锉加工。

轴向滑动锉法：锉刀在作与外圆弧面轴线平行方向的推进时，同时作沿外圆弧面向右或向左的滑动。一般用于外圆弧面的精锉加工。

周向摆动锉法：锉刀在作与外圆弧面轴线垂直方向的推进时，右手同时作沿圆弧面下压锉柄的摆动。一般用于外圆弧面的精锉加工，如图1-44所示。

（2）内圆弧面锉法。

合成锉法：用圆锉或半圆锉加工内圆弧面时，锉刀同时完成三种运动，即锉刀与内圆弧面轴线平行的推进、锉刀刀体的自身旋转（顺时针或逆时针方向），以及锉刀沿内圆弧面向右或向左的滑动，如图1-45所示。一般用于内圆弧面的粗锉加工。

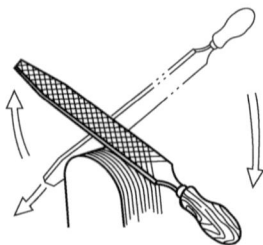

图 1-44　周向摆动锉法

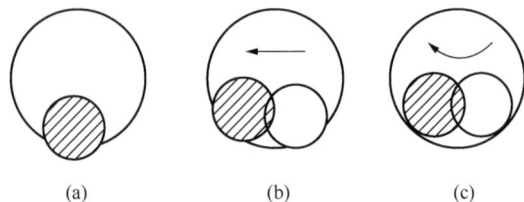

(a)　　　　　　(b)　　　　　　(c)

图 1-45　合成锉法

横推滑动锉法：圆锉、半圆锉的刀体与内圆弧面轴线平行，推进方向与之垂直，沿内圆弧面进行滑动锉削。一般用于内圆弧面的精锉加工。

（3）球面基本锉法。

纵倾横向滑动锉法：锉刀推进时，刀体同时作自左向右的滑动。可将球面大致分为四个区域进行对称锉削，依次循环锉削至球面顶点。

侧倾垂直摆动锉法：锉刀推进时，右手同时作垂直下压锉柄的摆动。

锉刀的握法与
锉削的姿势

3. 锉削操作方法与技巧

1）工件装夹

工件必须牢固地夹在台虎钳钳口的中部，需锉削的表面略高于钳口约 10mm。夹持已加工表面时，应在钳口与工件之间垫以铜片或铝片。

2）锉刀的选用

锉刀的选用要根据加工余量、尺寸精度、要求的表面粗糙度值来选择，如表 1-6 所示。

表 1-6　锉刀的选用

锉刀		适 用 场 合		
类型	规格/mm	加工余量/mm	尺寸精度/mm	表面粗糙度值
粗锉	≤300	0.5～1.0	0.2～0.5	50.0～12.5
中锉	≤250	0.2～0.5	0.04～0.20	6.3～3.2
细锉	≤200	0.05～0.20	≥0.01	1.6

3）锉刀的握法

正确握持锉刀有助于提高锉削质量，常见的锉刀握法如表 1-7 所示。

表 1-7　锉刀的握法

锉刀类型	握法要领		示意图
	右手	左手	
较大锉刀	右手握着锉柄，将锉柄外端顶在拇指根部，大拇指放在锉柄上，其余手指由下而上握住锉柄	（1）左手斜放在锉身上方，拇指根部轻压在锉刀刀头上，中指和无名指抵住锉身部右下方。（2）左手斜放在锉身上，大拇指自然伸出，其余各指自然卷曲，小指、无名指、中指抵住锉刀前下方。（3）左手斜放在锉身上，各指自然平放	
中型锉刀	右手握住锉柄，将锉柄外端顶在拇指根部，大拇指放在锉柄上，其余手指由下而上握住锉柄	左手的大拇指和食指轻轻持扶锉身	

续表

锉刀类型	握法要领		示意图
	右手	左手	
小型锉刀	右手的食指平直扶在锉柄外侧面	左手手指压在锉身的中部，以防锉刀弯曲	
整形锉刀	单手握持锉柄，食指放在锉身上方		
异形锉刀	右手与握小型锉刀的手形相同	左手轻压在右手左外侧，小指钩住锉刀，其余手指抱住右手	

4）锉削的姿势

正确的锉削姿势能够减轻疲劳，提高锉削质量和效率。人的站立姿势为：左腿在前弯曲，右腿伸直在后，身体向前倾（约10°），重心落在左腿上。锉削时，两腿站稳不动，靠左膝的屈伸使身体作往复运动，手臂和身体的运动要相互配合，并要使锉刀的全长得到充分利用。

5）锉刀的运用

锉削时锉刀的平直运动是锉削的关键。推动主要由右手控制，压力是由两个手控制的。

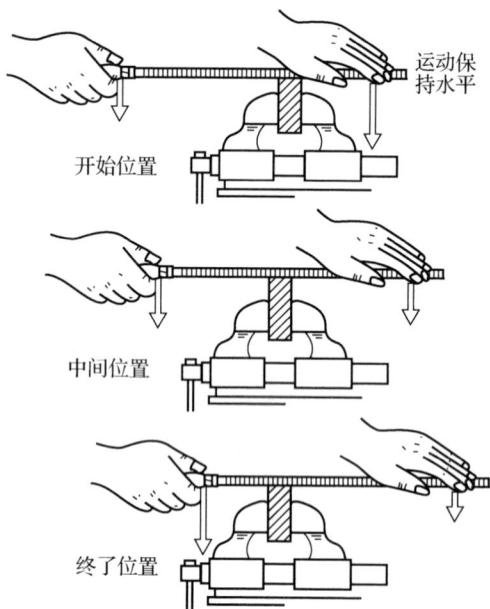

图1-46　锉削两手压力示意图

由于锉刀两端伸出工件的长度随时都在变化，因此两手压力大小必须随着变化，使两手的压力对工件的力矩相等，这是保证锉刀平直运动的关键，如图1-46所示。

锉削速度一般为每分钟40次左右。太快，操作者容易疲劳，且锉齿易磨钝；太慢，切削效率低。

全程锉削：锉刀推进时，其行程长度基本接近锉身长度，一般用于粗锉加工。

短程锉削：锉刀推进时，其行程长度仅为锉身长度的1/4～1/2，一般用于精锉加工。

6）锉削小窍门

通常锉削平面时都会出现中间凸、两边凹的情况，这是由于在锉削时重心未掌握好，锉刀在平面上像"跷跷板"。采用下面两种方法可锉好平面。

（1）巧妙利用平锉的变形。平锉在生产中由于热处理或多或少会发生变形，出现一面凸一面凹的现象，所以，在精锉时选择凸面朝下，使圆弧过渡处始终在工件中部锉削。这样锉削能锉得平，甚至可以锉得中间微微凹下。

（2）着色推锉法。具体方法是将小平锉或整形锉（平锉）前端磨成刮刀形状（磨去几齿），在工件的平面上涂色，用小平板研磨显示高点，再用磨成的锉刀前端轻轻铲去高处，最后用推锉法将平面锉平。

4. 锉削质量的检查

（1）直线度和平面度的检查。用钢直尺和直角尺以透光法来检查，要多检查几个部位并进行对角线检查。

（2）垂直度检查。用直角尺采用透光法检查，应选择基准面，然后对其他面进行检查。

（3）尺寸检查。根据尺寸精度用钢直尺和游标卡尺在不同尺寸位置上多测量几次。

（4）表面粗糙度检查。一般用眼睛观察即可，也可用表面粗糙度样板进行对照检查。

锉削时的注意事项

1. 锉刀必须装柄使用，以免刺伤手腕。松动的锉柄应装紧后再用。

2. 不准用嘴吹锉屑，也不要用手清除锉屑。当锉刀堵塞后，应用钢丝刷顺着锉纹方向刷去锉屑。

3. 对铸件上的硬皮或粘砂、锻件上的飞边或毛刺等，应先用砂轮磨去，然后锉削。

4. 锉削时不准用手摸锉过的表面，手有油污会导致再锉时打滑。

5. 锉削时，要经常用钢丝刷清除锉齿上的切屑。

6. 锉削时不宜速度过快，否则容易过早磨损锉刀。

---

5. 锉削加工问题产生的原因及解决方法

锉削中会产生废品或存在质量问题，产生的原因及解决方法见表 1-8。

表 1-8 锉削加工问题产生的原因及解决方法

废品形式	原因	解决方法
工件夹坏	台虎钳将加工过的表面夹出伤痕	夹紧精加工工件应加铜钳口
	夹紧力太大，把空心件夹扁	夹紧力不要太大，夹薄管最好用两块弧形木垫
	薄而大的工件没夹好，锉时变形	夹薄而大的工件要用辅助工具
工件表面中凸	操作技术不熟练，锉刀摇摆	掌握正确的锉削姿势，采用交叉锉法
	锉刀工作面中凹	选择锉刀时要检查锉身，不使用凹面锉刀
	用力不当，使工件塌边或塌角	用力要平衡，要经常测量、检查
尺寸和形状不准确	划线不对	检查图纸，正确划线，要仔细复查
	没有掌握每锉一次的锉削量而又不及时检查，超出尺寸界限	对每锉一次的锉削量要心中有数，锉削时思想要集中，并经常检查
表面粗糙度值大	锉刀粗细选择不当	合理选用锉刀
	粗锉时锉痕太深或细锉余量太少	粗锉时应始终注意粗糙度，避免深痕出现，要将适当的余量留给细锉

续表

废品形式	原因	解决方法
表面粗糙度值大	锉屑嵌在锉纹中未清除	经常用钢丝刷清除锉纹中的切屑
锉掉了不该锉的部位	没选用光边锉刀	锉削垂直面时应选用光边锉刀或锉刀边磨成光边
	锉刀打滑把邻边平面锉伤	锉削时注意力要集中，不要锉到邻边

1.4.2 任务实施：U 形板锉削

1. 工艺准备

01 图样分析。根据图样可知，U 形板工件锉削主要包括平面和圆弧锉削。学会锉削的基本方法、质量检查和分析，使基本尺寸、垂直度等达到图纸要求。锉削尺寸公差等级为 IT9；圆弧可用半径样板检查。

02 锉削工量具准备：300mm 1 号纹锉刀、200mm 2 号纹锉刀、150mm 游标卡尺、125mm 刀口尺、半径样板和 320° 游标万能角度尺。

2. 锉削步骤

01 夹紧工件，待锉表面距钳口高约 10mm。
02 粗锉一平面，留约 0.1mm 精锉余量。
03 粗锉另一平面，控制垂直度。
04 精锉两平面，测量。
05 锉削两斜面及两倒角。

考核评价

实训任务完成后，进行总结评价，学生自检（查）、班组长互检（查）与教师过程评价和综合评价相结合。合计分公式及权重由教师拟定。U 形板锉削考核评价内容见表 1-9。

表 1-9 U 形板锉削考核评价表

序号	考核项目及要求	配分	自检（查）	互检（查）	评分
1	（50±0.031）mm	20			
2	（70±0.037）mm	20			
3	C7（2 处）	10			
4	R10mm（2 处）	20			
5	⊥ 0.05 A	10			
6	⌒ 0.06	10			
7	安全文明及现场管理	10			
合计：					
总体评价：					

任务 1.5 --- 孔的加工 -----------------------------

☞ **工作任务**

练习孔加工，加工任务 1.4 锉削后的 U 形板工件上的所有孔（包括排孔），如图 1-47 所示。

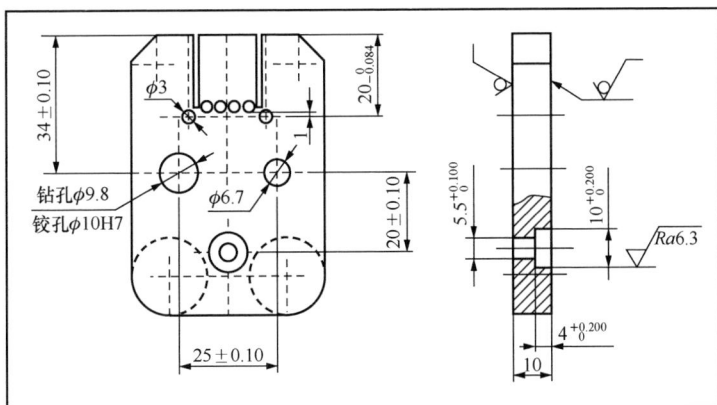

图 1-47 U 形板（孔加工）

1.5.1 相关知识：钻孔、扩孔与铰孔

每一台机器与零件上都有很多孔，如销孔、螺孔、安装定位孔等，孔加工是钳工最常用的操作技能之一。钳工加工孔的方法一般指钻孔、扩孔和铰孔等。

钻孔时，因钻头结构上存在的缺点，公差等级一般在 IT10 以下，表面粗糙度为 $Ra12.5\mu m$ 左右，属粗加工。扩孔时因所受到的阻力要比钻孔时小得多，所以更能保证孔的精度。因铰刀的刀齿数量多，切削余量小，切削阻力小，导向性好，故铰孔加工精度高，公差等级一般为 IT9～IT7，表面粗糙度可达 $Ra1.6\mu m$。

就钻孔、扩孔与铰孔的精度来讲，铰孔要高很多，属于精加工。

1. 钻孔概述

1）钻削运动

用钻头在实体材料上加工孔叫钻孔。钻孔是最基本的孔加工方法。钻孔时钻头同时完成两个运动：主运动，即钻头绕轴线的旋转运动，也称切削运动；辅助运动，即钻头沿着轴线方向对着工件的直线运动，也称进给运动。

2）钻削特点

钻削时钻头是在半封闭的状态下进行切削的，转速高，切削量大，排屑又很困难，所以，钻削加工主要有以下几个特点：

（1）摩擦严重，需要较大的钻削力，容易发生孔偏移。

（2）产生的热量多，而且传热、散热困难，切削温度较高，造成钻头磨损严重而影响钻削精度；钻头细而长，钻孔容易产生振动和折断。

（3）孔和孔之间定位难，定位精度难控制。

2. 常用钻头及结构

钻头是钻孔用的切削工具，钻头一般用高速钢材料生产，制成钻头有麻花钻、中心钻、深孔钻等，其中应用最广泛的是麻花钻和中心钻。

1）麻花钻

（1）麻花钻的组成。一般钻头由柄部、颈部及工作部分组成。它有直柄式和锥柄式两种，如图 1-48 所示。工作部分经热处理淬硬至 62HRC。

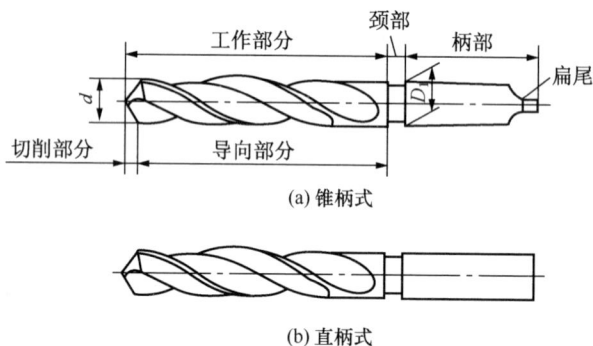

图 1-48　麻花钻的组成

柄部是麻花钻的夹持部分，起传递动力的作用。一般直径小于 $\phi 12mm$ 的钻头采用钻夹头夹持，直柄圆柱面靠摩擦力夹紧工作；当钻头直径大于 $\phi 12mm$ 后，由于直柄传递扭矩较小，钻削力大到用夹头无法夹紧了，需要靠工具锥度（常用的有莫氏锥度）自锁夹紧，以满足钻头正常钻孔。一般将直径大于 $\phi 12mm$ 的钻头做成莫氏锥柄。常用莫氏锥柄的尺寸见表 1-10。

表 1-10　莫氏锥柄　　　　　　　　　　　　　　　　单位：mm

直径	莫氏锥柄号					
	1	2	3	4	5	6
大端直径 D	12.240	17.980	24.051	31.542	44.731	63.760
钻头直径 d	<15.5	15.6～23.5	23.6～32.5	32.6～49.5	49.6～65.0	>80.0

颈部是砂轮磨削钻头时退刀用的，钻头的规格、材料和商标一般也刻印在颈部。

（2）麻花钻的工作部分。麻花钻的工作部分分为切削部分和导向部分。导向部分有两条狭长、螺纹形状的刃带（棱边亦即副切削刃）和螺旋槽。棱边的作用是引导钻头和修光孔壁；两条对称螺旋槽的作用是排除切屑和输送切削液（冷却液）。切削部分结构如图 1-49 所示，标准麻花钻的切削部分由五刃（两条主切削刃、两条副切削刃和一条横刃）和六面（两个前刀面、两个后刀面和两个副后刀面）组成。

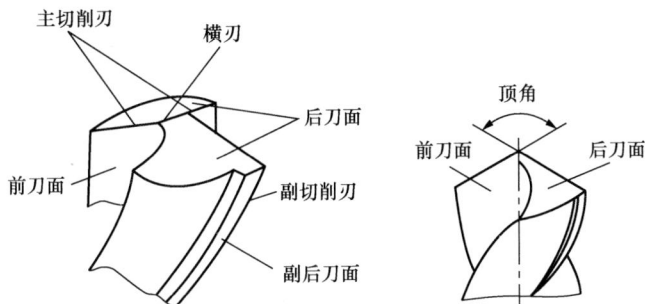

图 1-49 标准麻花钻切削部分的结构

（3）麻花钻的主要几何角度。

螺旋角 β：螺旋槽上最外缘的螺旋线展开成直线后与钻头轴心线的夹角，一般为 30°。

顶角 2φ：两条主切削刃在其平行平面上的投影之间的夹角。标准麻花钻的顶角为 $2\varphi=118°\pm2°$。

2）中心钻

中心钻是加工中心孔的一种刀具，常用于轴类等零件端面上的中心孔加工。钳工也常将中心钻用于孔加工的预制精确定位，引导麻花钻进行孔加工，减少误差。常用的中心孔有 A 型（不带保护锥）、B 型（带保护锥）两种，如图 1-50 所示。

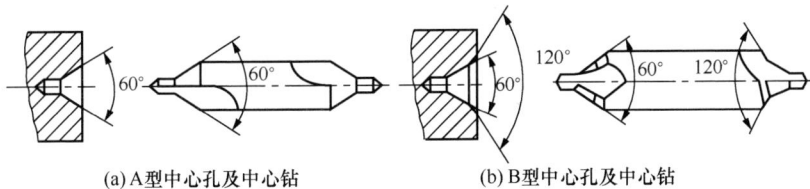

(a) A 型中心孔及中心钻　　　　　　(b) B 型中心孔及中心钻

图 1-50 中心钻及中心孔

3. 麻花钻的刃磨

1）刃磨设备

刃磨麻花钻主要是为了获得符合切削条件的几何角度，使刃口锋利。手工刃磨麻花钻主要凭借经验在砂轮机上进行，如图 1-51 所示。

砂轮的选择与
钻头刃磨

(a) 立式砂轮机　　　　　　　　　　(b) 台式砂轮机

图 1-51 砂轮机

2）刃磨方法

钻头握持的方法是右手握住钻头的头部作支点，左手握住柄部，以钻头前端支点为圆心柄部作上下摆动，并略带旋转。刃磨顶角和后角的方法是操作者站在砂轮机侧面，与砂轮机回转平面成45°。为保证顶角为118°±2°，将主切削刃在略高于砂轮水平中心面处先接触砂轮，右手缓慢地使钻头绕自己的轴线由下向上转动，同时施加适当的刃磨压力，使整个后面磨到，左手配合右手作缓慢的同步下压运动，刃磨压力逐渐加大，便于磨出后角。为保证钻头中心处磨出较大的后角，还应作适当的右移运动。刃磨时两手的配合要协调、自然，按此方法不断反复地将两后面交替以刃磨两后刀面，直至达到刃磨要求，如图1-52所示。

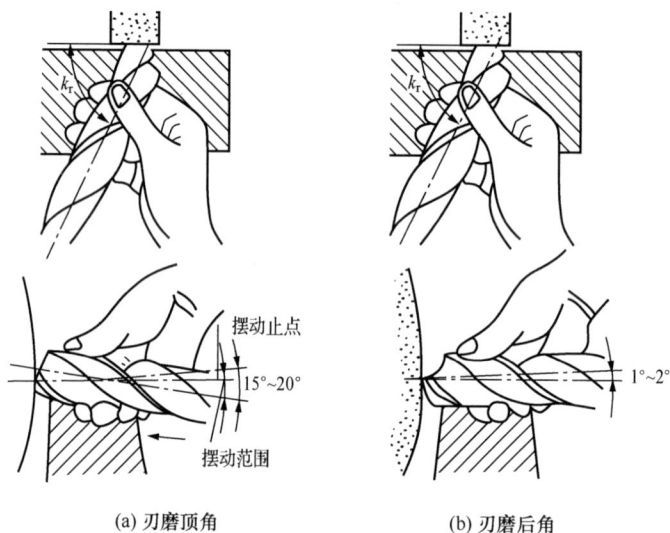

(a) 刃磨顶角　　　　　　　　　(b) 刃磨后角

图1-52　钻头刃磨

图1-53　修磨横刃

在刃磨钻头后，对直径较大的钻头（大于6mm以上）修磨横刃。刃磨时，右手握住钻头的切削部分，左手握柄，将钻头的后刀面与螺旋槽相邻的棱边靠近砂轮侧面的圆角，使磨削点由外刃沿着这条棱线逐渐平移到钻头的轴线，一直磨到切削刃的前面，磨短横刃，磨出内刃；然后转180°，再磨另一侧。最终效果如图1-53所示。

钻头刃磨根据实际需要还需修磨主切削刃、修磨棱边、修磨前刀面和修磨螺旋槽等。

麻花钻刃磨时的注意事项

1. 严格执行砂轮机的安全操作规程，防止发生人身设备事故。

2. 操作前首先检查砂轮机，砂轮先进行空运行，旋转必须平稳，对跳动量大的砂轮必须进行修整。

3. 一般采用粒度为46～80号、硬度为中软级的（K、L）氧化铝砂轮为宜。

4. 钻孔操作

钻孔的精度较低，一般尺寸公差等级为 IT11～IT10，表面粗糙度值一般为 $Ra50$～

12.5μm，常用于精度要求不高的孔或螺纹孔的底孔的加工。

1）工件的装夹

为保证工件的加工质量和操作的安全，钻削时工件必须牢固地装夹在夹具或工作台上，根据工件形状常选用手虎钳、机用虎钳、V 形块和压板、螺钉等辅助工具装夹，如图 1-54 所示。

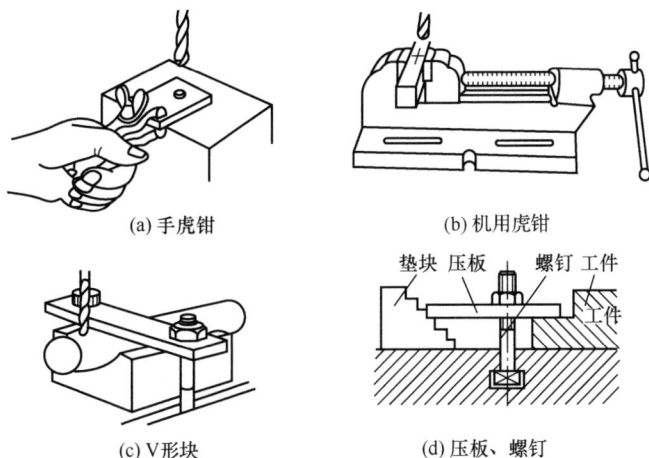

(a) 手虎钳　　　　　　　　(b) 机用虎钳

(c) V形块　　　　　　　　(d) 压板、螺钉

图 1-54　工件装夹

2）钻头的装夹

钻头的装夹常用的是钻夹头和钻套。直柄钻头的直径小，切削时扭矩较小，可用钻夹头（图 1-55）装夹，用紧固扳手拧紧钻夹头，钻夹头再和钻床主轴配合，由主轴带动钻头旋转。这种方法简便，但夹紧力小，容易产生跳动。

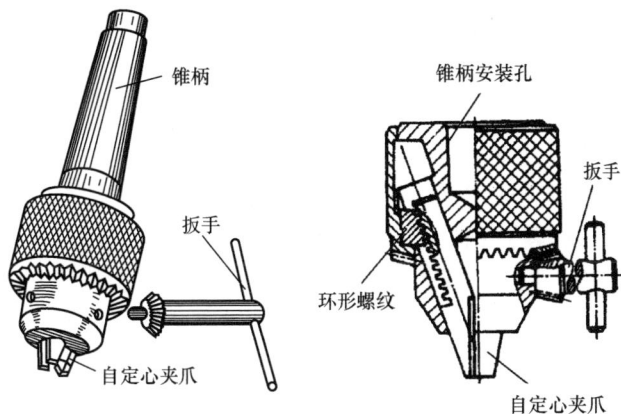

钻孔

图 1-55　钻夹头

锥柄钻头可直接或通过钻套（或称过渡套）将钻头和钻床主轴锥孔配合，这种方法配合牢靠，同轴度高。

3）钻孔方法

钳工的钻孔方法与生产规模有关。大批生产时，可制作夹具（钻孔模）来保证加工位置的准确及提高效率；单件小批生产时，则用划线来确定加工位置。

用划线的方式钻孔之前，应用样冲把孔中心的样冲眼再冲大一些，使钻头的横刃预先落入样冲眼的锥坑中，这样钻孔时钻头不易偏离孔的中心。

（1）选择钻头转速。将夹具夹上钻头，根据被加工件的材质选取符合需要孔径的钻头，钻头直径越小，转速越高，反之越低。如ϕ6mm 高速钢麻花钻，工件材料为 Q235，无冷却状态下，转速一般选用 800r/min 左右；有冷却状态下，转速一般选用 1200r/min 左右。也可以查阅相关切削手册确定钻头转速。

（2）起钻。钻孔时，应把钻头对准钻孔的中心，然后启动主轴，待转速正常后，手摇进给手柄，慢慢地起钻，钻出一个浅坑；也可以不开机，用手顺时针旋转钻出一个浅坑。观察钻孔位置是否正确，如钻出的锥坑与所划的钻孔圆周线不同心，应及时借正。

（3）借正。如钻出的锥坑与所划的钻孔圆周线偏位较少，可移动工件（在起钻的同时用力将工件向偏位的反方向推移）或移动钻床主轴（摇臂钻床钻孔时）来借正；如偏位较多，可在借正方向打上几个样冲眼或用錾子錾出几条槽，如图 1-56 所示。

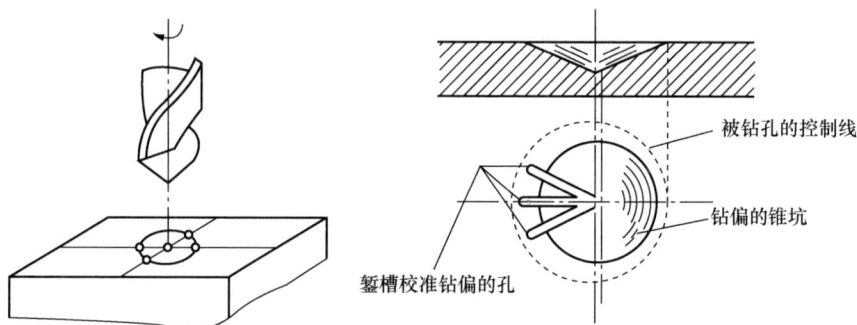

被钻孔的控制线

钻偏的锥坑

錾槽校准钻偏的孔

图 1-56　钻孔借正

（4）钻通孔。工件下面应放垫铁，或把钻头对准工作台空槽处。在孔将被钻透时，进给量要小，避免钻头在钻穿的瞬间抖动，出现"啃刀"现象，从而影响加工质量，损坏钻头，甚至发生事故。

（5）钻盲孔。钻盲孔时，要注意掌握钻孔深度。控制钻孔深度的方法包括利用钻床上深度标尺挡块，安置控制长度量具或用划线做记号等方法。

（6）钻深孔。钻深孔时要经常退出钻头及时排屑和冷却，如钻头钻进深度达到直径的 3 倍，钻头就要退出排屑一次，以后每钻进一定深度，钻头就要退出排屑一次。否则易造成切屑堵塞或使钻头切削部分过热磨损、折断。

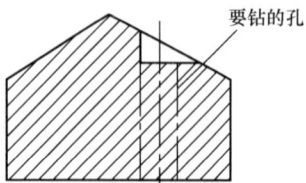

要钻的孔

图 1-57　斜面钻孔

（7）钻大孔。直径 d 超过 30mm 的孔应分两次钻。第一次用（0.5～0.7）d 的钻头先钻，再用所需直径的钻头将孔扩大。这样，既利于钻头负荷分担，也有利于提高钻孔质量。

（8）钻斜面孔。在斜面上钻孔时，容易产生偏斜和滑移。防止钻头折断的方法如下，在斜面的钻孔处先用立铣刀铣出或用锉刀锉削一个平面，如图 1-57 所示。

4）冷却润滑

钻削钢件时常用机油或乳化液，钻削铝件时常用乳化液或煤油，钻削铸铁时则用煤油。

5）常见问题产生的原因分析及解决方法

钻孔常见问题产生的原因分析及解决方法如表1-11所示。

表1-11 钻孔常见问题产生的原因分析及解决方法

出现问题	产生原因	解决方案
孔径大于规定尺寸	钻头两切削刃长度不等，高低不一致	更换钻头或刃磨钻头
	钻床主轴径向偏摆或工作台未锁紧有松动	调整钻床
	钻头本身弯曲或装夹不好，使钻头有过大的径向跳动现象	更换钻头或重新装夹钻头
孔壁粗糙	钻头不锋利	重选钻头或刃磨钻头
	进给量太大	控制进给量
	切削液选用不当或供应不足	加强冷却
	钻头过短，排屑不畅	及时排屑
孔位置不准	工件划线不准，划线后没有复核	划线后要复核，划线误差过大时及时纠正，打样冲眼要准
	钻头横刃太长定心不准，起钻过偏而没有校正	刃磨钻头横刃，起钻要准
孔歪斜	钻孔平面与主轴不垂直或钻床主轴与台面不垂直	起钻前要检查机床，特别是以前没有使用过的钻床
	工件装夹时，装夹接触面上的切屑未清除干净	清除工作台面切屑
	工件装夹不牢，钻孔时产生歪斜，或工件内有砂眼	装夹工件要牢固
钻头折断	下压力过大，即进给量过大	正确操作，合理进给
	钻深孔时，切屑未排净，钻头排屑槽阻塞	钻孔要及时回退，及时断屑与排屑
	孔钻穿时没有减少进给量	钻穿时及时减力
	工件没有夹紧，突然倾斜	装夹工件要牢固
	钻头前角太大，扎刀引起折断	更换或重新刃磨钻头，减小前角
孔径方向呈现多角形	钻头后角过大	正确选用和刃磨钻头
	钻头两主切削刃不对称	
钻头磨损过快或刃口崩裂	切削速度太快，冷却不充分	充分冷却
	工件材料相对钻头过硬	正确选用钻头
	进给量过大	合理进给

┌--- 钻孔时的安全文明生产及注意事项 ---

1. 钻孔前，工作台面上不准放置刀具、量具及其他物品。钻通孔时，工件下面必须垫上垫铁或使钻头对准工作台的槽，以免损坏工作台。

2. 操作钻床时禁止戴手套及使用棉纱，袖口必须扎紧，女生必须戴工作帽。

3. 开动钻床前，应检查变速是否到位，是否有钻夹头钥匙或斜铁插在主轴上。

4. 钻孔时工件一定要夹紧，特别是在小工件上钻较大直径的孔时，装夹必须牢固。孔将钻穿时，要减小进给。

5. 钻孔时不可用手、棉纱头或用嘴吹来清除切屑，必须用毛刷清除。

6. 操作者的头严禁与旋转着的主轴靠得太近，停车时应让主轴自然停止，不可用手制动，也不能用反转制动。

　　7. 开车状态下严禁装卸工件、检验工件和变换主轴转速。

　　8. 装夹钻头时须用钻夹头钥匙，不可用扁铁和锤子敲击，以免损坏夹头和影响钻床主轴精度。

　　5. 扩孔

　　扩孔是在钻孔之后的工艺，即在已经有较小孔的材料上对孔进行扩大再加工，逐步将孔扩至规定尺寸，尽量提高孔的精度和表面质量。扩孔时所受到的阻力要比钻孔时小得多，所以更能保证孔的精度。扩孔公差等级为IT10～IT9，表面粗糙度为$Ra12.5～3.2\mu m$。

　　扩孔钻如图1-58所示。在实际生产中也常用麻花钻扩孔。当采用麻花钻扩孔时，底孔直径一般为要求直径的0.5～0.7倍；但当孔精度要求较高时常用扩孔钻，扩孔钻有3～4个切削刃，且没有横刃，其顶端是平的，螺旋槽较浅，故钻芯粗实，刚性和导向性好。

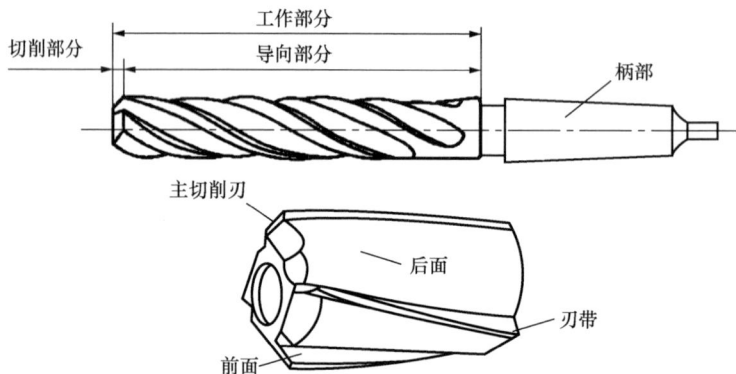

图1-58　扩孔钻

　　采用扩孔钻扩孔时，底孔直径一般约为要求直径的0.9倍。扩孔的切削速度是钻孔的一半，进给可采用机动或手动，采用手动进给时，进给量要均匀一致。扩孔操作方法基本同钻孔。

　　6. 铰孔

　　用铰刀从工件孔壁上切除微量金属层，以提高其尺寸精度和降低表面粗糙度的方法称为铰孔。铰刀分为手用铰刀、机用铰刀两种，由于铰刀的刀齿数量多，切削余量小，切削阻力小，导向性好，故加工精度高，公差等级一般为IT9～IT7，表面粗糙度为$Ra3.2～0.8\mu m$，属于精加工。

　　1）铰孔类型

　　铰孔分为手工铰孔和机用铰刀铰孔两种，钳工训练中主要是手工铰孔。孔径较大的孔，由于切削力较大，多采用机用铰刀铰孔；另外，大批量生产也使用机用铰刀铰孔。

　　铰孔后的精度和表面粗糙度与工件材料及铰刀精度有关，铰刀精度常用的有H7、H8、H9等几种等级。

　　2）铰刀的结构

　　铰刀由柄部、颈部和工作部分组成，其中工作部分又分为切削部分和校准部分（锥铰刀除外），如图 1-59 所示。常用的铰刀有整体圆柱铰刀、可调节的手用铰刀、锥铰刀、螺旋槽手用铰刀及硬质合金机用铰刀等。

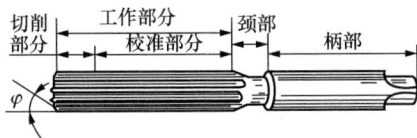

图 1-59 铰刀的基本结构

3）铰削余量

铰削余量是指由上道工序（钻孔或扩孔）留下来在直径方向的待加工量。铰削余量的控制是铰孔的关键，与孔径大小、工件材料、尺寸精度要求、表面粗糙度要求、铰刀类型、操作者水平经验有关。表 1-12 是铰削余量的推荐值。

表 1-12 铰削余量的推荐值　　　　　　　　　　　　　　　单位：mm

铰孔直径	≤5	5～20	21～32	33～50	51～70
铰削余量	0.1～0.2	0.2～0.3	0.3	0.5	0.8

4）铰孔时的冷却润滑

钢件铰孔时可选用以润滑为主的切削液，铸件铰孔时，一般不用切削液。

5）手工铰孔操作

（1）确定底孔加工方法和铰削余量。

（2）检查铰刀的质量、尺寸，选择铰杠，并装好铰刀。

（3）工件夹正、夹牢而不变形。

（4）两手用力要平衡，按顺时针方向转动并略微用力下压，铰刀不得摇摆，保持铰削的稳定性，避免在孔口处出现喇叭口或将孔径扩大。

（5）进给量的大小和转动速度要适当、均匀，适当加入切削液。

（6）铰孔完成后，也要顺时针方向旋转并退出铰刀，否则会使孔壁刮毛，甚至挤崩刀刃。

（7）铰削过程中，如果铰刀转不动，不能硬扳转铰刀，应小心地抽出铰刀，检查铰刀是否被切屑卡住或遇到硬点。

6）手工铰孔加工问题产生的原因及解决方法

手工铰孔加工问题产生的原因及解决方法见表 1-13。

表 1-13 手工铰孔加工问题产生的原因及解决方法

问题	原因	解决方法
孔径增大、误差大	铰刀的质量问题，如外径尺寸偏大或铰刀刃口有毛刺	选择符合要求的铰刀
	切削速度过高	降低切削速度
	进给量不当或加工余量过大	适当调整进给量或减少加工余量
	铰刀弯曲	更换铰刀

续表

问题	原因	解决方法
孔径增大、误差大	切削液选择不合适	选择冷却性能较好的切削液
	铰孔时两手用力不均匀，使铰刀左右晃动	铰孔时两手用力尽量均匀，尽量不使铰刀左右晃动
	铰刀刃口上黏附着积屑瘤	用油石仔细修整到合格
孔径缩小	铰刀的质量问题，铰刀外径尺寸已磨损	更换铰刀
	切削速度过低	适当提高切削速度
	进给量过大	适当降低进给量
	切削液选择不合适	选择润滑性能好的油性切削液
	铰钢件时，余量太大或铰刀不锋利，易产生弹性恢复，使孔径缩小	设计铰刀尺寸时应考虑相关因素，或根据实际情况取值
铰出的孔不圆	铰孔时两手用力不均匀，使铰刀左右晃动	铰孔时两手用力尽量均匀，尽量不使铰刀左右晃动
孔表面粗糙度值大	切削速度过快	降低切削速度
	切削液选择不合适	根据加工材料选择切削液
	铰削余量太大	适当减小铰削余量
	铰削余量不均匀或太小，局部表面未铰到	提高铰孔前底孔位置精度与质量，或增加铰削余量
	铰刀刃口不锋利，表面粗糙	选用合格铰刀
	铰刀刃带过宽	修磨刃带宽度
	铰孔时排屑不畅	及时清除切屑
	铰刀过度磨损	定期更换铰刀或及时刃磨铰刀
	铰刀碰伤，刃口留有毛刺或崩刃	使用及运输过程中，避免碰伤
	刃口有积屑瘤	及时修好，或更换铰刀
铰刀刀齿崩刃	铰削余量过大	减小铰削余量
	工件材料硬度过高	降低材料硬度，或改用负前角铰刀或硬质合金铰刀
	切削时用力不均匀	切削时用力均匀
	铰深孔或盲孔时，切屑未及时清除	铰深孔或盲孔时及时清除切屑
	刃磨时刀齿已磨裂	注意刃磨质量

铰孔时的注意事项

1. 铰刀刃口较锋利，刃口上如有毛刺或切屑黏附，不可用手清除。
2. 使用铰刀时，应防止铰刀掉落而造成损伤。
3. 铰刀使用完毕要擦洗干净，涂上机油，放置时要保护好刃口，防止与硬物碰撞。

7. 锪孔

锪孔是指在已加工的孔上加工圆柱形沉头孔、锥形沉头孔和凸台断面等。锪孔时使用的刀具称为锪钻。锪钻分为柱形锪钻、锥形锪钻、端面锪钻三种。锪钻一般用高速钢制造。

锪孔方法和钻孔方法基本相同。锪孔时存在的主要问题是由于刀具振动而使所锪孔口的端面或锥面产生振痕。

1.5.2 任务实施：U 形板上的孔加工

1. 工艺准备

01 图样分析。

根据图样可知，U 形板工件孔的加工包括钻孔、扩孔、铰孔和锪孔的操作。其中，铰孔和螺纹底孔直径需要事先计算或留余量，本任务铰孔留 0.2mm 余量。

02 准备工作。

① 设备：台钻、机用虎钳。

② 工量具：ϕ5.5mm、ϕ6.7mm、ϕ9.8mm 麻花钻；ϕ2.5mm 中心钻；ϕ10mm 锪钻；ϕ10H7 铰刀、铰杠；150mm 游标卡尺；机用虎钳、等高块等。

2. 加工步骤

检查打孔处有无样冲眼，夹紧工件，要求水平。

01 钻孔ϕ3mm，共六个，其中，两个工艺孔、四个排孔。

02 ϕ2.5mm 中心钻引孔：三处。

03 钻螺纹底孔：ϕ6.7mm。

04 钻孔ϕ5.5mm 通孔：两处，一处为沉孔，另一处为铰孔处。

05 扩孔：铰孔处用ϕ9.8mm 钻头扩孔。

06 锪孔：ϕ10mm 锪钻锪孔，控制深度 4mm。

07 铰孔：ϕ10H7 铰刀、铰杠铰孔。

考核评价

实训任务完成后，进行总结评价，学生自检（查）、班组长互检（查）与教师过程评价和综合评价相结合。合计分公式及权重由教师拟定。U 形板孔加工考核评价内容见表 1-14。

表 1-14 U 形板孔加工考核评价表

序号	考核项目及要求	配分	自检（查）	互检（查）	评分
1	排孔及工艺孔质量	20			
2	沉孔质量	20			
3	铰孔质量	20			
4	相对位置误差	30			
5	安全文明及现场管理	10			
合计：					
总体评价：					

任务 **1.6** ···· 攻螺纹和套螺纹

☞ **工作任务**

将任务 1.5 孔加工后的 U 形板工件完成螺纹加工，如图 1-60 所示。

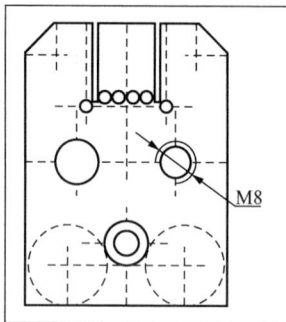

图 1-60　U 形板（攻螺纹）

1.6.1　相关知识：螺纹加工工具及方法

机器的制造单元是零件，零件通过一定形式相连接组成机器。螺纹连接是零件之间的常见连接形式之一。加工螺纹的方法有很多，而钳工加工螺纹是应用最广泛的一种螺纹加工方法。以加工三角形螺纹为主，其中攻螺纹是指内螺纹加工，套螺纹是指外螺纹加工。

1. 攻螺纹、套螺纹工具

1）攻螺纹工具

对钳工而言，攻螺纹工具包括丝锥和铰杠。

（1）丝锥。丝锥是钳工加工内螺纹的工具，分手用丝锥和机用丝锥两种，有粗牙和细牙之分。手用丝锥一般用合金工具钢或滚动轴承钢制造，机用丝锥常用高速钢制造。

图 1-61　丝锥的结构

丝锥由工作部分和柄部组成。工作部分包括切削部分和校准部分，切削部分担负主要切削工作；校准部分具有完整的齿形，用来校准已切出的螺纹。丝锥的结构如图 1-61 所示。

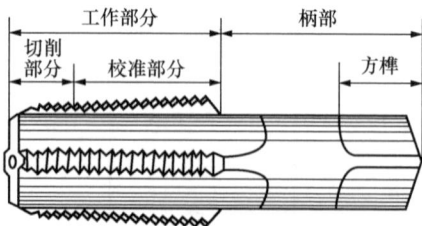

手用丝锥为了减少攻螺纹时的切削力和提高丝锥的使用寿命，将攻螺纹时的整个切削量分配给几支丝锥来担负，丝锥一套有 2 支或 3 支。在成套丝锥中，切削量的分配有两种形式，即锥形分配和柱形分配，如图 1-62 所示。

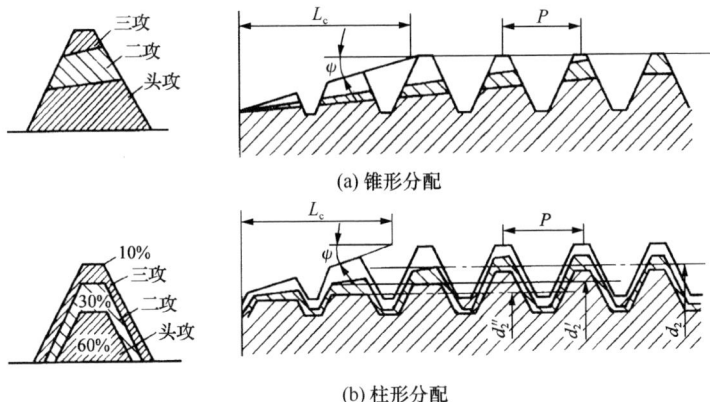

图 1-62 丝锥切削量分配示意图

（2）铰杠。铰杠是手工攻螺纹时的辅助工具。用来夹持丝锥柄部方榫，从而带动丝锥旋转切削。铰杠有普通铰杠和丁字铰杠两类，各类铰杠又分为固定式和活络式两种，如图 1-63 所示。其中，活络式铰杠的方孔尺寸可以调节，故应用广泛。使用时根据丝锥尺寸大小按表 1-15 所列范围选用。

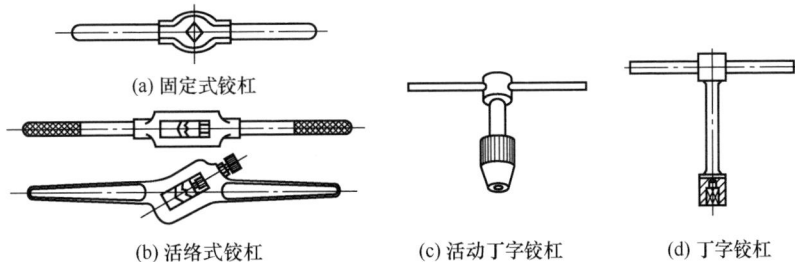

图 1-63 铰杠类型

表 1-15 活络式铰杠适用范围

活络式铰杠规格/in	6	9	11	15	19	24
适用丝锥范围	M5～M8	M8～M12	M12～M14	M14～M16	M16～M22	>M24

注：1in=0.0254m。

2）套螺纹工具

对钳工而言，套螺纹工具主要是圆板牙、管螺纹板牙等牙形成形刀具和板牙铰杠。

（1）圆板牙。圆板牙是加工外螺纹的工具，用合金工具钢或高速钢制作并经淬火回火处理。圆板牙加工的是三角形螺纹。圆板牙由切削部分、校准部分和排屑孔组成，其外形像一个圆螺母，在它上面钻有几个排屑孔（一般 3～8 个孔，螺纹直径大则孔多）形成刀刃，如图 1-64 所示。

圆板牙两端的锥角部分是切削部分，板牙的中间一段是校准部分，也是套螺纹时的导向部分。

板牙下部两个轴线通过板牙中心的装卡螺钉锥坑，是用紧定螺钉将圆板牙固定在铰杠中，用来传递转矩的。

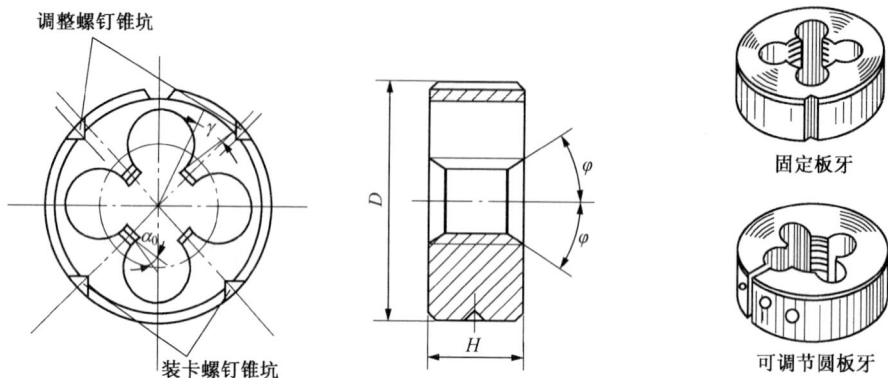

图 1-64　圆板牙

板牙两端都有切削部分，待一端磨损后，可换另一端使用。

（2）板牙铰杠。板牙铰杠是手工套螺纹时的辅助工具。板牙铰杠的外圆旋有四只紧定螺钉和一只调松螺钉，使用时，紧定螺钉将板牙紧固在铰杠中，并传递套螺纹时的扭矩，如图 1-65 所示。

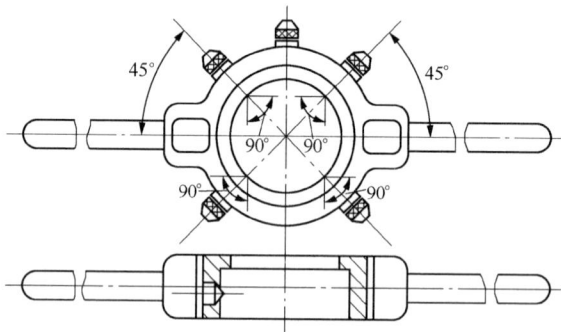

图 1-65　板牙铰杠

当使用的圆板牙带有 V 形调整槽时，调节上面两只紧定螺钉和调松螺钉，可使板牙螺纹直径在一定范围内变动。

2. 攻螺纹

用丝锥在孔中切削加工内螺纹的方法称为攻螺纹。

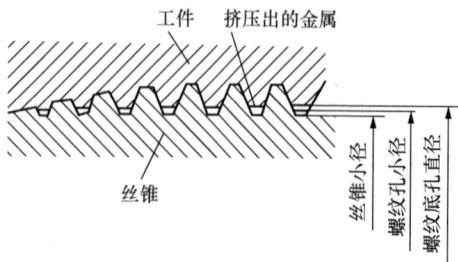

图 1-66　攻螺纹的挤压

1）确定螺纹底孔直径

螺纹底孔直径的大小，应根据工件材料的塑性和钻孔时的扩张量来考虑，丝锥每个切削刃除起切削作用外，还伴随较强的挤压作用。因此，金属产生塑性变形形成凸起并挤向牙尖，如图 1-66 所示。所以，螺纹底孔直径的确定是使攻螺纹时既有足够的空隙来容纳被挤出的材料，又能保证加工出来的螺纹具有完整的牙形。底孔直径 d_0 的大小要根据工件的材料和螺纹直径大小来考虑，如表1-16所示。

表1-16 加工普通螺纹前螺纹底孔直径的计算公式

被加工材料和扩张量	螺纹底孔直径计算公式	被加工材料和扩张量	螺纹底孔直径计算公式
钢和其他塑性大的材料，扩张量中等	$d_0=D-P$	铸铁和其他塑性小的材料，扩张量较小	$d_0=D-(1.05\sim1.10)P$

注：D 为螺纹公称直径；P 为螺距。

2）底孔深度的确定

攻盲孔螺纹时，一般取钻孔深度等于所需螺孔深度＋0.7D。

3）攻螺纹要点

（1）螺纹底孔口倒角，通孔螺纹两端孔口都要倒角。这样可使丝锥容易切入，并防止螺孔口部在使用中损伤而影响螺栓旋入。

（2）攻螺纹前，工件的装夹位置要正确，应尽量使螺孔中心线置于水平或垂直位置。

（3）攻螺纹时，应把丝锥放正，用右手掌按住铰杠中部，沿丝锥中心线用力加压，此时左手配合作顺向旋进；或两手握住铰杠两端平衡施加压力，并将丝锥顺向旋进，保持丝锥中心与孔中心线重合。当切削部分切入工件1～2圈时，用目测或角尺检查和校正丝锥的位置，如图1-67（a）所示。当切削部分全部切入工件时，应停止对丝锥施加压力，只需平稳地转动铰杠，利用丝锥上的螺纹自然旋进，如图1-67（b）所示。

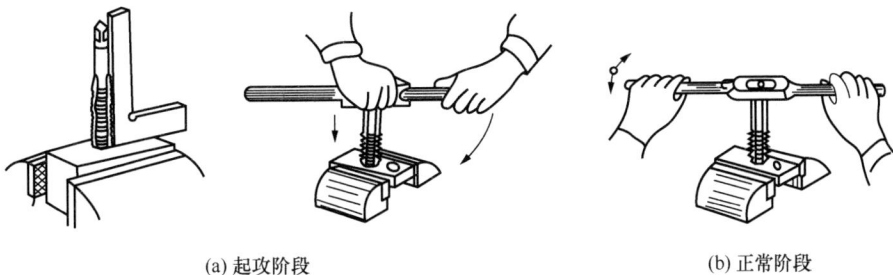

(a) 起攻阶段　　　　　　　　　　　(b) 正常阶段

图1-67 攻螺纹示意图

（4）头锥攻过后，再用二锥、三锥扩大及修光螺纹。

（5）经常将丝锥反方向转动1/2圈左右，使切屑碎断并排出。

（6）攻盲孔螺纹时，要经常退出丝锥，排除孔中的切屑。

（7）丝锥退出时，用铰杠带动丝锥平稳地反向转动旋出。

（8）根据不同的材料，可选择机油或浓度较大的乳化液作为切削液。

攻螺纹

4）攻螺纹时产生废品的原因及防止方法

攻螺纹时产生废品的原因及防止方法如表1-17所示。

表1-17 攻螺纹时产生废品的原因及防止方法

废品形式	产生原因	防止方法
螺纹乱扣、断裂、撕破	底孔直径太小，丝锥攻不进，使孔口乱牙	认真检查底孔，选择合适的底孔钻头，将孔扩大再攻

续表

废品形式	产生原因	防止方法
螺纹乱扣、断裂、撕破	头锥攻过后，攻二锥时，放置不正，头锥、二锥中心不重合	先用手将二锥旋入螺纹孔内，使头锥、二锥中心重合
	螺纹孔攻歪斜很多，而用丝锥强行找正仍找不过来	保持丝锥与底孔中心一致，操作中两手用力均衡，偏斜太多不要强行找正
	塑性好的材料，攻螺纹时没用切削液	应选用切削液
	丝锥切削部分磨钝	将丝锥后角修磨锋利
螺纹孔偏斜	丝锥与工件端平面不垂直	起锥时要使丝锥与工件端平面垂直，注意检查与校正
	铸件内有较大砂眼	攻螺纹前注意检查底孔，如砂眼太大，不宜攻螺纹
	攻螺纹时两手用力不均衡，倾向于一侧	要始终保持两手用力均衡，不要摆动
螺纹高度不够	攻螺纹底孔直径太大	正确计算与选择螺纹底孔直径与钻头直径

3. 套螺纹

用板牙在圆杆或管子上切削加工外螺纹的方法称为套螺纹。

1) 套螺纹前圆杆直径的确定

套螺纹圆杆直径可用以下经验公式来确定：

$$d_0 \approx d - 0.13P$$

式中：d_0——套螺纹前圆杆直径（mm）；

d——螺纹公称直径（mm）；

P——螺距。

2) 套螺纹要点

(1) 为使板牙容易对准工件和切入工件，圆杆端部要倒成圆锥斜角为 $15°\sim20°$ 的锥体。锥体的最小直径可以略小于螺纹小径，使切出的螺纹端部避免出现锋口和卷边而影响螺母的旋入，如图 1-68 所示。

(2) 为了防止圆杆夹持出现偏斜和夹出痕迹，圆杆应装夹在用硬木制成的 V 形钳口或软金属制成的衬垫中，在加衬垫时圆杆套螺纹部分离钳口要尽量近。

(3) 套螺纹时应保持板牙端面与圆杆轴线垂直，否则套出的螺纹两面会有深有浅，甚至烂牙。在开始套螺纹时，可用手掌按住板牙中心，适当施加压力并转动铰杠。当板牙切入圆杆 1~2 圈时应目测检查和校正板牙的位置。当板牙切入圆杆 3~4 圈时，应停止施加压力，而仅平稳地转动铰杠，靠板牙螺纹自然旋进套螺纹，如图 1-69 所示。为了避免切屑过长，套螺纹过程中板牙应经常倒转。在钢件上套螺纹时要加切削液，以延长板牙的使用寿命，减小螺纹的表面粗糙度。

3) 套螺纹时产生废品的原因及防止方法

套螺纹时产生废品的原因与攻螺纹时类似，具体见表 1-18。

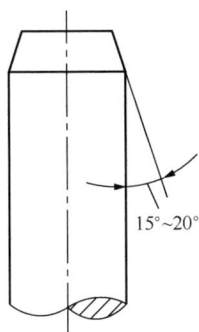

图 1-68 圆杆倒角

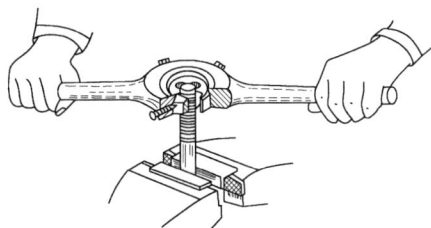

图 1-69 套螺纹

表 1-18 套螺纹时产生废品的原因及防止方法

废品形式	产生原因	防止方法
烂牙	对低碳钢等塑性好的材料套螺纹时，未加切削液，板牙把工件上螺纹粘去一部分	对塑性材料套螺纹时一定要加适合的切削液
	套螺纹时板牙一直不回转，切屑堵塞，把螺纹啃坏	板牙正转 1~1.5 圈后，就要反转约 0.5 圈，使切屑断裂
	被加工的圆杆直径太大	把圆杆加工到合适的尺寸
	板牙歪斜太多，在找正时造成烂牙	套螺纹时板牙端面要和圆杆轴线垂直，并经常检查。发现略有歪斜，就要及时找正
螺纹对圆杆歪斜，螺纹一边深一边浅	圆杆端头倒角没倒好，使板牙端面与圆杆不垂直	圆杆端头要按图 1-68 所示倒角，四周倒角要大小一样
	板牙套螺纹时，两手用力不均匀，使板牙端面与圆杆不垂直	套螺纹时两手用力均匀，要经常检查板牙端面与圆杆是否垂直，并及时纠正
螺纹太浅	圆杆直径太小	圆杆直径要在规定的范围内

1.6.2 任务实施：U 形板攻螺纹

1. 工艺准备

01 图样分析。U 形板攻螺纹是最基本的练习，为了能使工件夹持平整，可在机用虎钳下加等高块。工件的检验可用成品 M8 螺栓。

02 工量具准备。丝锥 M8、铰杠；机用虎钳、等高块；检具：成品 M8 螺栓或螺纹塞规。

2. 攻螺纹步骤

01 检查底孔质量，夹紧工件、要求水平。

02 检查丝锥，分辨头锥和二锥。

03 先后用头锥和二锥攻螺纹。

04 成品 M8 螺栓检验。

■ 考核评价

实训任务完成后，进行总结评价，学生自检（查）、班组长互检（查）与教师过程评价和综合评价相结合。合计分公式及权重由教师拟定。U 形板攻螺纹考核评价内容见表 1-19。

表 1-19　U 形板攻螺纹考核评价表

序号	考核项目及要求	配分	自检（查）	互检（查）	评分
1	螺纹表面质量	20			
2	螺孔偏斜	20			
3	成品 M8 螺栓检验	50			
4	安全文明及现场管理	10			
合计：					
总体评价：					

任务 1.7 ---- 錾削

☞ **工作任务**

錾削排孔练习，錾削任务 1.6 攻螺纹后的 U 形板工件排孔，去除凹槽的余料，如图 1-70（a）所示。再按图 1-70（b）要求完成锉削工作。

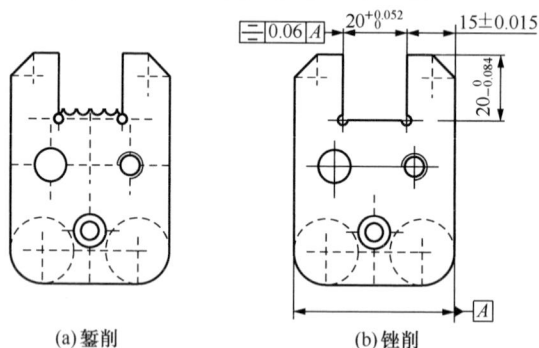

图 1-70　U 形板（錾削、锉削）

1.7.1　相关知识：錾削工具及方法

用锤子打击錾子对金属工件进行切削加工的方法，叫錾削。它的工作范围主要是去除毛坯上的凸缘、毛刺，分割材料，錾削平面及油槽等，经常用于不便于机械加工的场合。在实训中，常用錾子錾削排孔，通过錾削的锻炼，也可以提高锤击的准确性，也为装拆机械设备打下扎实的基础。

1. 鏨削的主要工具

鏨削主要工具：鏨子和锤子。

1）鏨子

（1）鏨子的形状是根据工件不同的鏨削要求而设计的。钳工常用的鏨子有扁鏨、尖鏨和油槽鏨三种类型，如图 1-71 所示。

扁鏨切削部分扁平，刃口略带弧形，用来鏨削凸缘、毛刺，分割材料及鏨削排孔，应用最广泛。

尖鏨切削刃较短，切削刃两端侧面略带倒锥，主要用于鏨削沟槽和分割曲形板料。

油槽鏨切削刃很短并呈圆弧形。鏨子斜面制成弯曲形，便于在曲面上鏨削沟槽，主要用于鏨削油槽。

（2）鏨子切削工件必须具备两个基本条件：一是鏨子切削部分材料的硬度，应比被加工材料的硬度高；二是鏨子切削部分要有合理的几何角度，主要是楔角。常用材料在鏨削时的几何角度，如图 1-72 所示。

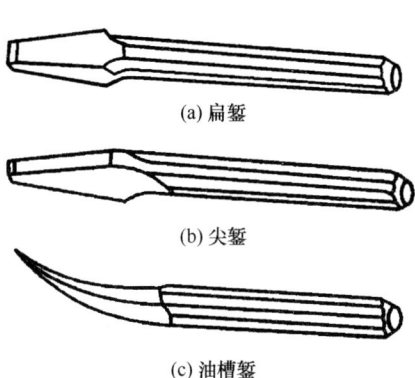

（a）扁鏨

（b）尖鏨

（c）油槽鏨

图 1-71　常用鏨子

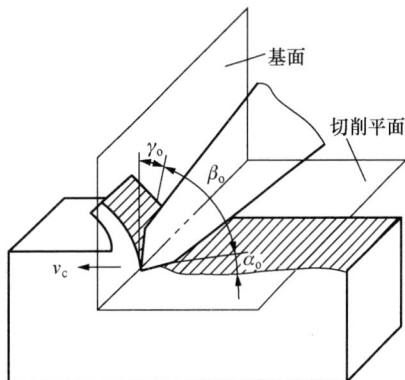

图 1-72　鏨削时的几何角度

楔角 β_o：鏨子前刀面与后刀面之间的夹角称为楔角。

后角 α_o：鏨削时，鏨子后刀面与切削平面之间的夹角称为后角。

前角 γ_o：鏨子前刀面与基面之间的夹角称为前角。

三者之间的关系为

$$\alpha_o + \beta_o + \gamma_o = 90°$$

材料与楔角选用范围如表 1-20 所示。

表 1-20　材料与楔角选用范围

材料	楔角范围/（°）
中碳钢、硬铸铁等硬材料	60～70
一般碳素结构钢、合金结构钢等中等硬度材料	50～60
低碳钢、铜、铝等软材料	30～50

（3）鏨子的热处理和刃磨。鏨子多用碳素工具钢（T8 或 T10）锻造而成，并经热处理

淬硬和回火处理，使錾刃具有一定的硬度和韧度。錾刃一般要求达到 55HRC 以上，錾身为 30～40HRC。

（4）錾子的刃磨。錾子的楔角大小应与工件的硬度相适应，新锻制的或用钝了的錾刃，要用砂轮磨锐。錾子的刃磨部位主要是前刀面、后刀面及侧面，两刃面要对称，刃口要平直。按錾子的压力不能太大，不能使刃磨部分因温度太高而退火，为此，必须在磨錾子时经常将錾子浸入水中冷却。

2）锤子

锤子也称榔头，是钳工常用的敲击工具，如图 1-73 所示。锤子是錾削工作中不可缺少的工具，錾削时借锤子的锤击力而使錾子切入金属，也是钳工装、拆零件的重要工具。

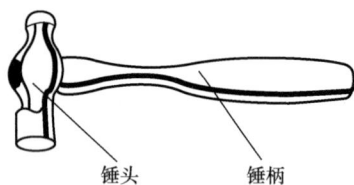

图 1-73 锤子的构成

（1）锤子的分类。锤子一般分为硬锤子和软锤子两种。软锤子有铜锤、铝锤、木锤、硬橡皮锤等。硬锤子由碳钢淬硬制成，钳工所用的硬锤子有圆头和方头两种，如图 1-74 所示。

（2）锤子的规格形式。各种锤子均由锤头和锤柄两部分组成。锤子的规格是根据锤头的质量来确定的，钳工所用的硬锤子，有 0.25kg、0.5kg、0.75kg、1kg 等，英制表达中有 0.5 磅、1 磅、1.5 磅、2 磅等几种。锤柄的材料选用坚硬的木材。

如图 1-75 所示，为了紧固不松动，避免锤头脱落，必须用金属楔子（上面刻有反向棱槽）或用楔块打入锤柄加以紧固。金属楔子上的反向棱槽能防止楔子脱落。

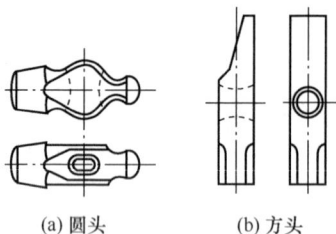

图 1-74 锤子的分类

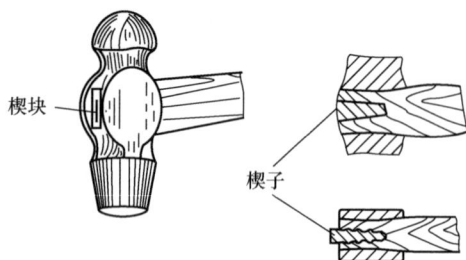

图 1-75 楔子示意图

(a) 圆头　　(b) 方头

2. 錾削的操作方法

1）錾子和锤子的握法

（1）錾子的握法。根据錾切方式和工件的加工部位不同，手握錾子有三种不同的方法。正握法如图 1-76（a）所示，錾削较大平面和在台虎钳上錾削工件时常采用这种握法；反握法如图 1-76（b）所示，錾削工件的侧面和进行较小加工余量錾削时常采用；立握法如图 1-76（c）所示，由上向下錾削板料和小平面时，多使用这种握法。

（2）锤子的握法。锤子的握法分紧握法和松握法两种。紧握法如图 1-77（a）所示；松握法如图 1-77（b）所示。锤击过程中，当锤子打向錾子时，中指、无名指、小指依次握紧锤柄。挥锤时以相反的次序放松，熟练使用此法可增加锤击力。

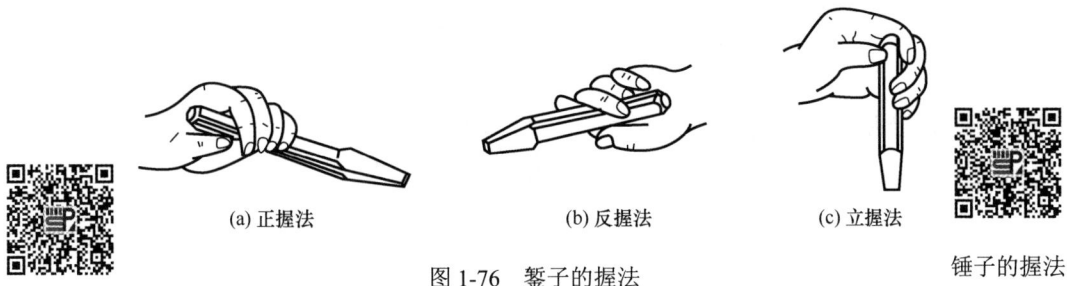

(a) 正握法   (b) 反握法   (c) 立握法

图 1-76 錾子的握法

锤子的握法

錾子的握法

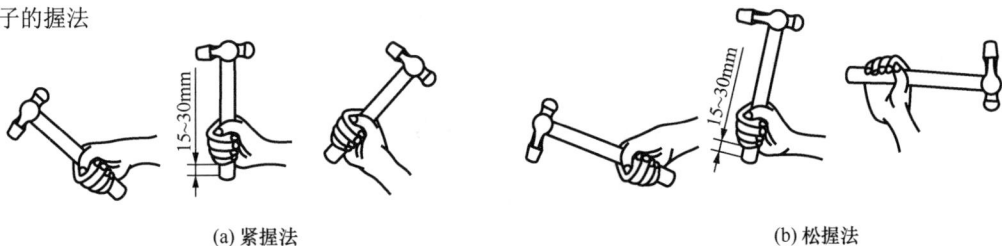

(a) 紧握法   (b) 松握法

图 1-77 锤子的握法

2）挥锤的方法

挥锤的方法有腕击、肘击和臂击三种，腕击只有手腕的运动，锤击力小，一般用于錾削的开始和结尾，如图 1-78（a）所示，錾削油槽也常用腕击；肘击是用腕和肘一起挥锤，如图 1-78（b）所示，其锤击力较大，应用最广泛；臂击是用手腕、肘和全臂一起挥锤，如图 1-78（c）所示，臂击锤击力最大，用于需要大力錾削的场合。

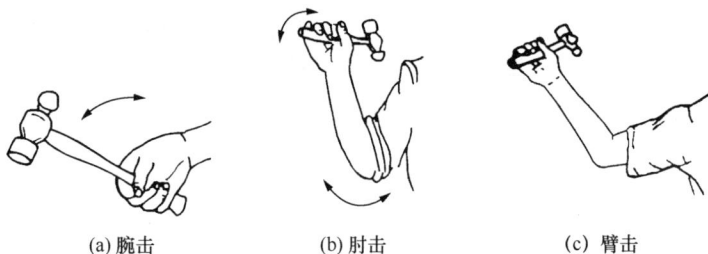

(a) 腕击   (b) 肘击   (c) 臂击

图 1-78 挥锤的方法

3）錾削的姿势

錾削时，两脚互成一定角度，左脚跨前半步，右脚稍微朝后，如图 1-79（a）所示，身体自然站立，重心偏于右脚。右脚要站稳，右腿伸直，左腿膝关节应稍微自然弯曲。眼睛注视錾削处，而不应注视锤击处。左手捏錾使其在工件上保持正确的角度，右手挥锤，使锤头沿弧线运动，进行敲击，如图 1-79（b）所示。

3. 錾削的安全技术

为了保证錾削工作的顺利进行，操作时要注意以下安全事项：

（1）錾子要经常刃磨以保持锋利，过钝的錾子不但錾削费力、錾出的表面不平整，而且易产生打滑现象而划伤手部。

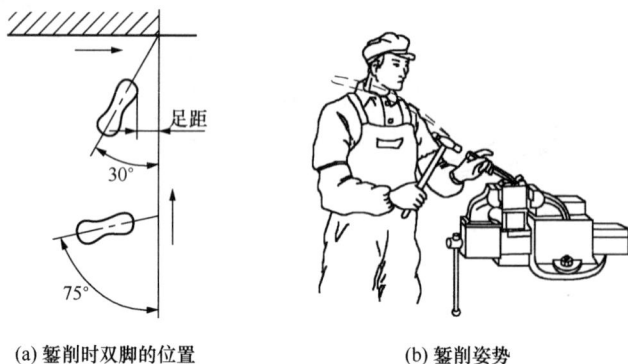

(a) 錾削时双脚的位置   (b) 錾削姿势

图 1-79　錾削足距及姿势示意图

（2）錾子头部有明显的毛刺时要及时磨掉，避免伤手。

（3）发现锤柄有松动或损坏时，要立即装牢或更换，以免锤头脱落飞出伤人。

（4）錾子头部、锤头和锤柄都不应沾油，以防滑出。

（5）要防止錾削碎屑伤人，操作者必要时可戴上防护眼镜。

（6）握锤的手不准戴手套，以免锤子飞脱伤人。

1.7.2　任务实施：U 形板錾削

1. 工艺准备

01 图样分析。由图样可知，U 形板錾削排孔是比较简单的，要求扁錾的宽度略小于凹槽的宽度即可。錾削完成后是锉削工作，要点是先锉削（15±0.015）mm，以保证对称度要求。

02 工量具准备。扁錾、锤子、专用长棒、锉刀、游标卡尺、千分尺等。

2. 加工步骤

1）錾削

01 检查排孔质量。

02 直接錾断：用扁錾直接錾在排孔中心处，使孔之间产生断裂，也可双面都錾，更容易去除余料。

03 不直接錾断：即錾削后夹在台虎钳上用锤子和专用长棒敲击去除余料。

2）锉削

01 粗锉凹槽三面，留精锉余量。

02 锉削（15±0.015）mm，以保证对称度要求。

03 锉削 $20_{\ 0}^{+0.052}$ mm。

04 精锉深度 $20_{-0.084}^{\ 0}$ mm。

考核评价

实训任务完成后，进行总结评价，学生自检（查）、班组长互检（查）与教师过程评价和综合评价相结合。合计分公式及权重由教师拟定。U 形板錾削及锉削考核评价内容见表 1-21。

表 1-21　U 形板錾削及锉削考核评价表

序号	考核项目及要求	配分	自检（查）	互检（查）	评分
1	排孔间距	10			
2	握锤及錾削姿势	20			
3	錾削质量	30			
4	锉削质量	30			
5	安全文明及现场管理	10			

合计：

总体评价：

任务 1.8　刮削与研磨

☞ 工作任务

研磨錾削排孔及锉削任务后的 U 形板四个面如图 1-80 所示。

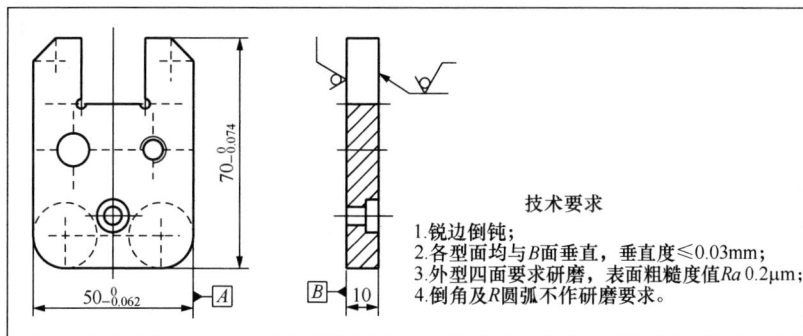

技术要求
1. 锐边倒钝；
2. 各型面均与 B 面垂直，垂直度 ≤0.03mm；
3. 外型四面要求研磨，表面粗糙度值 Ra 0.2μm；
4. 倒角及 R 圆弧不作研磨要求。

图 1-80　U 形板（研磨）

1.8.1　相关知识：刮削与研磨工具及方法

　　刮削与研磨广泛地应用在机械制造及修理中。刮削是指用刮刀在已加工表面上刮去微量金属，以提高表面形状精度、改善配合表面间接触状况的钳工作业。

　　研磨是用研磨工具和研磨剂，从工件上去掉一层极薄表面层的精加工方法。研磨可用于加工各种金属或非金属材料，加工的表面形状有平面，内、外圆柱面和圆锥面及其他型面。公差等级为IT5～IT01，表面粗糙度为$Ra0.63\sim0.01\mu m$。

刮削与研磨明显的缺点是加工效率低、劳动强度大。

1. 刮削

1）刮削概述

刮削一般用于加工平板表面、机床导轨和其相互滑行面、滑动轴承配合表面，精密的工具、量具、夹具等的接触面及密封表面等。

（1）刮削原理。利用刮刀进行微量刮削，刮去较高部位的金属层。同时，刮刀对工件还有推挤和修光的作用，经过反复地显示和刮削，能使工件的公差等级达到预定要求。

（2）刮削特点。刮削属于精加工。刮削具有切削量小、切削力小、产生热量小和装夹变形小等特点，因此能获得很高的尺寸精度、形状精度、位置精度、接触精度和很小的表面粗糙度值。刮削后的工件表面还能形成较均匀的微浅凹坑，可创造良好的存油条件，改善相对运动件间的润滑状况。

2）刮削工具

刮削工具包括刮刀和校准工具。

（1）刮刀。刮刀是用以刮削的主要刀具，刀头部分有足够的硬度和锋利刃口。其常采用T10A～T12A或轴承钢GCr15锻制而成，并经刃磨和热处理淬硬。刮削硬工件时，也可焊上硬质合金刀头，粗、细、精刮刀刃磨外形角度如图1-81所示。

根据用途不同，刮刀可分为平面刮刀和曲面刮刀两大类。

① 平面刮刀：主要用来刮削平面，如平板、工作台等。常用的平面刮刀有直头和弯头两种，如图1-82所示。

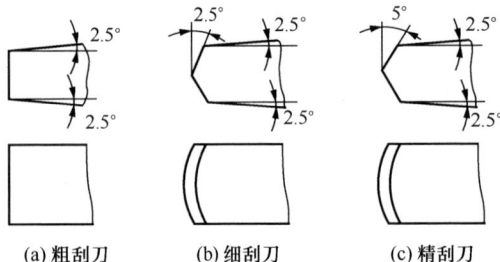

图1-81 刮刀刃磨外形角度

(a) 粗刮刀　(b) 细刮刀　(c) 精刮刀

② 曲面刮刀：主要用来刮削内曲面，如滑动轴承的内孔等。常用的有三角刮刀，如图1-83所示。

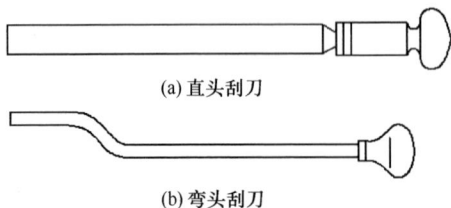

(a) 直头刮刀

(b) 弯头刮刀

图1-82 平面刮刀

图1-83 三角刮刀

（2）校准工具。校准工具是用来推磨研点和检查被刮面准确性的工具，也称为研具。常用的校准工具有通用平板、校准直尺、角度直尺，以及根据被刮面形状设计制造的专用校准型板等。

（3）显示剂。显示剂是用来显示被刮削表面误差大小的。它放在校准工具表面与刮削表面之间，当校准工具与刮削表面合在一起对研后，凸起部分就被显示出来。这种刮削时所用的辅助涂料称为显示剂。

常用的显示剂有红丹粉（加机油和牛油调和），广泛用于钢和铸铁工件。兰油（普鲁士蓝加蓖麻油调成）多用于精密工件和有色金属及其合金工件。

3）刮削方法

刮削方法包括手刮法、挺刮法、拉刮法、肩挺法等。挺刮法力大，用于粗刮；手刮法灵活，用于细刮、精刮。刮削步骤一般包括粗刮、细刮、精刮、刮花四个过程。

4）刮削精度的检验

刮削精度常用 25mm×25mm 的正方形方框内的点数来判断，见表 1-22。

表 1-22 刮削精度的检验

平面种类	边长 25mm 正方形方框内的点数/个	常用范围
普通平面	6～10	固定接触面
中等平面	8～15	机器台面和量具的接触面
高等平面	16～24	平板、直尺和精密机器的导轨
超等平面	25 以上	精密工具的平面

2. 研磨

1）研磨概述

用研磨工具和研磨剂，从工件上研去一层极薄表面层的精加工方法称为研磨。研磨有手工操作和机械操作两种方法。

研磨原理是以物理和化学作用除去零件表层金属的一种加工方法，因而包含着物理和化学的综合作用。

2）研磨余量

研磨是切削量很小的精密加工，工件在研磨前须先用其他加工方法获得较高的预加工精度，每研磨一遍所能磨去的金属层不超过 0.002mm，所留研磨余量一般为 5～30μm。一般研磨时要考虑以下几个方面：

（1）被研磨工件的几何形状和尺寸精度要求。

（2）上道加工工序的加工质量。

（3）根据实际情况来考虑，如操作技能水平等。

3）研磨工具的材料及类型

（1）研磨工具的材料。材料要有很高的稳定性和耐磨性，研具工作面的硬度应比工件表面硬度稍小，具有较好的嵌存磨料的性能。常用研磨工具的材料有灰铸铁、球墨铸铁、软钢和铜等。

（2）研磨工具的类型。研磨工具包括研磨平板、研磨环和研磨棒等。

4）研磨剂

研磨剂是由磨料和研磨液调和而成的混合剂。

（1）磨料。磨料在研磨中起切削作用。常用的磨料有刚玉类磨料、碳化硅磨料、金刚石磨料等。

刚玉类磨料常用于碳素工具钢、合金工具钢、高速钢和铸铁等工件的研磨；碳化硅磨料用于研磨硬质合金、陶瓷等高硬度工件，亦可用于研磨钢件；金刚石磨料的硬度高，实用效果好但价格昂贵。

（2）研磨液。它在研磨中起调和磨料、冷却和润滑的作用。常用的研磨液有煤油、汽油、工业用甘油和熟猪油等。

磨液应具备有一定的黏度和稀释能力，良好的润滑、冷却作用，以及对操作者健康无害，对工件无腐蚀作用，且易于洗净。

3. 研磨方法

1）平面研磨

研磨前，做好平板表面的清洗工作，选择适当的研磨剂，采用适当的运动轨迹进行研磨。粗研磨或研磨硬度较小工件时，可用大的压力、较慢速度进行研磨；而在精研磨时或对大工件研磨时，用较小的压力、快的速度进行研磨。其一般要求如下：

（1）工件相对研磨工具的运动，要尽量保证工件上各点的研磨行程长度相近。

（2）工件运动轨迹均匀地遍及整个研磨工具表面，以利于研磨工具均匀磨损。

（3）运动轨迹的曲率变化要小，以保证工件运动平稳。

（4）工件上任一点的运动轨迹尽量避免过早出现周期性重复。图1-84所示为常用的平面研磨运动轨迹。

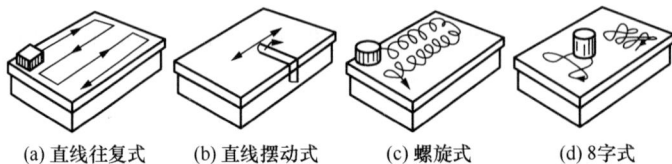

(a) 直线往复式　(b) 直线摆动式　(c) 螺旋式　(d) 8字式

图1-84　平面研磨运动轨迹

2）圆柱面研磨

圆柱面的研磨一般都采用手控运动与机床旋转相配合进行，如图1-85所示。

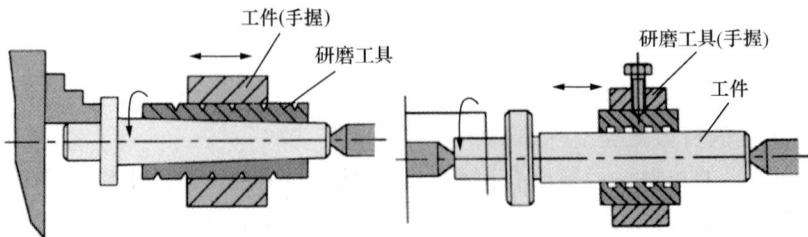

图1-85　圆柱面研磨

1.8.2 任务实施：U 形板研磨

1. 工艺准备

01 图样分析。根据图样可知，研磨是 U 形板制作的最后一道工序。研磨余量为 0.03～0.04mm，表面粗糙度值要求为 $Ra0.2\mu m$。由于研磨面积不大，可采用直线往复式研磨运动轨迹，研磨质量可用刀口形直尺、刀口形角尺采用光隙判别法检验直线度和垂直度，用千分尺检验尺寸。

02 工量具准备。研磨平板、研磨剂、游标卡尺、千分尺、刀口形直尺和刀口形角尺等。

2. 研磨操作步骤

01 根据图样上的表面粗糙度要求，磨料选择刚玉类，粒度为 F280～F400，研磨液用煤油。

02 清洁工件，选择直线往复式研磨的运动轨迹。

03 将研磨剂均匀涂抹在平板上，研磨第一个平面，压力适中，约 10^5Pa，往复运动速度约 40 次/min，直至整个面都研磨出，再研磨对面，控制长度尺寸。

04 用相同的方法，研磨相邻平面及对面，控制垂直度及长度尺寸。

05 用煤油清洗干净工件，做好各个尺寸精度的检查，同时 U 形板制作完工。

考核评价

实训任务完成后，进行总结评价，学生自检（查）、班组长互检（查）与教师过程评价和综合评价相结合。合计分公式及权重由教师拟定。U 形板研磨考核评价内容见表 1-23。

表 1-23 U 形板研磨考核评价表

序号	考核项目及要求	配分	自检（查）	互检（查）	评分
1	准备工作及研磨方法选择	20			
2	研磨动作姿势	20			
3	研磨质量	50			
4	安全文明及现场管理	10			

合计：

总体评价：

任务 1.9 ···· 装配和拆卸 ·················

☞ 工作任务

编制圆锥齿轮轴组件装配工艺。圆锥齿轮轴组件如图 1-86 所示，零件明细见表 1-24。

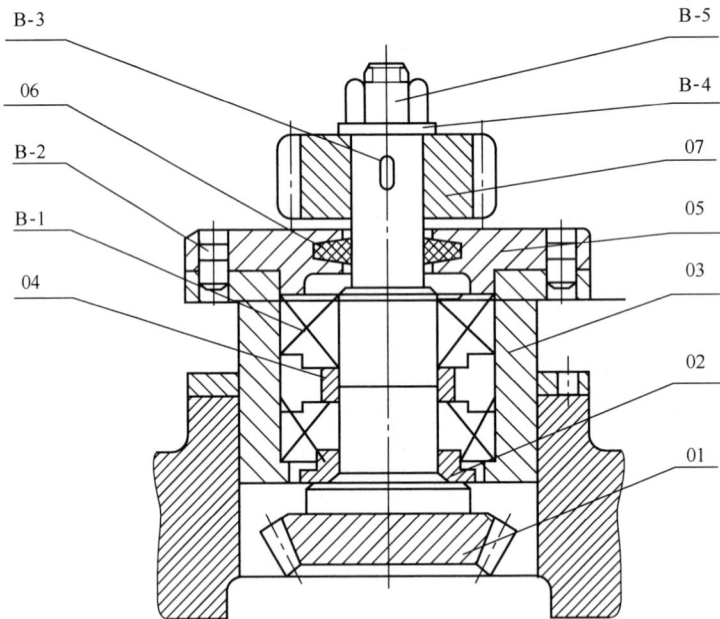

图 1-86　圆锥齿轮轴组件

表 1-24　圆锥齿轮轴组件零件明细表

代号	零件名称	数量	代号	零件名称	数量
01	锥齿轮	1	07	圆柱齿轮	1
02	衬垫	1	B-1	轴承内外圈	1
03	轴承套	1	B-2	螺钉	3
04	隔圈	1	B-3	键	1
05	轴承盖	1	B-4	垫圈	1
06	毛毡	1	B-5	螺母	1

1.9.1　相关知识：装配工艺过程及方法

1. 装配概述

装配是机器制造中的最后一道工序，因此，它是保证机器达到各项技术要求的关键。

装配工作的好坏，对产品的质量起着重要的作用。装配工要求技术全面、知识面广，包括做好装配前的准备工作、学会装配、熟悉装配工作的要求、会典型组件装配方法，以及拆卸工作的要求等。

1）机器的组成

任何一台机器设备都是由许多零件和部件所组成，构成机器的最小单元称为零件，如一根轴、一个螺钉等。两个或两个以上零件结合形成机器的某部分称为部件，如车床主轴箱、滚动轴承等。部件是个通称，其划分是多层次的：直接进入产品总装的部件称为组件；直接进入组件装配的部件称为一级分组件；直接进入一级分组件装配的部件称为二级分组件；其余类推。产品越复杂，分组件级数越多。

2）装配的定义

装配就是将若干合格的零件按规定的技术要求组合成部件，或将若干个零件和部件组合成机器设备，并经过调整、试验等成为合格产品的工艺过程。

2. 装配工艺的编制

在编制装配工艺时，为了便于分析研究，首先要把产品分解，划分为若干装配单元，绘制产品装配系统图，再划分出装配工序和工步，制定装配工艺。

1）产品装配系统图

表示产品装配单元的划分及其装配顺序的图称为产品装配系统图。产品装配系统图能反映装配的基本过程和顺序，以及各部件、组件、分组件和零件的从属关系，从中可看出各工序之间的关系和采用的装配工艺等。图 1-87 就是装配单元系统示意图。

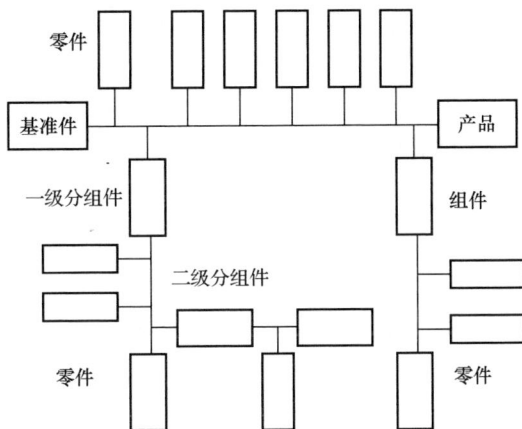

图 1-87　装配单元系统示意图

其中，最先进入装配的零件或部件成为装配基准件，它可以是一个零件，也可以是低一级的装配单元。可以独立装配的部件称为装配单元。任何一个产品都能分成若干个装配单元。

2）装配工序及装配工步的划分

通常将整台机器或部件的装配工作分成装配工序和装配工步顺序进行。由一个工人或一组工人在不更换设备或地点的情况下完成的装配工作，称为装配工序。用同一工具，不改变工作方法，并在固定的位置上连续完成的装配工作，称为装配工步。部件装配和总装配都是由若干个装配工序组成，一个装配工序中可包括一个或几个装配工步。

3. 装配的工艺过程

机械装配的工艺过程一般包括机械装配前的准备工作、装配、检验和调整。

1）装配前的准备工作

（1）研究和熟悉装配图的技术条件，了解产品的结构和零件作用，以及零件之间的连接关系。

（2）确定装配的方法、程序和所需的工具。

（3）领取和清洗零件。

2）装配

装配又有组件装配、部件装配和总装配之分，整个装配过程要按次序进行。

（1）组件装配：将若干零件安装在一个基础零件上而构成组件。如减速器中一根传动轴，就是由轴、齿轮、键等零件装配而成的组件。

（2）部件装配：将若干个零件、组件安装在另一个基础零件上而构成部件（独立机构），如车床的主轴箱、进给箱、尾座等。

（3）总装配：将若干个零件、组件、部件组合成整台机器的操作过程称为总装配。例如，车床就是由几个箱体等部件、组件、零件组合而成。

3）检验和调整

装配后要进行检验和调整。检查零、部件的装配工艺是否正确，装配是否符合设计图样的规定。凡检查不符合规定的部位，都需要进行调整，以保证设备达到规定的技术要求和使用性能。

4）装配工作要求

（1）装配时，应检查零件与装配有关的形状和尺寸精度是否合格，检查有无变形、损坏等，并应注意零件上各种标记，防止错装。

（2）固定连接的零部件，不允许有间隙。活动的零件能在正常的间隙下，灵活均匀地按规定方向运动，不应有跳动。

（3）各运动部件（或零件）的接触表面，必须保证有足够的润滑；若有油路，必须畅通。

（4）各种管道和密封部位，装配后不得有渗漏现象。

（5）试车前，应检查各部件连接的可靠性和运动的灵活性；试车前，要以手动方式进行试车，各部分转动正常后允许上电，从低速到高速逐步进行。

4. 保证装配精度的工艺方法

在机械装配过程中大部分工作是保证零、部件之间的正常配合。常采用的保证配合精度的装配方法有以下几种。

1）完全互换法

这种方法就是机器在装配过程中每个待装配零件不需要挑选、修配和调整，装配后就能达到装配精度，适用于配合零件数较少、批量较大的场合。

2）分组选配法

这种方法是将被加工零件的制造公差放宽若干倍，对加工后的零件进行测量分组，并按对应组进行装配，同组零件可以互换，适用于成批或大量生产、装配精度较高的场合。

3）调整法

此方法是选定配合副中的一个零件制造成多种尺寸作为调整件，装配时通过更换不同尺寸的调整件或改变调整件的位置来保证装配精度。装配质量在一定程度上依赖操作者的技术水平。

4）修配法

这种方法是在装配副中某零件预留修配量，装配时通过手工锉、刮、磨修配，以达到要求的配合精度，适用于单件小批量生产的场合。

5．拆卸工作要求

（1）机器拆卸工作，应按其结构的不同，预先考虑操作顺序，以免先后倒置，或贪图省事猛拆猛敲，造成零件的损伤或变形。

（2）拆卸的顺序应与装配的顺序相反。

（3）拆卸时使用的工具必须保证不损伤合格零件，严禁用锤子直接在零件的工作表面上敲击。

（4）拆卸时，零件的旋松方向必须辨别清楚。

（5）拆下的零部件必须有次序、有规则地放好，并按原来结构套在一起，配合件上做记号或编号，以免搞乱。对丝杠、长轴类零件必须将其吊起，防止变形。

1.9.2　任务实施：圆锥齿轮轴组件装配

1．准备工作

分组领取圆锥齿轮轴组件。

2．工作内容及步骤

01　分析圆锥齿轮轴组件。由图 1-86 可知，可划分四个组件。其中：圆锥齿轮轴组件装配可分成零件 01＋02 锥齿轮分组件（代号 201）、03＋B-1 轴承套分组件（代号 202）、05＋06 轴承盖分组件（代号 203）和锥齿轮轴组件总成（代号 101）。装配工序可按分组件装配的四个工序进行。

02　绘制装配单元系统图。根据上述分析，可画出圆锥齿轮轴组件装配单元系统图，如图 1-88 所示。

03　编制圆锥齿轮轴组件装配顺序图。根据图 1-88 所示，可确定圆锥齿轮轴组件装配顺序图，如图 1-89 所示。

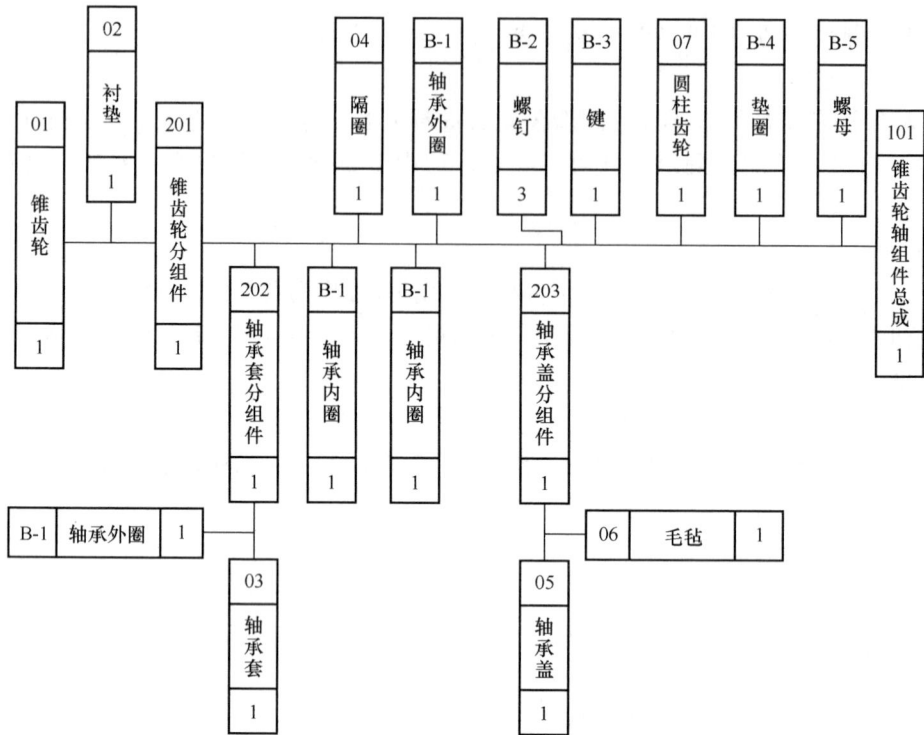

图 1-88　圆锥齿轮轴组件装配单元系统图

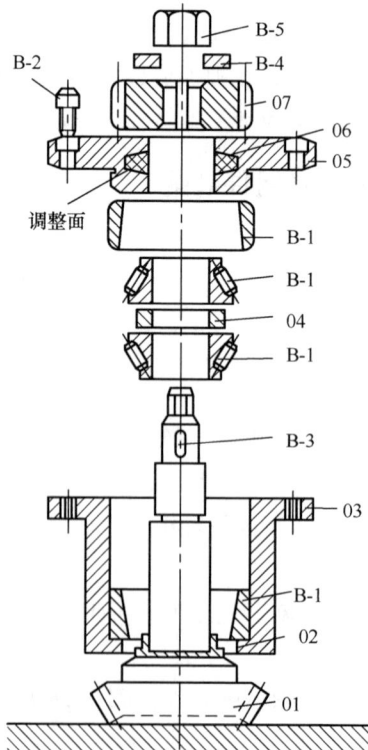

图 1-89　装配顺序图

考核评价

实训任务完成后，进行总结评价，学生自检（查）、班组长互检（查）与教师过程评价和综合评价相结合。合计分公式及权重由教师拟定。编制圆锥齿轮轴装配工艺考核评价内容见表 1-25。

表 1-25　编制圆锥齿轮轴组件装配工艺考核评价表

序号	考核项目及要求	配分	自检（查）	互检（查）	评分
1	组件划分	20			
2	装配工序确定	20			
3	装配单元系统图绘制	30			
4	装配顺序图	20			
5	安全文明及现场管理	10			
合计：					
总体评价：					

任务 1.10 ---- 钳工综合训练（一）

☞ **工作任务**

独立完成凸形块的制作，图样如图 1-90 所示。

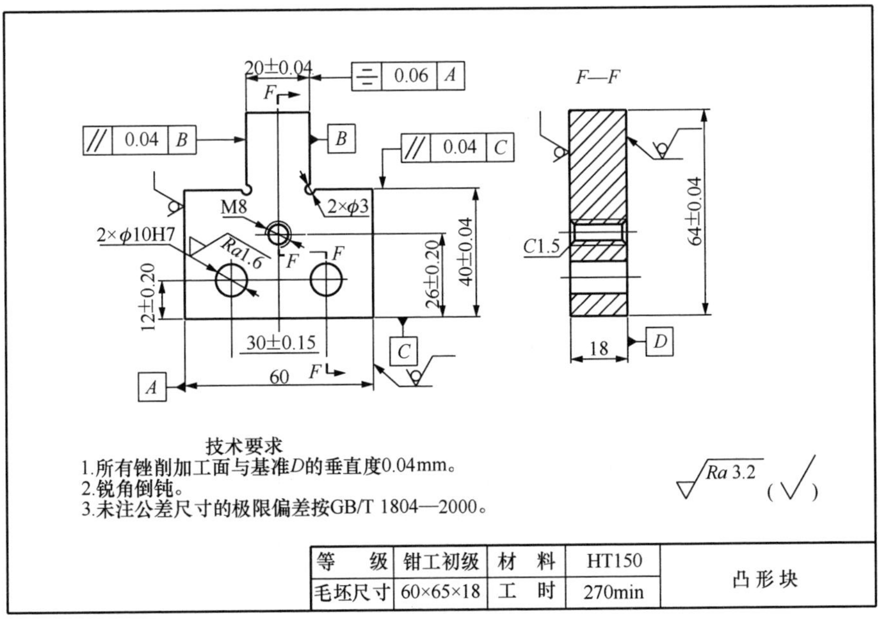

图 1-90　凸形块

1.10.1 相关知识：钳工技能综合运用

钳工工件的加工，一般都包含多种钳工基本操作技能的组合，制作中仅仅较熟练掌握单项基本操作方法是不够的，还要学会综合运用。首先，要会识图，了解加工内容和要求；其次，会编制加工工艺及掌握测量方法；最后，还会分析和解决存在的问题，不断提高自身技能水平。另外，在制作过程中还要做好现场管理各项工作。

基本操作技能请参照任务 1.1～任务 1.9 有关内容。

1.10.2 任务实施：凸形块制作

1. 工艺准备

01 加工图样的分析。

凸形块工件是较典型的钳工课题，根据图样可知，它包含较多的钳工基本内容，包括平面划线、锯削、锉削、钻孔、铰孔和攻螺纹，注重基本功的练习和掌握。凸形块加工中控制对称度误差是难点，其加工步骤、控制方法要按工艺严格执行。凸形块加工要求包括尺寸公差、几何公差和表面粗糙度要求。通过凸形块的制作练习，可发现制作过程中存在的问题，培养学生耐心细致的工作态度。同时，钳工的技术是细腻的，有很多需要学生学习的内容。

02 加工准备。

① 材料准备：材料 HT150，60mm×65mm×18mm 板料。

② 工量具准备（见表 1-26）。

表 1-26　工量具清单

序号	名称	规格	精度	数量	备注
1	划线平板、V 形块		1 级	各 1 块	
2	游标高度卡尺	0～300mm	0.02mm	1 把	
3	游标卡尺	0～150mm	0.02mm	1 把	
4	千分尺	0～25mm	0.01mm	1 把	
5	千分尺	25～50mm	0.01mm	1 把	
6	千分尺	50～75mm	0.01mm	1 把	
7	刀口形角尺	100mm×63mm	1 级	1 把	
8	钢直尺	150mm		1 把	
9	直柄麻花钻	ϕ3mm、ϕ5.5mm、ϕ6.7mm、ϕ9.8mm、ϕ12mm		各 1 支	
10	中心钻	ϕ2.5mm		1 支	
11	平锉	300mm	2 号纹	1 把	
12	平锉	200mm	3 号纹	1 把	
13	整形锉	5″		1 套	

序号	名称	规格	精度	数量	备注
14	手用圆柱铰刀	ϕ 10mm	H7	1 把	
15	手用丝锥	M8		1 套	
16	铰杠			1 把	
17	锯弓、锯条			1 把、适量	
18	锤子与样冲			1 套	
19	钢丝刷			1 把	

③ 设备准备：钳工工作台、Z512 台钻等。

④ 学生准备：领用材料并点清工具，事先预习教材，详细阅读实训指导书等。

2. 实训教学及管理

01 按实训要求提前 5min 进车间上班，检查考勤，检查穿戴。

02 发放实训工件毛坯，明确实训计划及应完成的工作任务。

03 分步讲解凸形块制作工艺，课间小结。

04 教师现场巡视纠正不合理动作。

05 实训过程中和结束时，按车间 6S 要求做好各项工作。

06 完成当天的工作任务并检查。

07 下班前，实训总结，肯定成绩、指出不足。

08 总结凸形块制作，为下一个工作项目做准备。

09 根据学生制作结果打分，凸形块成绩将计入学生技能成绩。

刀口直尺检查
垂直度和直线度

3. 凸形块的制作

凸形块加工步骤见表 1-27。

表 1-27 凸形块加工步骤

序号	工序	加工内容	简图
1	备料	（1）检查毛坯尺寸，用刀口形角尺检查垂直度； （2）选择较好的一侧边作为基准面 1； （3）锉削基准面 2，达到图纸要求	基准面 1 基准面 2 $\perp$ 0.04 A A

序号	工序	加工内容	简图
2	划线（1）水平线条	（1）选择划线工具：平板、V 形块和游标高度卡尺； （2）按图形画出 4 条线段； （3）注意事项：①应有意识地根据图形画出长短不一的线条；②双面划线	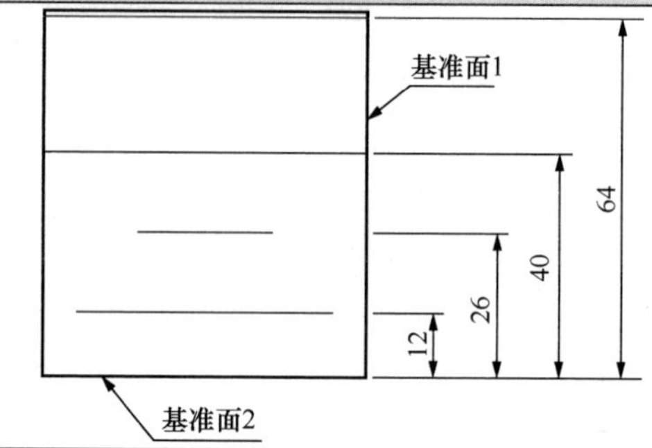
3	划线（2）垂直线条	（1）划线工具同划线（1）； （2）工件旋转 90°，再划出垂直线条，共 5 条； （3）说明：图中的虚线指水平画出的线段	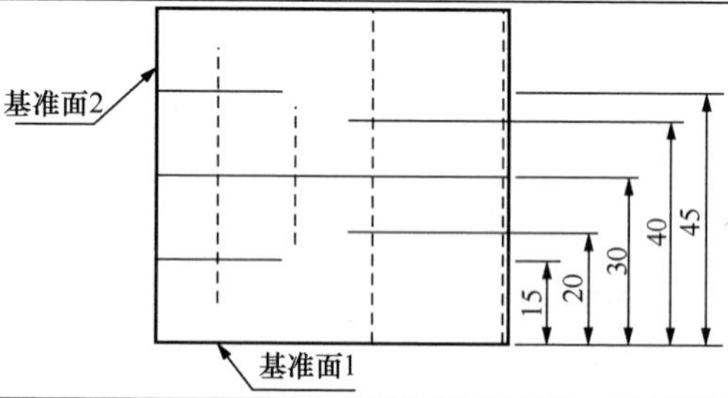
4	钻孔	（1）ϕ3mm 直柄钻头，钻通孔 2×ϕ3mm； （2）用中心钻 ϕ2.5mm 引孔，ϕ5.5 钻通孔三处； （3）ϕ6.7mm 钻螺纹 M8 底孔； （4）ϕ9.8mm 扩铰孔； （5）ϕ12mm 螺孔倒角	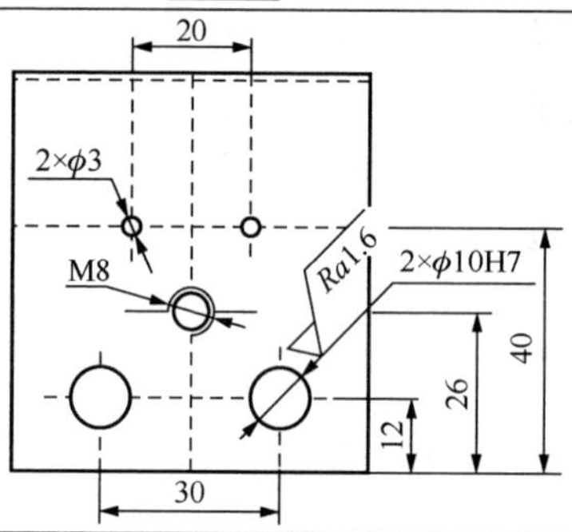
5	攻螺纹	用 M8 手用丝锥的头锥和二锥，攻螺纹	
6	铰孔	用 ϕ10H7 手用铰刀铰孔。控制 Ra 1.6μm	
7	锯削（1）	（1）用锯弓和锯条锯削一角，去除余料； （2）要留有锉削余量，每边长为 0.5～1mm	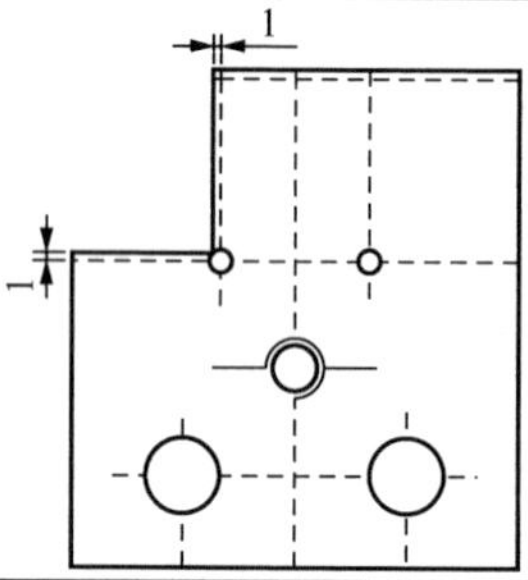
8	锉削（1）	为了保证对称度要求，先锉削（40±0.04）mm，控制 Ra 3.2μm	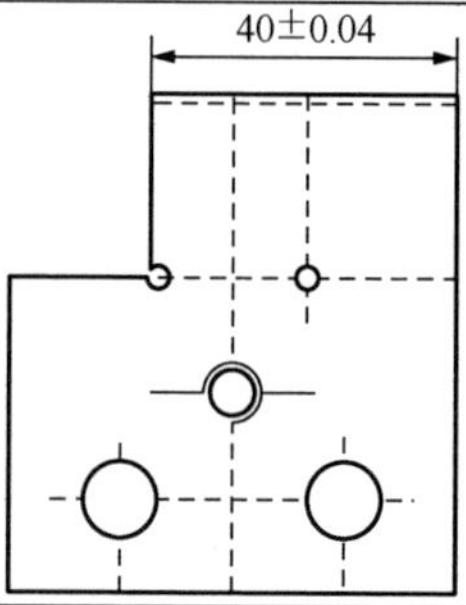

序号	工序	加工内容	简图
9	锯削(2)、锉削(2)	(1) 锯削另一角,留锉削余量; (2) 锉削（20±0.04）mm,控制平行度和垂直度; (3) 锉削（64±0.04）mm 及（40±0.04）mm,控制平行度	
10	检验各尺寸	(1) 锐边倒钝 0.3; (2) 按产品图检查测量各尺寸是否正确或精修	

▌考核评价

实训任务完成后,进行总结评价,学生自检（查）、班组长互检（查）与教师过程评价和综合评价相结合。合计分公式及权重由教师拟定。凸形块加工评分标准见表 1-28。

表 1-28　凸形块评分标准

序号	项目	检测内容	配分 IT	评分标准	自检（查）	互检（查）	评分
1	尺寸精度	（30±0.15）mm	10	尺寸每超差 0.01mm 扣 1 分			
2		（20±0.04）mm	8				
3		（26±0.20）mm	8				
4		（40±0.04）mm（2 处）	10				
5		（12±0.20）mm	2				
6		2×ϕ10H7	8				
7	几何公差	// 0.04 C	10（2 处）	公差每超差 0.01mm 扣 1 分			
8		// 0.04 B	6				
9		≡ 0.06 A	8				
10		⊥ 0.04 D	12（6 处）				
11	其他	M8	6	M8 螺栓或螺纹塞规			
12		Ra1.6μm（2 处）	4	超差 1 处扣 2 分			
13		Ra3.2μm（6 处）	6	超差 1 处扣 1 分			
14		C1.5（2 处）	2	超差 1 处扣 1 分			
15	安全文明生产	按安全操作规程及现场管理要求有关规定		视实际情况扣总分 1～10 分			

合计:

总体评价:

任务 **1.11** ---- 钳工综合训练（二） ------------------

☞ **工作任务**

独立完成角度对配的制作，图样如图 1-91 所示。

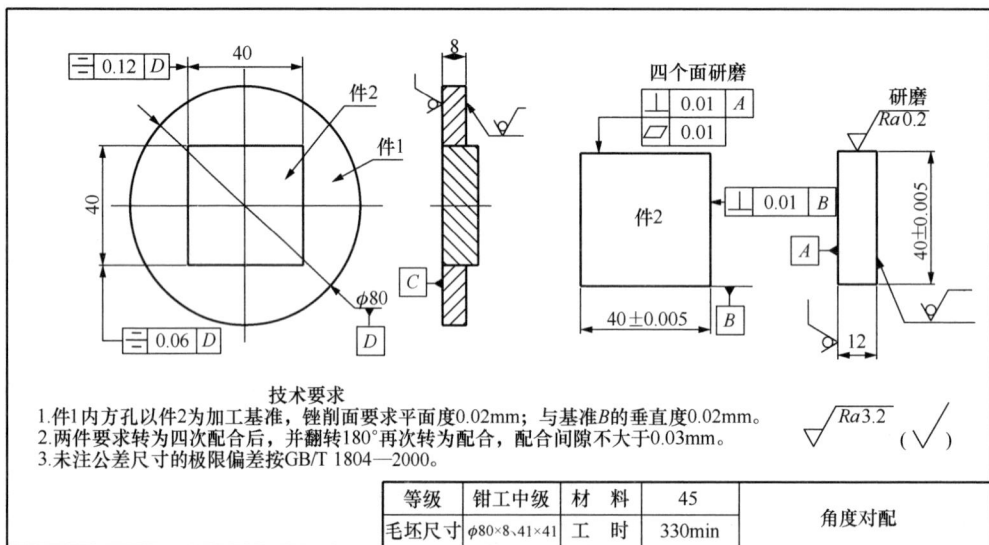

技术要求

1.件1内方孔以件2为加工基准，锉削面要求平面度0.02mm；与基准B的垂直度0.02mm。
2.两件要求转为四次配合后，并翻转180°再次转为配合，配合间隙不大于0.03mm。
3.未注公差尺寸的极限偏差按GB/T 1804—2000。

等级	钳工中级	材　料	45	
毛坯尺寸	φ80×8、41×41	工　时	330min	角度对配

图 1-91　角度对配

1.11.1　相关知识：钳工锉配

1. 常见锉配类型

（1）锉配按其配合形式可分为平面锉配、角度锉配、圆弧锉配和混合式锉配等。

（2）锉配按其种类不同可分为开口锉配、半封闭锉配和内镶锉配等。

2. 锉配工件应遵循的原则

（1）凸件先加工、凹件配作的原则。

（2）按测量从易到难加工的原则。

（3）按中间公差加工的原则。

（4）按从外到内、从大面到小面加工的原则。

（5）按从平面到角度、从角度到圆弧加工的原则。

（6）对称性零件先加工一侧，以利于间接测量的原则。

（7）综合兼顾、勤测慎修、逐渐达到图纸的配合间隙要求。

（8）在做精确修整前，应将各锐边倒钝，去毛刺，避免造成误判。配合修锉时，一般可通过透光法和涂色显示法确定加工部位和余量，逐步达到规定的配合要求。

3. 锉配注意事项

锉配能够比较客观地反映操作者掌握基本操作技能和测量技术的能力及熟练程度。

（1）循序渐进，忌急于求成。锉配是一项综合性的操作技能，涉及工艺、数学、材料、公差、制图等多学科知识，且要运用划线、钻孔、锯削、锉削等多种基本操作技能，因此在学习过程中不能急于求成，只能循序渐进，从易到难，从简单锉配到复杂锉配，从初等精度要求做起，再到中等精度要求，一步一步做下去。首先打好基础，以后各种锉配类型都要做一点，从而了解和掌握其典型加工工艺特点和锉配方法，逐步积累经验，熟练技能。具体到一个题型，不能只求快，而应先求好，在好的基础上再提高速度。

（2）精益求精，忌粗制滥造。每做一个类型的锉配，都有不同的加工方法和要求，无疑都是一次挑战，因此，要勇于接受挑战，并做到精益求精，尽心尽力地努力达到规定的锉配要求。既要精益求精，又不必苛求完美无缺。综合兼顾，适可而止，这是学习锉配应当注意的一个重要问题。

4. 基本操作技能

请参照任务 1.1～任务 1.9 有关内容。

1.11.2　任务实施：角度对配制作

1. 工艺准备

01 加工图样的分析。角度对配工件的加工属于锉配，根据图样分析可知，角度对配工件属于内镶锉配，是凹凸件的配合，可选择件 2 作为基准（先制作），件 1 与之配作；件 1 和件 2 要求多达 8 次的配合，其间隙≤0.03mm，是工件制作的难点，关键在于保证基本尺寸、平面度、垂直度符合要求。

02 加工准备。

① 材料准备：材料 45 钢，$\phi 80mm \times 8mm$、$41mm \times 41mm \times 12mm$ 板料各一块。

② 工量具准备（见表 1-29）。

表 1-29　工量具准备清单

序号	名称	规格	精度	数量	备注
1	划线平板、方箱		1 级	各 1 块	
2	划规和划针			1 套	
3	游标高度卡尺	0～300mm	0.02mm	1 把	
4	游标卡尺	0～150mm	0.02mm	1 把	
5	千分尺	0～25mm	0.01mm	1 把	
6	千分尺	25～50mm	0.01mm	1 把	

续表

序号	名称	规格	精度	数量	备注
7	游标万能角度尺	0°～320°	2′	1 把	
8	刀口形角尺	100mm×63mm	一级	1 把	
9	钢直尺	150mm		1 把	
10	直柄麻花钻	ϕ4mm、ϕ12mm		各 1 支	
11	平锉	300mm	2 号纹	1 把	
12	平锉	200mm	3 号纹	1 把	
13	三角锉	200mm	3 号纹	1 把	
14	整形锉	5″		1 套	
15	扁錾			1 把	
16	锤子与样冲			1 套	
17	钢丝刷			1 把	
18	研磨平板			1 块	
19	研磨膏			适量	

③ 设备准备：钳工工作台、Z512 台钻等。

④ 学生准备：领用材料并点清工具，事前预习教材，详细阅读实训指导书等。

2. 实训教学及管理

同任务 1.10 相应内容。

3. 角度对配的制作

角度对配的参考加工步骤如表 1-30 所示。

表 1-30　角度对配的参考加工步骤

序号	工序	加工内容	简图
1	件 2：备料	（1）检查毛坯尺寸，用刀口形角尺检查垂直度，选择较好的一直角边作为基准边 （2）锉削两个基准面，达到如右图所示要求	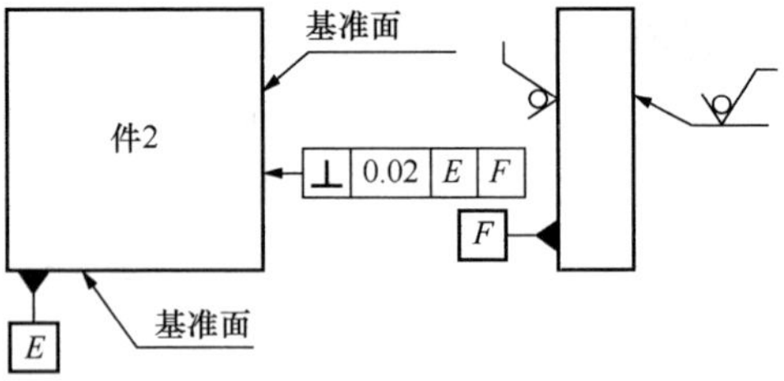
2	划线	（1）选择划线工具：平板、V 形块和游标高度卡尺 （2）按图形画出 2 条线段 （3）双面划线	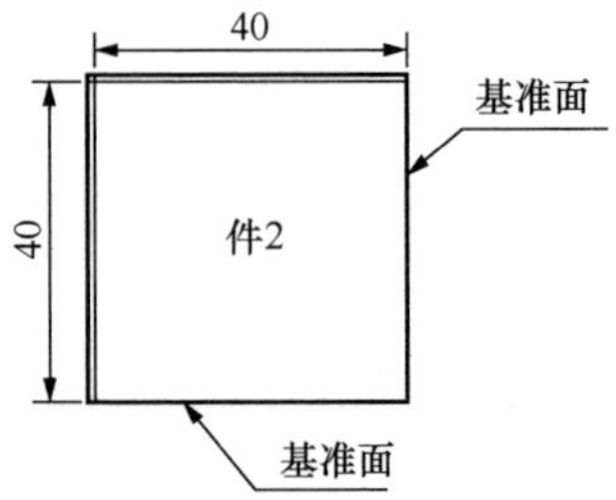

续表

序号	工序	加工内容	简图
3	锉削	为了保证研磨的余量，件2的锉削尺寸为 $40^{+0.030}_{+0.010}$ mm，表面粗糙度 $Ra1.6\mu m$	
4	研磨	先研磨一个面，再研磨对面，控制尺寸为 $40^{+1.005}_{-0.005}$ mm。同理，研磨另外两个面，并控制垂直度和表面粗糙度	
5	件1：划线	（1）选择划线工具：平板、方箱、游标高度卡尺及划规 （2）按图形画出5条线段。方箱翻转90°再画出5条线 （3）划线时，用游标高度卡尺的上测量爪在圆块最高点接触，并记下尺寸，通过加减再画出其他尺寸 （4）用划规划出8个孔	
6	钻孔	用ϕ4mm直柄麻花钻引孔，再用ϕ12mm钻头扩孔	
7	錾削	用扁錾錾去孔边连结部分，去除中间余料	

续表

序号	工序	加工内容	简图
8	锉削（1）	（1）粗锉四方四个面，留有精锉余量 （2）精锉内四方一面及对面，控制尺寸为 $40^{-0.010}_{-0.030}$ mm，利用 20mm 尺寸，控制对称度	
9	锉削（2）	（1）同锉削（1）方法，精锉另外两面，控制尺寸和对称度 （2）90° 角可以用自制的检具测量对比 （3）$40^{-0.010}_{-0.030}$ mm 尺寸公差可根据自己的锉削水平调整	
10	锉配	根据图样及技术要求与件 2 锉配。达到规定的要求	

考核评价

实训任务完成后，进行总结评价，学生自检（查）、班组长互检（查）与教师过程评价和综合评价相结合。合计分公式及权重由教师拟定。角度对配参考评分标准见表 1-31。

表 1-31　角度对配参考评分标准

序号	项目	检测内容	配分 IT	评分标准	自检（查）	互检（查）	评分
1	锉削（件1）	▱ 0.06 D	8	每超差 0.01mm 扣 1 分			
2		▱ 0.12 D	6				
3		技术要求 1	8	超差不得分			
4		Ra3.2μm（4 处）	4	升高一级不得分			
5	研磨（件2）	（40±0.005）mm（2 处）	8	超差 0.005mm 扣 1 分，超差 0.01mm 不得分			
6		▱ 0.01（4 处）	8	每超差 0.01mm 扣 1 分			
7		⊥ 0.01 A（4 处）	8				
8		⊥ 0.01 B（2 处）	6				
9		Ra0.2μm	12	升高一级不得分			
10	配合	技术要求 2	32	每处超差 0.01mm 扣 1 分，超差 0.02mm 不得分			
11	安全文明生产	按安全操作规程及 6S 现场管理要求有关规定	—	视实际情况扣总分 1～10 分			

合计：

总体评价：

钳工练习题

1. 夹具基座

夹具基座的制作图样如图 1-92 所示，检测项目和配分表见表 1-32。

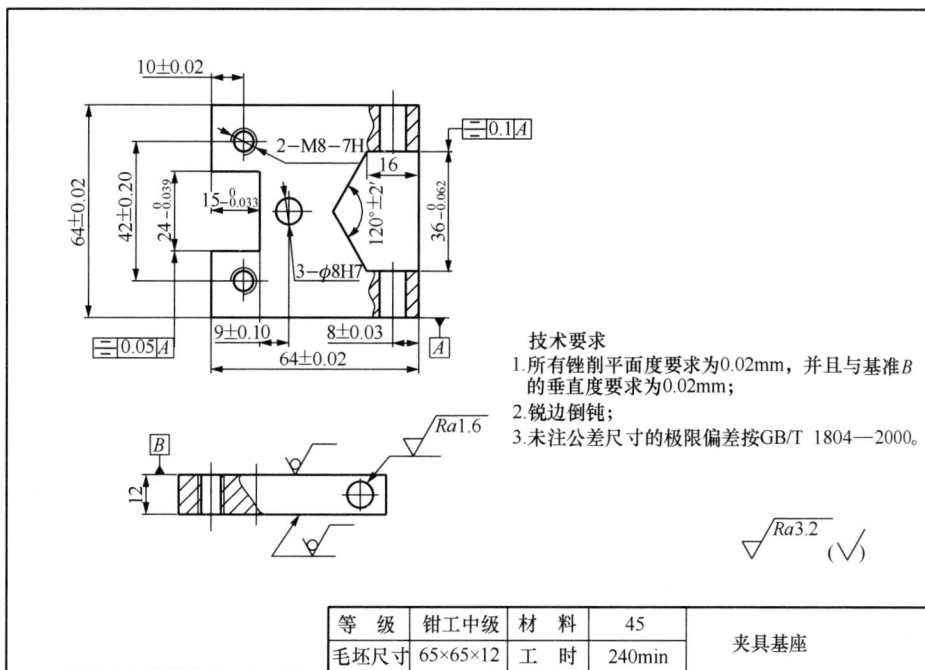

图 1-92 夹具基座

表 1-32 夹具基座检测项目和配分表

序号	项目	检测内容	配分		评分标准	得分
			IT	Ra		
1		（64±0.02）mm　Ra3.2μm	10	2		
2		$36_{-0.062}^{0}$ mm　Ra3.2μm	8	2		
3		$24_{-0.039}^{0}$ mm　Ra3.2μm	8	2	尺寸每超差 0.01mm 扣 1 分	
4	尺寸精度	$15_{-0.033}^{0}$ mm　Ra3.2μm	8	2		
5		16mm（两处）　Ra3.2μm	6	2		
6		ϕ8H7　Ra3.2μm	6	2	未铰孔不得分	
7		120°±2′	10		角度每超差 1′扣 1 分	
8		（8±0.03）mm　（10±0.02）mm	8		尺寸每超差 0.01mm 扣 1 分	
9		（42±0.20）mm　（9±0.10）mm	6			

续表

序号	项目	检测内容	配分		评分标准	得分
			IT	Ra		
10	几何公差	⌖ 0.1 A ⌖ 0.05 A	8		公差每超差 0.01mm 扣 1 分	
11	其他	M8	10		螺纹塞规或 M8 螺栓	
12	安全文明生产	按安全操作规程及现场管理要求有关规定	—		视实际情况扣总分 1～10 分	

合计：

2. 三角块

三角块的加工图样如图 1-93 所示，检测项目和配分表见表 1-33。

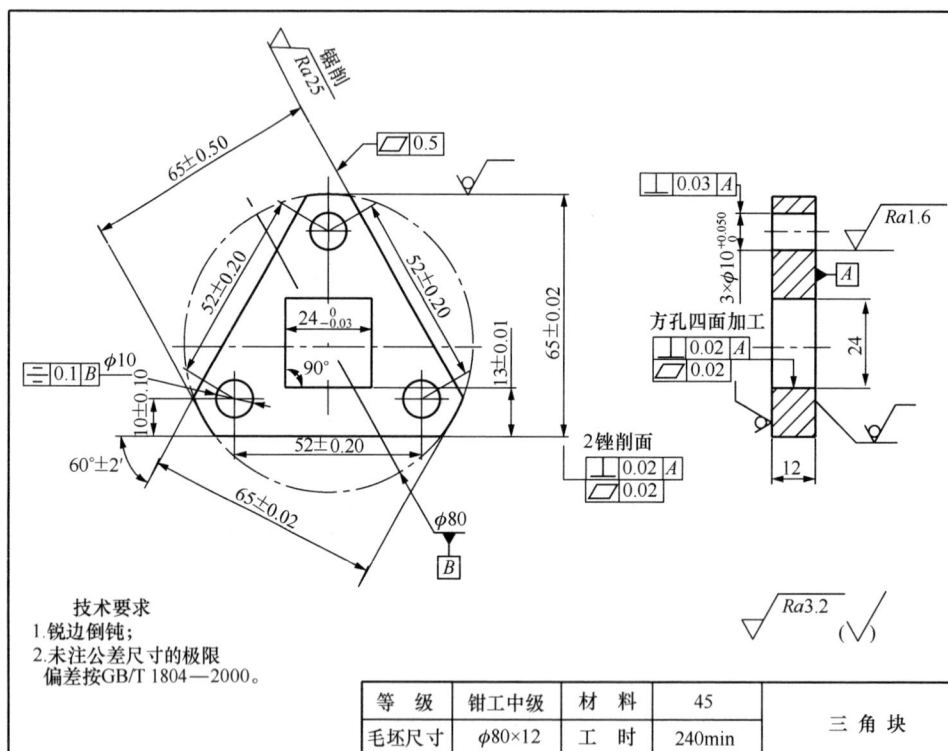

图 1-93 三角块

表 1-33 三角块检测项目和配分表

序号	项目	检测内容	配分		评分标准	得分
			IT	Ra		
1	尺寸精度	（65±0.02）mm　Ra3.2μm	6	2	尺寸每超差 0.01mm 扣 1 分	
2		24 $_{-0.03}^{0}$ mm　Ra3.2μm	8	2		

续表

序号	项目	检测内容	配分 IT	配分 Ra	评分标准	得分
3	尺寸精度	（13±0.01）mm　Ra3.2μm	4	2	尺寸每超差 0.01mm 扣 1 分	
4		（65±0.50）mm　Ra3.2μm	4	2		
5		φ10H7　Ra3.2μm	4	2		
6		（10±0.10）mm　（52±0.20）mm	4		尺寸每超差 0.02mm 扣 1 分	
7		60°±2′　90°	20			
8	几何公差	▱ 0.02　☰ 0.1　B	8		公差每超差 0.01mm 扣 1 分	
9		⊥ 0.02　A	12			
10		▱ 0.5　☰ 0.1　B	12			
11		⊥ 0.02　A　⊥ 0.03　A	8			
12	安全文明生产	按安全操作规程及现场管理要求有关规定	—		视实际情况扣总分 1～10 分	

合计：

3. V 形槽阶梯配

V 形槽阶梯配的加工图样如图 1-94 所示，检测项目和配分表见表 1-34。

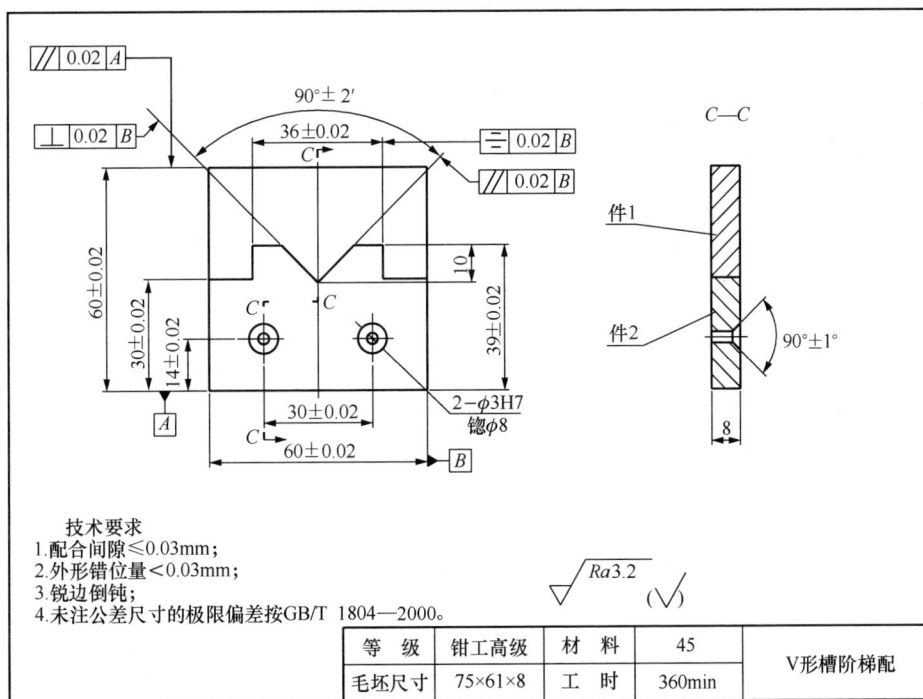

图 1-94　V 形槽阶梯配

表 1-34 V形槽阶梯配检测项目和配分表

序号	项目	检测内容	配分 IT	配分 Ra	评分标准	得分
1	件1	90°±2′	8	2	角度每超差1′扣1分	
2		// 0.02 B	6		公差每超差0.01mm扣1分	
3		⊥ 0.02 B	6			
4	件2	（30±0.02）mm　（14±0.02）mm	6	2	尺寸每超差0.01mm扣1分	
5		（30±0.02）mm　（39±0.02）mm	6	2		
6		（36±0.02）mm　（60±0.02）mm	6	2		
7		⊜ 0.02 B	6		公差每超差0.01mm扣1分	
8		10mm　90°±1°	2		角度每超差1°扣1分	
9		φ8mm　2-φ3H7	8	2	未铰孔不得分	
10	配合	配合间隙≤0.03mm	24		每超差0.01mm扣1分	
11		外形错位量＜0.03mm	6			
12		（60±0.02）mm	6			
13	安全文明生产	按安全操作规程及现场管理要求有关规定	—		视实际情况扣总分1～10分	

合计：

4. 双阶梯型

双阶梯型的加工图样如图 1-95 所示，检测项目和配分表见表 1-35。

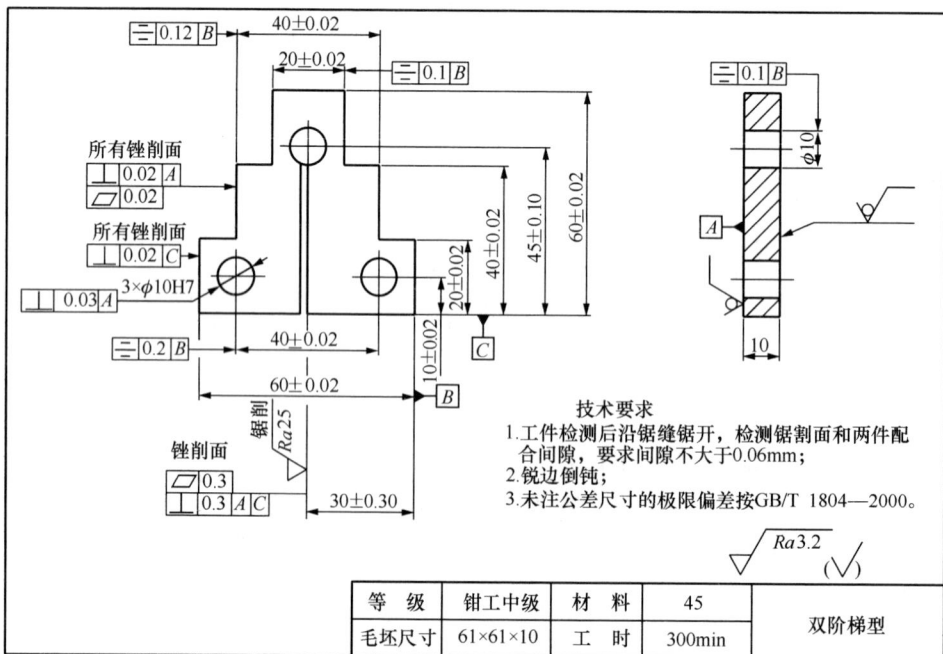

图 1-95 双阶梯型

表 1-35　双阶梯型检测项目和配分表

序号	项目	检测内容	配分		评分标准	得分
			IT	*Ra*		
1	尺寸精度	（20±0.02）mm　（40±0.02）mm	12	4	尺寸每超差 0.01mm 扣 1 分	
2		（10±0.02）mm　（60±0.02）mm	6	2		
3		（40±0.02）mm　（45±0.10）mm	6	2		
4		3－ϕ10H7	4	2	未铰孔不得分	
5		（30±0.30）mm	2		尺寸每超差 0.15mm 扣 1 分	
6	几何公差	⌖ 0.1 B　⌖ 0.12 B	6		公差每超差 0.01mm 扣 1 分	
7		⊥ 0.02 A　⟋ 0.02	24			
8		⟋ 0.3　⊥ 0.3 A C	4			
9		⊥ 0.02 C　⊥ 0.03 A	9			
10		⌖ 0.2 B	2		公差每超差 0.1mm 扣 1 分	
11	配合	技术要求 1	15		超差0.02mm 扣 1 分	
12	安全文明生产	按安全操作规程及现场管理 要求有关规定	—		视实际情况扣总分 1～10 分	

合计：

5. 圆弧角度配

圆弧角度配的加工图样如图 1-96 所示，检测项目和配分表见表 1-36。

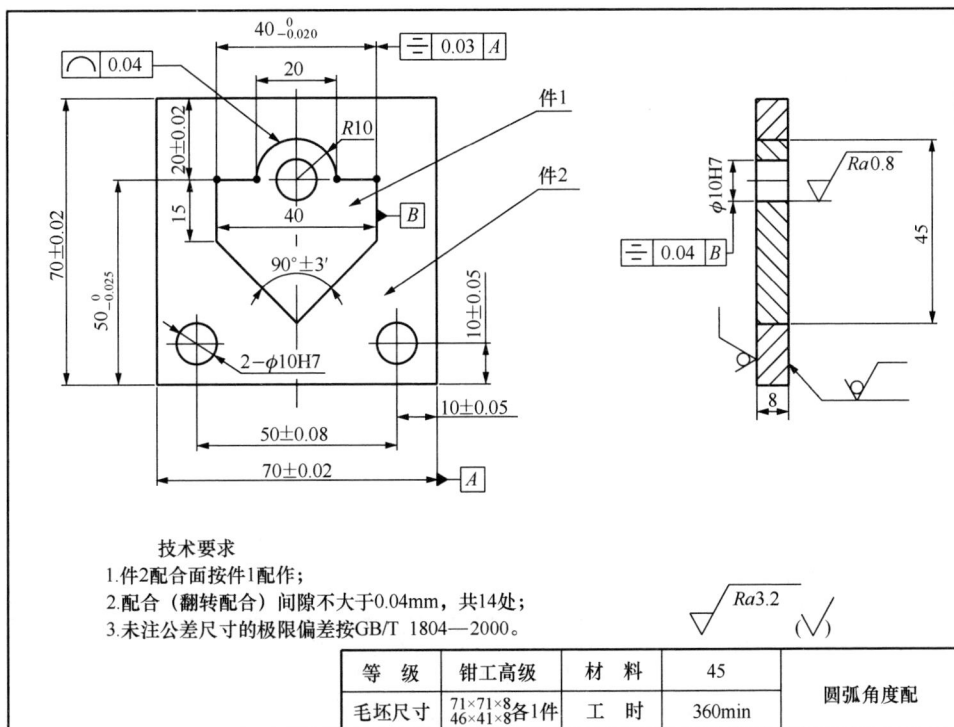

技术要求

1. 件2配合面按件1配作；
2. 配合（翻转配合）间隙不大于0.04mm，共14处；
3. 未注公差尺寸的极限偏差按GB/T 1804—2000。

等　级	钳工高级	材　料	45	圆弧角度配
毛坯尺寸	71×71×8 各1件 46×41×8	工　时	360min	

图 1-96　圆弧角度配

表 1-36　圆弧角度配检测项目和配分表

序号	项目	检测内容	配分 IT	配分 Ra	评分标准	得分
1	锉削	（20±0.02）mm、（70±0.02）mm 各两处	16	4	尺寸每超差 0.01mm 扣 1 分	
2		40 $_{-0.020}^{0}$ mm	4	2		
3		90°±3′	6	2		
4		50 $_{-0.025}^{0}$ mm	6	2		
5		⌒ 0.04	6		公差每超差 0.01mm 扣 1 分	
6		⚊ 0.03 A	4			
7	钻铰孔	⚊ 0.04 B	6			
8		（10±0.05）mm、（50±0.08）mm	6		尺寸每超差 0.01mm 扣 1 分	
9		ϕ10H7（3 处）	6	2		
10	配合	技术要求 2	28		间隙每超差 0.02mm 扣 1 分	
11	安全文明生产	按安全操作规程及现场管理要求有关规定	—		视实际情况扣总分 1～10 分	

合计：

6. 燕尾配

燕尾配的加工图样如图 1-97 所示，检测项目和配分表见表 1-37。

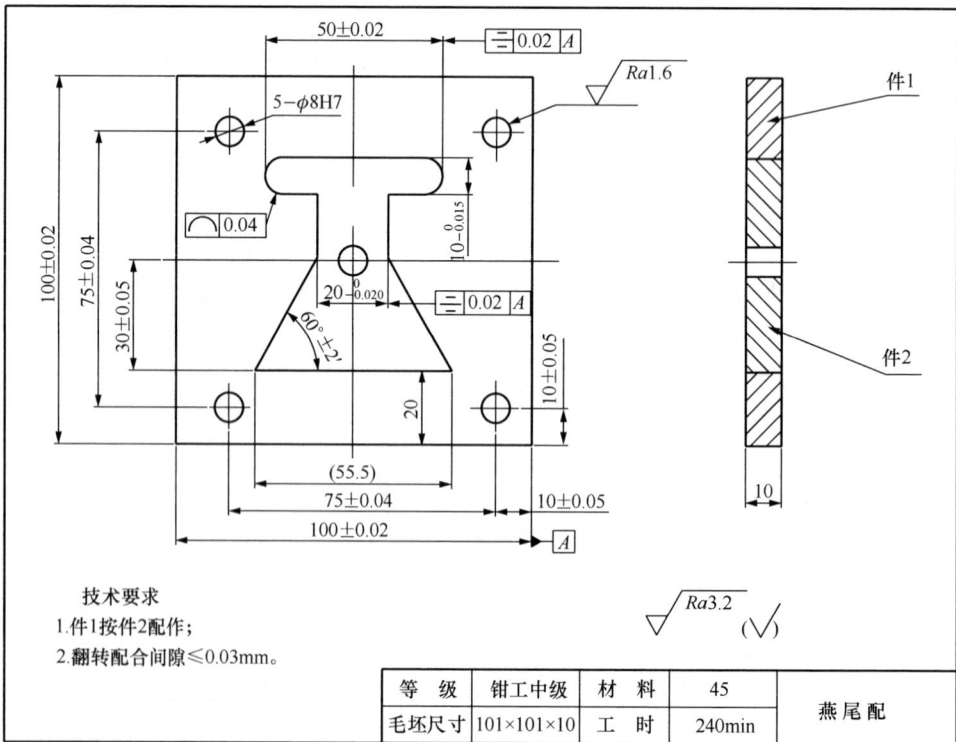

图 1-97　燕尾配

表 1-37 燕尾配检测项目和配分表

序号	项目	检测内容	配分		评分标准	得分
			IT	Ra		
1	件 1	（100±0.02）mm（2 处）	8	2	尺寸每超差 0.02mm 扣 1 分	
2		（10±0.05）mm （75±0.04）mm	8			
3		$\phi 8H7$（5 处）	5	5	未铰孔不得分	
4	件 2	（50±0.02）mm $20_{-0.020}^{0}$ mm	8	2	尺寸每超差 0.01mm 扣 1 分	
5		$10_{-0.015}^{0}$ mm （30±0.05）mm	8			
6		20mm	2			
7		60°±2′（2 处）	8	2	尺寸每超差 1′扣 1 分	
8		⌒ 0.04	6		公差每超差 0.01mm 扣 1 分	
9		▱ 0.02 A	6			
10	配合	配合间隙≤0.03mm	30		间隙每超差 0.01mm 扣 1 分	
11	安全文明生产	按安全操作规程及现场管理要求有关规定	—		视实际情况扣总分 1～10 分	

合计：

2
项目

车 工 实 训

>>>>>

◎ **项目导读**

车工是利用车床加工零件的方法。车床是机械加工中使用最广泛的机床，主要用于加工各种回转表面。车工基本操作包括车外圆、车端面、切断、车沟槽、钻中心孔、钻孔、车内孔、铰孔、车螺纹、车圆锥面、车成形面、滚花等。在车床上装上附件和夹具还可对其加工范围进一步扩大。车工实训是机械加工的基础。

◎ **知识目标**

1. 了解车床、车削加工基本知识。
2. 熟悉车床维护保养知识。
3. 掌握车工的基本操作技能知识及典型零件车削知识。
4. 掌握车工的安全、文明生产和现场 6S 管理知识。

◎ **能力目标**

1. 会车床的基本操作，能对机床进行日常维护保养。
2. 具有较强识图能力。
3. 会编制轴、套类零件的车削工艺并能独立进行车削加工。
4. 具备一定的安全防范意识及自我保护能力。

任务 2.1 ---- 车工认知与安全文明生产 ----

车床是机械加工中使用最广泛的机床，占机床总数的 40%以上。车工训练是机械加工的基础。学习车工，必须首先了解车床、车削相关知识，熟悉车工安全文明生产及现场管理知识。

学习本任务后，应初步了解车床的加工范围、加工特点，熟悉车床各部分的作用和使用方法。理解车床加工的安全文明生产要求及重要性，遵守现场管理各项要求，自觉对车床进行日常维护和保养。

☞ 工作任务

1. 熟悉车床外形。
2. 手柄操纵练习（停机状态下）。
3. 开机操作练习。
4. 车床保养操作。

2.1.1　相关知识：车床的基本知识

1. 车床的基本工作内容

车工是机械加工中最常见的工种之一，它所用的设备是车床。车削时工件作旋转主运动，车刀作进给运动，因此车床常用于加工回转体零件。

车床的基本车削内容包括：车外圆、车端面、车圆锥、车沟槽和切断、钻中心孔和钻孔、车内孔和铰孔、车螺纹、车成形面和滚花，以及缠弹簧等，如图 2-1 所示。

2. 车床各部分名称和用途

1）车床分类

车床有许多种类，按结构和用途的不同，可分为卧式车床、落地车床、转塔车床、单轴自动车床、多轴自动/半自动车床、多刀车床、仿形车床、仪表车床及专用车床等。而卧式车床用得最多，本任务以卧式车床 CA6140A 型为例进行介绍。

CA6140A 为车床型号，其中字母 C 为车床代号，前一个大写字母 A 为特征代号，61 表示卧式，40 表示被加工工件的最大回转直径为 400mm，后一个大写字母 A 表示第一次改进，具体如图 2-2 所示。

CA6140A 车床外形图如图 2-3 所示。

2）主要部件和用途

（1）主轴箱：即主轴变速箱，内装变速机构和主轴，主轴箱的正面有变速手柄。电动机的运动经带轮传递到主轴箱，通过变速手柄的操作，可改变变速机构的传动路线，使主轴获得加工时所需的不同转速。

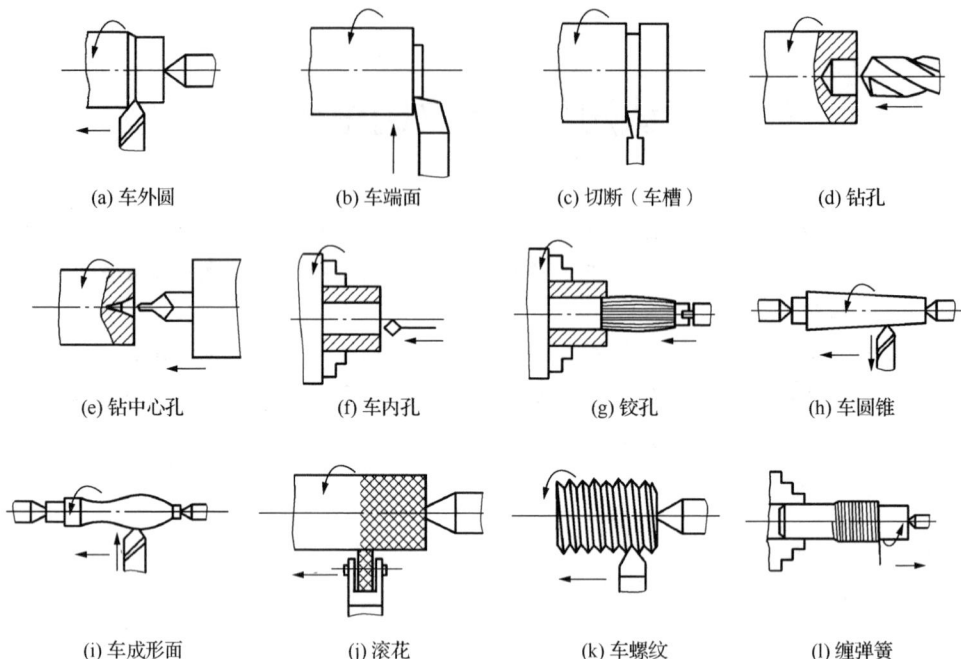

(a) 车外圆   (b) 车端面   (c) 切断（车槽）   (d) 钻孔

(e) 钻中心孔   (f) 车内孔   (g) 铰孔   (h) 车圆锥

(i) 车成形面   (j) 滚花   (k) 车螺纹   (l) 缠弹簧

图 2-1　车床的基本工作内容

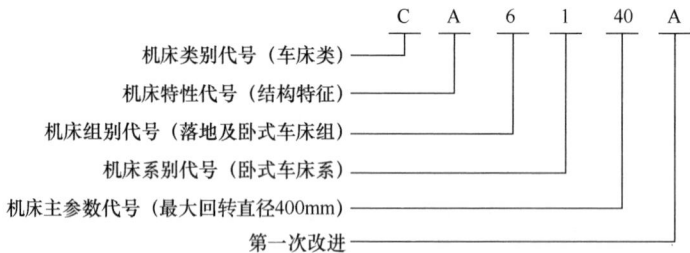

机床类别代号（车床类）
机床特性代号（结构特征）
机床组别代号（落地及卧式车床组）
机床系别代号（卧式车床系）
机床主参数代号（最大回转直径400mm）
第一次改进

图 2-2　车床型号含义

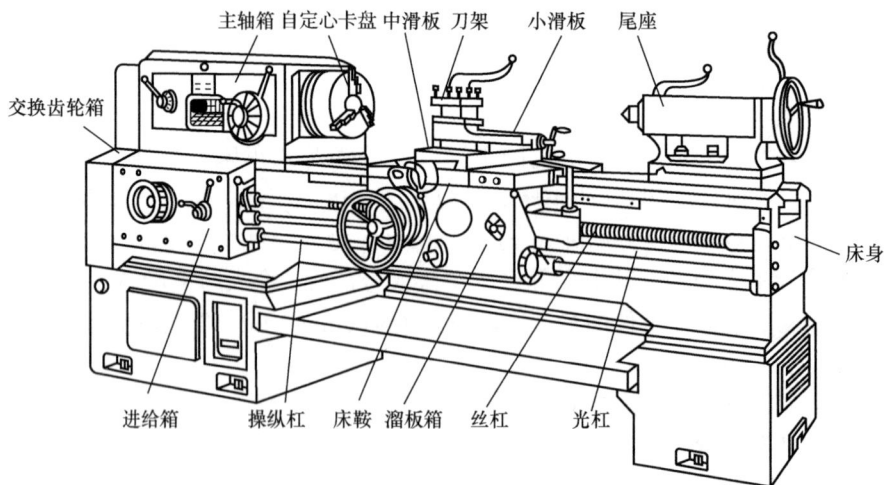

图 2-3　CA6140A 车床外形图

（2）交换齿轮箱：在主轴箱的左侧，内有交换齿轮架和交换齿轮，主轴的运动通过交换齿轮箱传递到进给箱。通过改变交换齿轮箱内齿轮的齿数，配合进给箱的变速运动，可实现大小不同的纵、横进给量或车出不同螺距的螺纹工件。

（3）进给箱：即进给变速箱，内装进给变速机构，改变进给箱外手柄的位置，可使丝杠、光杠得到不同的转速，从而使车刀按不同的进给量或螺距进给。

（4）光杠、丝杠：作用是将进给箱的运动传递给溜板箱。光杠用于机动进给时传递进给量，丝杠用于车螺纹时传递螺距。

（5）操纵杠：操纵杠上的手柄用来操作车床主轴的正转、反转和停止。使用时分三个位置：朝上扳动是正转，中间位置是停止，朝下是反转。

（6）溜板箱：可把光杠或丝杠的运动传给刀架。合上横向或纵向机动进给手柄，可将光杠的运动传到中滑板或床鞍上，实现横向或纵向的机动进给；合上开合螺母手柄，可接通丝杠，实现螺纹的车削加工。机动进给手柄和开合螺母手柄是互锁的，不能同时合上。溜板箱上装有手轮，转动手轮，可带动床鞍沿导轨移动。

（7）床鞍（又称大拖板）：与溜板箱相连接，可带动车刀沿床身上的导轨作纵向移动。

（8）中滑板（又称中拖板）：与床鞍相连接，可带动车刀沿床鞍上的导轨作横向移动。

（9）小滑板（又称小拖板）：通过转盘与中滑板相连接，可沿转盘上的导轨作短距离的移动。当转盘有角度时，转动小滑板上的刻度盘手柄，可带动车刀作斜向移动。小滑板常用于纵向微量进给和车削圆锥。

（10）刀架：用于安装车刀。可调整装刀位置与角度，同时可安装四把刀。

（11）自定心卡盘：用于装夹工件，并带动工件随主轴一起旋转，实现主运动。

（12）尾座：安装在车床导轨上。松开尾座上的锁紧螺母或锁紧机构后，可推动尾座沿导轨纵向移动。尾座应用广泛，其套筒内孔有锥度，装上顶尖可支顶工件，装上钻头可以钻孔，装上铰刀可以铰孔，装上丝锥、板牙可以攻螺纹和套螺纹等。

（13）床身：用于支承和安装其他部件，床身上表面有一组平行的导轨，是纵向进给和尾座移动的基准导轨面。

3）传动路线

CA6140A 型车床的传动路线如图 2-4 所示。

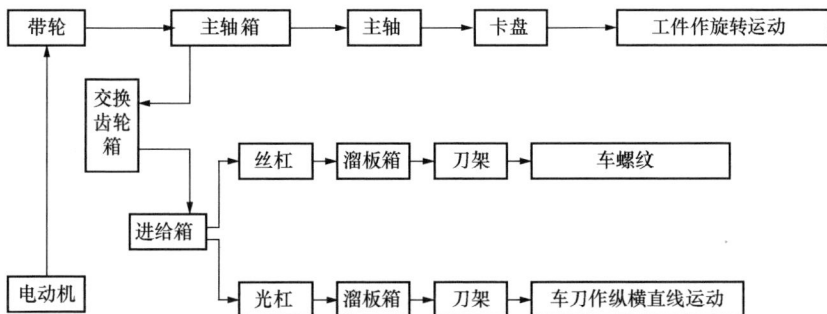

图 2-4　CA6140A 型车床的传动路线

3. 车床基本操作

车床基本操作包括主轴箱变速手柄、进给箱手柄、溜板箱手柄及刻度盘手柄的操作。

1）主轴箱变速手柄

主轴的变速机构安装在主轴箱内，变速手柄在主轴箱的前表面上。扳动变速手柄，可拨动主轴箱内的滑移齿轮，使不同组的齿轮啮合，从而主轴得到不同的转速。

CA6140型车床的变速手柄示意图（不同厂家的手柄位置及形式有所不同）如图2-5所示，长（直）手柄与色标相对应，短（弯曲）手柄与转速值相对应。变速时，先找到所需的转速，将短手柄转到需要的转速处，对准位置，再根据转速数字的颜色，将长手柄拨到对应颜色处。操作时注意以下几点：

（1）变速时要求先停机，若车床开动时变速，极易将齿轮打坏。

（2）变速时，手柄要扳到位，否则会出现"空挡"现象，或由于齿轮在齿宽方向上没有全部啮合，降低了齿轮的强度，也容易导致齿轮损坏。

（3）变速时，当手柄拨动不了时，可用手稍转动卡盘即可。

（4）加工结束后，应将手柄调到空挡的位置。

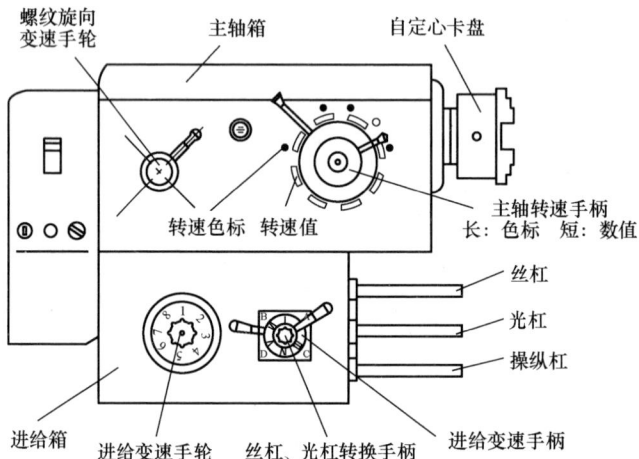

图2-5 车床变速手柄示意图

2）进给箱手柄

操作进给箱手柄，可改变车削时的进给量或调整车削螺纹螺距。进给箱手柄在进给箱的前表面上，进给箱的上表面有一个标有进给量及螺距的标牌。调节进给量时，可先在表格中查到所需的数值，将手柄逐一扳动到相应的位置即可。

3）溜板箱手柄

溜板箱上有纵向、横向机动进给手柄，开合螺母手柄和床鞍移动手轮。合上纵向机动进给手柄（左、右），可接通光杠的运动，在光杠带动下，使车刀沿纵向机动走刀，可往左或往右走刀。同理，合上横向机动进给手柄，可使车刀沿横向自动向前或向后走刀。对于CA6140A型机床，纵、横向机动进给手柄合成一个手柄，如图2-6所示，安装于溜板箱的右侧。操作时，只要把手柄扳到相应的进给方向即可，操作十分方便。

扳动手柄合上开合螺母，车刀就在丝杠带动下自动移动，传递螺纹的车削运动。开合螺母手柄与自动进给手柄是相互联锁的，两者不能同时合上。操作溜板箱手柄时，有时也会出现手柄"合不上"的现象，这时，可先检查开合螺母与机动进给手柄的位置，有时手柄的微小掉落可能导致手柄相互锁住；若还不能解决问题，纵向进给时可转动溜板箱上的手轮，横向进给时可转动中滑板刻度盘手柄，改变内部齿轮的啮合位置即可。

4）刻度盘手柄

在车床的床鞍、小滑板、中滑板上有刻度盘手柄，转动刻度盘手柄可带动车刀移动。中滑板刻度盘手柄用于调整背吃刀量，床鞍和小滑板刻度盘手柄用于调整轴向尺寸。中滑板刻

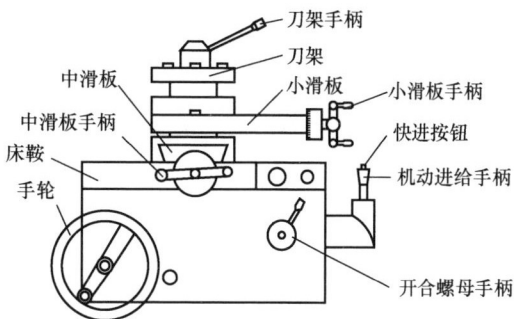

图 2-6 溜板箱各手柄位置示意图

度盘上每转一格，车刀移动 0.05mm，即轴的直径减小 0.10mm；小滑板刻度和中滑板相同，而床鞍刻度盘上每小格为 1mm。使用时必须慢慢地把刻度盘转到所需的正确位置。

由于丝杠和螺母之间有间隙存在，因此会产生空行程（即刻度盘转动，而刀架并未移动）。若不慎多转过几格 [图 2-7（a）]，不能简单地退回几格 [图 2-7（b）]，必须向相反方向退回全部空行程，再转到所需位置 [图 2-7（c）]。

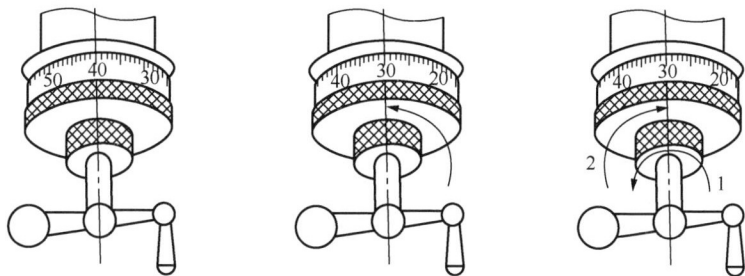

(a) 要求手柄转30，但转多了，转到了40　　(b) 错误，直接转回30　　(c) 正确，应反转半周以上，再转至30

图 2-7 刻度盘使用示意图

4. 车床润滑和维护保养

1）车床的润滑

为了使车床在工作中减少机件磨损，避免温升和振动，必须对车床所有摩擦部分进行润滑。车床的润滑主要有以下几种方式：

（1）浇油润滑。车床外露的滑动表面，如床身导轨面，中、小滑板导轨面等，擦干净后用油壶浇油润滑。

（2）溅油润滑。车床齿轮箱内的零件一般是利用齿轮的转动把润滑油飞溅到各处进行润滑。

（3）油绳润滑。将毛线浸在油槽内，利用毛细管作用把油引到所需要润滑的部位。车床进给箱就是利用油绳润滑的，如图 2-8（a）所示。

（4）弹子油杯润滑。尾座和中、小滑板用弹子油杯润滑。润滑时，用油嘴把弹子揿下，滴入润滑油，如图 2-8（b）所示。

（5）油脂杯润滑。车床交换齿轮箱的中间齿轮一般用黄油杯润滑。润滑时，先在黄油杯中装满工业润滑脂。旋转油杯盖时，润滑油就会挤入轴承套内，如图 2-8（c）所示。

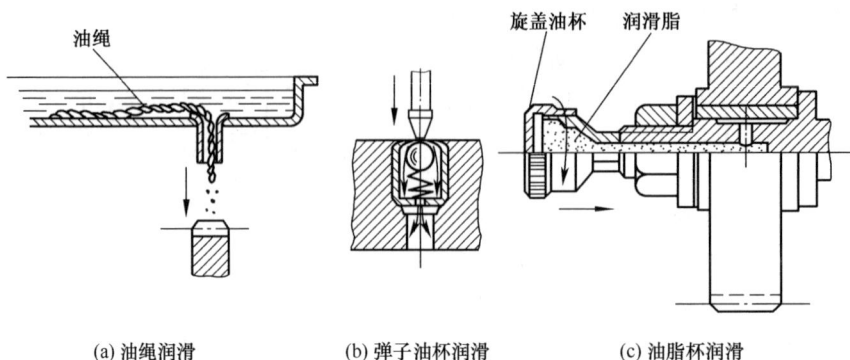

(a) 油绳润滑   (b) 弹子油杯润滑   (c) 油脂杯润滑

图 2-8　车床的润滑方法

（6）油泵循环润滑。这种方式是依靠车床内的油泵供应充足的油量来润滑的，包括供给主轴箱和进给箱。

C6140A 型卧式车床的润滑系统位置如图 2-9 所示。润滑部位用数字标出，除了图中所注的②处的润滑部位用 2 号钙基润滑脂进行润滑，其余部位都使用 L-AN46 全损耗系统用油。换油时，油面不得低于油标中心线。刀架和中滑板丝杠用油枪加油。尾座套筒和丝杠、螺母的润滑可用油枪每班加油一次。由于长丝杠和光杠的转速较高，润滑条件较差，必须注意每班加油，润滑油可从轴承座上面的方腔中加入。

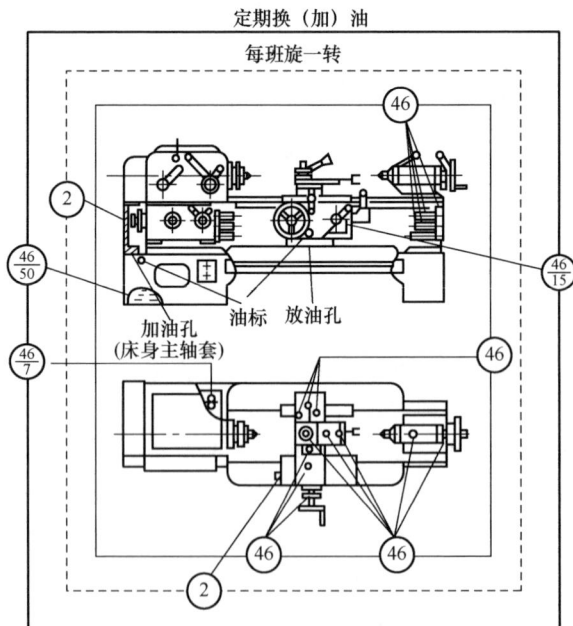

图 2-9　C6140A 型卧式车床的润滑系统位置示意图

2）车床日常保养要求

（1）每班工作后应擦净车床导轨面（包括中滑板和小滑板），要求无油污、无铁屑，并浇油润滑，使车床外表清洁和场地整洁。

（2）每周要求车床三个导轨面及转动部位清洁、润滑，油路畅通，油标油窗清晰，清洗护床油毛毡，并保持车床外表清洁和场地整齐等。

3）车床一级保养的要求

通常当车床运行 500h 后，需进行一级保养。保养工作以操作工人为主，在维修工人的配合下进行。保养时必须先切断电源。

（1）清洗滤油器，使其无杂物。

（2）检查主轴锁紧螺母有无松动，紧定螺钉是否拧紧。

（3）调整制动器及离合器摩擦片间隙。

（4）清洗齿轮、轴套，并在油杯中注入新油脂。

（5）调整齿轮啮合间隙。

（6）检查轴套有无晃动现象。

（7）拆洗刀架和中、小滑板，洗净擦干后重新组装，并调整中、小滑板与镶条的间隙。

（8）摇出尾座套筒，并擦净涂油，以保持内外清洁。

（9）清洗冷却泵、滤油器和盛液盘。

（10）保证油路畅通，油孔、油绳、油毡清洁无铁屑。

（11）检查油质，保持良好，油杯齐全，油标清晰。

（12）清扫电动机、电气箱上的尘屑。

（13）电气装置固定整齐。

（14）清洗车床外表面及各罩盖，保持其内、外清洁，无锈蚀、无油污。

（15）清洗三杠。

（16）检查并补齐各螺钉、手柄球、手柄。

（17）清洗擦净后，各部件进行必要的润滑。

5. 车工安全文明生产

1）物品摆放要求

（1）工作时所用的工、夹、量具和工件等物件，应尽可能地靠近和集中在操作者周围，但不能因此妨碍操作者自由活动。工具应放在固定位置，常用的工具应放近一些，不常用的工具可放远一些。在车床主轴箱和床面上不准放置工具或工件。

（2）工件图样、工艺卡片等应放在便于阅读和使用的位置。

（3）工具使用后应放回原处。

（4）工作位置周围应整齐清洁。

2）生产之前的准备工作

（1）操作者必须按规定穿戴好防护用品，不得穿拖鞋、凉鞋、高跟鞋，不得戴围巾。工作服的纽扣必须扣好。长头发的女生必须戴上工作帽，并将头发盘起置于帽中。必须按规定戴好防护眼镜。严禁戴手套操作。

（2）操作者应认真阅读工件图样和工艺文件。如果对工件图样和工艺文件有疑问，应及时与指导教师联系。

（3）应检查需要使用的工装是否齐全，是否有故障；检查毛坯是否有缺陷，加工余量是否足够；检查车床各部分机构是否完好，检查手柄是否在规定的位置上。

（4）对所有加油处进行润滑，应特别注意对丝杠、导轨等部位进行润滑。

（5）将车床启动，使车床主轴低速空转 5min，让润滑油到达润滑部位；注意观察车床的传动机构工作运转是否正常，检查车床机动进给的互锁机构是否正确、灵敏。

（6）应定期检查和更换润滑油。

3）在工作时应做到的事项

（1）操作者应负责保管好自己使用的机床，未经指导教师许可，不准别人操作使用。机床开动后，操作者若有事需要离开工作岗位时，必须先停机并切断电源。机床若发生异常现象、故障或事故，应立即停机，切断电源，并及时报告指导教师。

（2）工件装卸前必须切断机床电源；严禁将卡盘专用扳手留在卡盘上；主轴变速前必须先停机；进给变速手柄的位置调整应在停机或低速下进行。

（3）为了保护丝杠的精度，除了车削螺纹，不得使用丝杠机动进给。

（4）在切削过程中，当发现切屑形状过长而缠绕到工件或刀具上，或有碎断切屑影响生产安全时，操作者应及时改变切削用量或刀具的几何参数。清除切屑时，要使用专用工具，不得直接用手拉、擦，也不得用量具去钩。

（5）爱护量具，保持量具清洁，避免磕碰。量具应在工件静止状态下使用，严禁在工件加工中使用。使用量具时，移动尺框和微动装置要用力均匀、适当，切不可用力过猛。量具在使用过程中不要和工具、刀具放在一起，以免被碰坏。量具使用后，应安放在量具专用盒内。

（6）车刀用钝后应及时刃磨，不能继续使用已经过度磨损的车刀，以免增加机床负荷；也不许将还可以使用的刀具丢弃，以免造成浪费。

（7）车床上各种零部件及防护装置不得随意拆除，车床附件要妥善保管，保持完好。

4）工作结束后的注意事项

（1）清除车床上及车床周围的切屑和切削液，将车床擦净后，按规定在需要润滑防锈的部位加润滑油。

（2）将床鞍摇至床尾一端，主轴箱变速手柄放到空挡位置，切断电源。

（3）将用过的工件擦干净，放回原位，不得放在潮湿的地方，以免生锈。对需要防锈的工件应涂防锈油。

（4）把不需要用的工、夹、量具等送还工具室。

6. 车工 6S 管理

1）整理
（1）物品原料、成品、半成品、废料。
（2）车工专用工具箱架、工具等。
（3）图样资料、使用登记卡、保养卡、清洁用品。
（4）劳保用品、私人用品及衣物。
（5）润滑油、切削液、清洁用品等。
2）整顿
（1）材料或废料、余料等放置在规定地方。
（2）工装夹具、工具、量具、刀具摆放整齐。

（3）车床上不摆放物品、工具。

（4）图纸资料、保养卡等记录，定位放置在工具箱上层。

（5）手推车、小拖车、置料车等定位放置。

（6）润滑油、切削液、清洁剂等用品定位、标示。

（7）作业场所予以划分并加注场所名称。

（8）清洁品（如抹布、扫把等）定位摆放，定量管理。

（9）加工中材料、待检材料、成品、半成品等堆放整齐。

（10）所有生产用工具、夹具、零件等定位摆设。

3）清扫

（1）下班前打扫、收拾。

（2）清理擦拭车床、工具箱、门、窗。

（3）扫除垃圾、纸屑、塑料袋等。

（4）将废料、余料等归类清理。

（5）清除地面、作业区的油污。

4）清洁

（1）工作环境随时保持整齐干净。

（2）长期不用的物品、材料、设备等做防尘处理。

（3）保持地上、门窗、墙壁的清洁。

5）素养

（1）不迟到、不早退、不旷课。

（2）工作态度是否良好（有无聊天、说笑、离岗、玩手机、看小说、打瞌睡、吃东西）。

（3）服装穿戴整齐，不穿拖鞋。

（4）使用公物后能归位，并保持清洁。

（5）下班前打扫和整理。

（6）遵照规定做事，不违背规章制度。

6）安全

（1）建立系统的安全管理制度，每台车床上有安全操作规程。

（2）重视现场安全教育。

（3）实行现场安全巡视。

（4）生产、实训结束后，电器设备需切断电源，保持安全状态。

2.1.2　任务实施：车床基本操作

1. 熟悉车床外形

`01` 观察车床外形，说出车床各部分的名称和主要作用。

`02` 说出车床各手柄的名称和作用。

车床介绍与进给　车床开机检查
量的选择

2. 手柄操纵练习（停机状态下）

`01` 主轴箱变速手柄操作练习，调转速至 $n=320r/min$ 、 $n=560r/min$ 、 $n=630r/min$ 。

02 进给箱手柄操作练习,调进给量：$f=0.08\,\text{mm/r}$、$f=0.2\,\text{mm/r}$；螺距：$P=2$、$P=6$。

03 手动横向、纵向进退练习；双手转动模拟车削练习。

04 转动小滑板至 5° 练习,双手移动模拟车削练习。

05 尾座移动、锁紧,套筒移动、锁紧练习；安装回转顶尖和钻夹头练习。

3. 开机操作练习

01 熟悉电器按钮,弄清相互关系,操作车床开停机。

02 启动车床,用操纵杠手柄进行正转、停止、反转练习（低速）。

03 主轴由低速到高速逐级变速练习（$n < 1000\,\text{r/min}$）。

04 横向、纵向机动进给练习（低速、小进给）。

4. 车床保养操作

01 熟悉保养要求和方法,学会注润滑油用具的使用。

02 按车床的润滑系统位置示意图给机床各处加注润滑油（脂）。

03 按日常维护保养要求进行操作。

考核评价

实训任务完成后,进行总结评价,学生自检（查）、班组长互检（查）与教师过程评价和综合评价相结合。合计分公式及权重由教师拟定。车床基本操作考核评价内容见表2-1。

表 2-1　车床基本操作考核评价表

序号	考核项目及要求		配分	评分标准	自检（查）	互检（查）	评分
1	熟悉车床外形	（1）车床各部分的名称和主要作用。 （2）手柄的名称和作用	10	视熟悉情况给分			
2	手柄操纵练习 （停机状态下）	（1）主轴箱部分。 （2）进给箱部分。 （3）横向、纵向进退练习。 （4）转动小滑板练习。 （5）尾座练习	30	不能完成,每处扣 5 分；不规范,酌情每处扣 1~5 分			
3	开机操作练习	（1）车床开停机练习。 （2）操纵杠练习。 （3）主轴变速练习。 （4）机动进给练习	40				
4	车床保养操作	按规定要求	10	视日常维护工作情况			
5	管理	安全文明及现场管理	10	违反 1 次扣 2 分			

合计：

总体评价：

---- **车削加工基本参数及车刀** ------------------------------

☞ **工作任务**

1. 观察及选用切削用量。
2. 车刀刃磨练习。
3. 车刀安装练习。

2.2.1　相关知识：切削用量及车刀

1. 车削运动和切削用量

1) 车削运动

车床的切削运动是指工件的旋转运动和车刀的直线运动。车刀的直线运动又称为进给运动，进给运动分为纵向进给运动和横向进给运动，如图 2-10 所示。

（1）主运动。车削时形成切削速度的运动称为主运动。工件的旋转运动就是主运动。

（2）进给运动。使工件多余材料不断被切削的运动称为进给运动。车外圆是纵向进给运动，车端面、切断、车槽是横向进给运动。进给运动可用手动或机动两种方式实现。

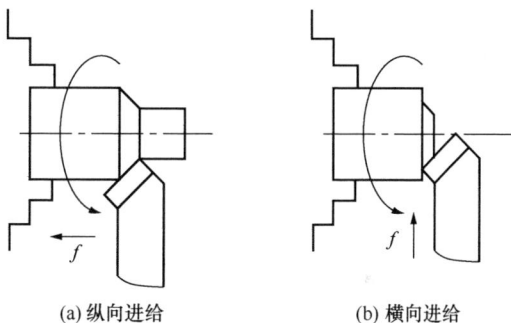

(a) 纵向进给　　　　(b) 横向进给

图 2-10　车床进给运动

（3）加工形成的表面。工件的表面如图 2-11 所示，分为三个部分。待加工表面：工件上将要被车去多余材料的表面。已加工表面：工件上经车刀车削后产生的新表面。加工（过渡）表面：工件上由切削刃正在切削的表面。

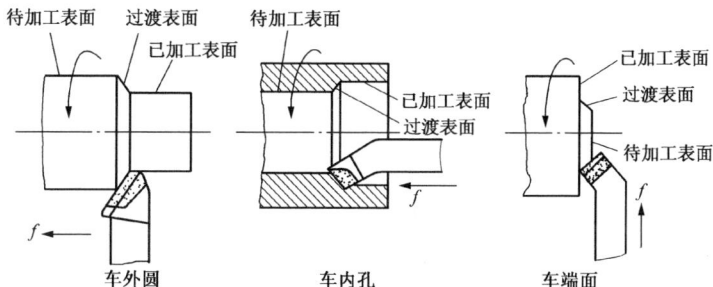

图 2-11　加工形成的表面

2) 切削用量

切削用量的选择，对生产率、加工成本和加工质量均有重要影响。切削用量不能任意

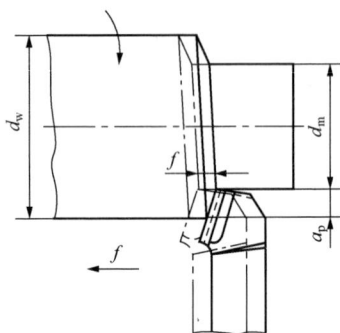

图 2-12 切削用量三要素

选取，应综合考虑各种制约因素，选择最佳组合。

约束切削用量选择的主要条件有：工件的加工要求（包括加工质量要求和生产效率要求），刀具材料的切削性能、机床性能［包括动力特性（功率、扭矩）和运动特性］，刀具寿命要求及经济性。

（1）切削用量三要素。切削用量三要素分别是指切削速度 v_c、进给量 f、背吃刀量 a_p，其示意图如图 2-12 所示。

① 切削速度 v_c。切削时，刀具切削刃上某选定点相对于待加工表面在主运动方向上的瞬时速度称为切削速度 v_c，其计算公式为

$$v_c = \frac{\pi \times n \times d}{1000} \tag{2-1}$$

式中：d——工件或刀具的最大直径（mm）；

　　　n——主轴转速（r/min）；

　　　v_c——切削速度（m/min）。

在实际应用中，根据查手册或根据经验选定切削速度，然后计算车床主轴转速（即工件转速）。

② 进给量。工件每转一周，刀具沿进给方向移动的距离称为进给量 f，单位为 mm/r。其包括纵向进给和横向进给两种进给量。

③ 背吃刀量。工件上已加工表面和待加工表面之间的垂直距离称为背吃刀量，用符号 a_p 表示，其计算如公式为

$$a_p = (d_w - d_m) / 2 \tag{2-2}$$

式中：d_w——待加工表面直径（mm）；

　　　d_m——已加工表面直径（mm）。

（2）切削用量的选择。切削用量的选择就是要在选择好刀具材料、刀具几何角度的基础上，确定背吃刀量 a_p、进给量 f 和切削速度 v_c。对刀具寿命来说，v_c 的影响最大，f 的影响次之，a_p 的影响最小；对切削力来说，a_p 的影响最大，f 的影响次之，v_c 的影响最小；对粗糙度和精度来说，f 的影响最大，a_p 和 v_c 的影响较小。

同时，在车工车削工件时，车削过程一般可分为粗车、半精车、精车三个阶段。由于各阶段的目的不同，所以，切削用量要根据这些规律及要求合理选择。

粗车时，为提高效率应尽可能去除余料，选择切削用量时应首先选取尽可能大的背吃刀量 a_p，其次根据机床动力和刚性的限制条件，选取尽可能大的进给量 f，最后根据刀具寿命要求，确定合适的切削速度 v_c。增大背吃刀量 a_p 可使走刀次数减少，增大进给量 f 有利于断屑。

精车时，为保证加工精度和表面粗糙度要求，选择精车的切削用量时，应着重考虑如何保证加工质量。因此，精车时应选用较小的背吃刀量和进给量，但背吃刀量不能太小，太小了表面粗糙度反而不好，并选用性能高的刀具材料和合理的几何参数，尽可能提高切削速度。

2. 车刀材料及几何角度

车刀是用于车削加工的刀具。

1) 车刀材料应具备的性能

刀具材料性能优良，是保证刀具高效工作的基本条件。刀具材料应具备如下基本要求。

（1）高硬度和良好的耐磨性。刀具材料的硬度必须高于被加工材料的硬度才能切下金属。一般刀具材料的硬度高于 60HRC。一般而言，刀具材料越硬，耐磨性就越好。

（2）足够的强度与冲击韧性。强度是指在切削力的作用下，不至于发生刀刃崩碎与刀柄折断所具备的性能；冲击韧性是指刀具材料在有冲击或间断切削的工作条件下，保证不崩刃的能力。

（3）高的热硬性。热硬性又称红硬性，是衡量刀具材料性能的主要指标。它综合反映了刀具材料在高温下仍能保持高硬度、耐磨性、强度、抗扩散的能力。

（4）良好的工艺性和经济性。为了便于制造，刀具材料应有良好的工艺性，如锻造、热处理及磨削加工性能。当然在制造和选用时应综合考虑经济性。例如，超硬材料及涂层刀具材料都较贵，但其使用寿命很长，在成批大量生产中，分摊到每个零件中的费用反而有所降低。

2) 常见车刀材料

常用刀具材料有高速钢、硬质合金、涂层刀具、超硬刀具（陶瓷、金刚石、立方氮化硼）等，目前用得最多的是高速钢和硬质合金刀具。

（1）高速钢。高速钢是含钨、铬、钒等元素的高合金工具钢。热处理后硬度可达 62～65HRC。耐热温度可达 500～600℃。强度和韧性较好，能承受较大的冲击力。与硬质合金相比，高速钢制造容易、刃磨方便。

普通高速钢，如 W18Cr4V（已很少使用）、W6Mo5Cr4V2、W9Mo3Cr4V、W9Cr4V2 广泛用于制造各种刀具。切削速度较低，如切削普通钢料时为 40～60m/min。

高性能高速钢，如 W12Cr4V4Mo、W6Mo5Cr4V2Al、W2Mo9Cr4VCo8 是在普通高速钢中再增加含碳量、含钒量及添加钴、铝等元素冶炼而成的。它的耐用度为普通高速钢的 1.5～3 倍。

（2）硬质合金。其按《切削加工硬切削材料的分类和用途 大组和用途小组的分类代号》（GB/T 2075—2007）可分为 P、M、K、N、S、H 六类，依据不同的被加工工件材料进行划分，并分成若干用途小组。其中：

P 类硬质合金主要用于加工除不锈钢外所有带奥氏体的钢和铸钢，用蓝色作标志；相当于原有 YT 类，如牌号 YT5、YT15 和 YT30 等。

M 类主要用于加工不锈奥氏体钢或铁素体钢、铸钢，用黄色作标志；相当于原有 YW 类，如牌号 YW1、YW2 等。

K 类主要用于加工各类铸铁，用红色作标志；相当于原有 YG 类，如牌号 YG6、YG8 等。

同理，标准还规定 N（绿色）、S（褐色）、H（灰色）类分别用于加工非铁合金、超级合金和钛、高硬度材料等。

一般硬质合金是用碳化钨（WC）、碳化钛（TiC）、碳化钽（TaC）、碳化铌（NbC）和黏结剂（钴、钼、镍）等材料，用粉末冶金的方法制成。硬度 69～81HRC，耐热温度 800～1000℃。硬质合金刀具允许的切削速度比高速钢刀具高 5～10 倍，但其冲击韧性和刃磨不如高速钢。

（3）涂层刀具材料。涂层材料具有硬度高、耐磨性好、化学性能稳定、不与工件材料发生化学反应、耐热耐氧化、摩擦因数低和基体附着牢固等特点。常用的单一涂层材料有 TiC、TiN、Al_2O_3 等，现已进入开发厚膜、复合和多元涂层的新阶段，如 TiCN、TiAlN。涂层刀具可提高刀具寿命 3～5 倍以上，提高切削速度 20%～70%，提高加工精度 0.5～1 级，降低刀具消耗费用 20%～50%。

（4）超硬刀具材料。超硬刀具材料是指与天然金刚石的硬度、性能相近的人造金刚石和立方氮化硼（CBN）和陶瓷等。超硬刀具材料是一种先进的刀具材料，在生产中有着广阔的应用前景。其刀具适用于其他难加工材料的车削及高速切削加工。

3）车刀结构及几何角度

（1）常用车刀种类及用途。车刀的种类很多，在实际生产中，根据零件车削加工的内容不同来选择。

车刀按用途分：常用车刀包括 90° 车刀、45° 车刀、切断刀、车孔刀、成形刀、螺纹刀。

① 90° 车刀（偏刀）用来车削工件的外圆、台阶和端面。

② 45° 车刀（弯头车刀）用来车削工件的外圆、端面和倒角。

③ 切断刀用来切断工件或在工件上切出沟槽。

④ 车孔刀用来车削工件的内孔。

⑤ 成形刀用来车削工件台阶处的圆角和圆槽或车削成形面。

⑥ 螺纹刀用来车削螺纹。

车刀按结构分：车刀可分为整体车刀、焊接车刀、可转位车刀和成形车刀。其中，可转位车刀是一种先进刀具，如图 2-13 所示。由于可转位车刀不需要重磨，同时可转位和可更换刀片等，因此降低了刀具的刃磨费用，提高了切削效率。可转位车刀夹紧结构很多，常见的有以下几种。

① 杠杆式，应用杠杆原理对刀片进行夹紧，如图 2-14（a）所示。这种结构定位精度高，夹固可靠，拆卸方便，但工艺性较差，主要用于卧式车床、数控车床。

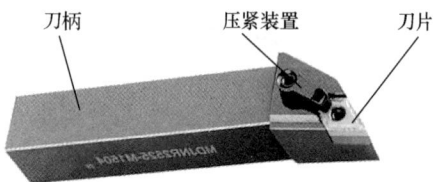

图 2-13 可转位车刀

② 偏心式，利用螺钉上端部的偏心销对刀片进行夹紧，如图 2-14（b）所示。这种结构夹紧元件尺寸小，结构紧凑，刀片尺寸误差对夹紧程度影响大，夹紧可靠性差，适用于轻中型连续平稳切削的场合。

③ 楔块式，采用楔压和上压的组合对刀片进行夹紧，如图 2-14（c）所示。这种结构夹紧可靠，拆卸方便，重复定位精度低，常用于卧式车床断续切削车刀。

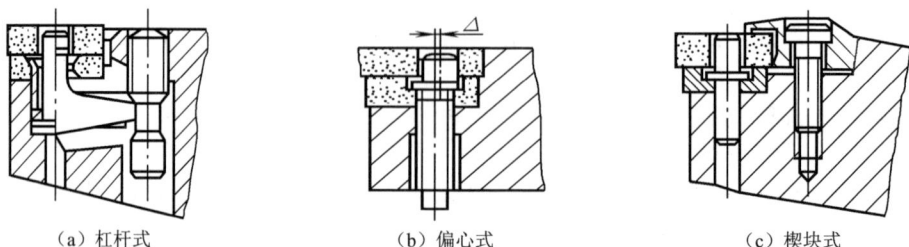

（a）杠杆式　　　　　　（b）偏心式　　　　　　（c）楔块式

图 2-14 可转位车刀的夹紧结构

（2）车刀的组成。车刀是由刀片（或刀头）和刀柄两部分组成。刀柄用于把车刀装夹在刀架上；刀头部分担负切削工作，所以又称切削部分。车刀的切削部分主要由主切削刃、副切削刃、前面、主后面、副后面和刀尖组成，如图 2-15 所示。

（3）车刀几何角度。为确定车刀的角度，需建立三个辅助平面：基面、切削平面、正交平面，如图 2-16 所示。

车刀切削部分的几何角度很多，其中对加工影响最大的有前角、后角、副后角、主偏角、副偏角及刃倾角等。车刀的主要角度（以外圆车刀为例）如图 2-17 所示。

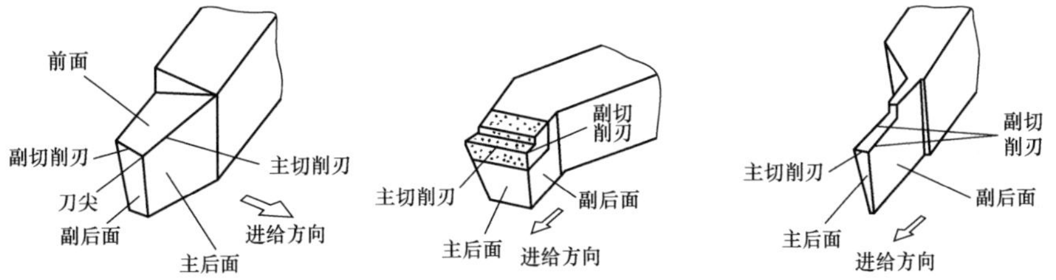

(a) 90°车刀　　　　　(b) 45°车刀　　　　　(c) 切断刀

图 2-15　车刀的组成

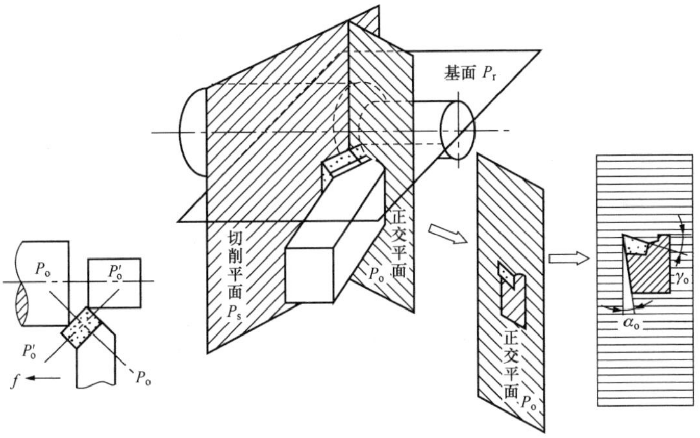

可转位刀片的拆装

图 2-16　三个辅助平面

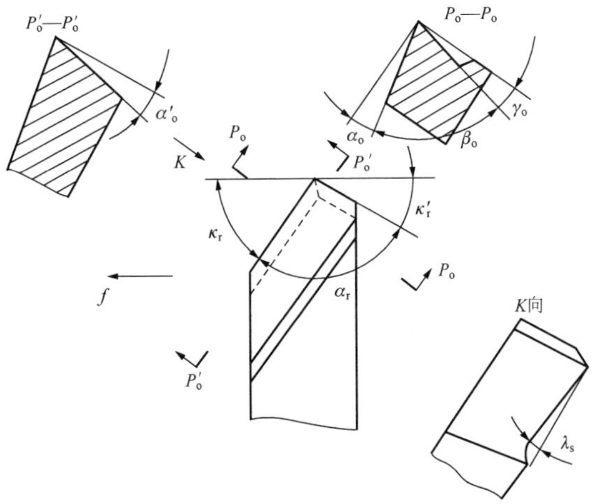

图 2-17　车刀几何角度

图 2-17 中各角度作用如下：

前角（γ_o）：前面与基面之间的夹角。前角影响刃口的锋利和强度，影响切屑变形程度和切削力。增大前角能使车刀刃口锋利，减少切削变形，可使切削省力，并使切屑容易排出。

后角（α_o）：后面与切削平面的之间的夹角。后角的主要作用是减少车刀主后面与工件之间的摩擦。

副后角（α_o'）：副后面与切削平面之间的夹角。副后角的主要作用是减少车刀副后面与工件之间的摩擦。

主偏角（κ_r）：主切削平面与假定工作平面间的夹角。主偏角的主要作用是改变主切削刃和刀头的受力情况和散热情况。

副偏角（κ_r'）：副切削平面与假定工作平面间的夹角。副偏角的主要作用是减少副切削刃与工件已加工表面之间的摩擦。

刃倾角（λ_s）：主切削刃与基面之间的夹角。刃倾角的主要作用是控制切屑的排出方向，当刃倾角为负值时，还可增加刀头强度和当车刀受冲击时保护刀尖。

3. 车刀的刃磨及安装

车刀的几何角度是通过对刀具进行合理刃磨得到的。为了提高磨削效率和质量，必须了解磨具基础知识，学习刃磨方法。

1）砂轮的选择

车刀刃磨的磨具是砂轮，砂轮的种类很多，刃磨时必须根据刀具材料来选择砂轮。

（1）砂轮的特性。砂轮的特性由磨料、粒度、硬度、结合剂和组织五个因素决定。

磨料。常用的磨料有氧化物系、碳化物系和高硬磨料系三种。常用的是氧化铝砂轮和碳化硅砂轮。氧化铝砂轮磨粒硬度低（约 HV2200）、韧性大，其中白色的称为白刚玉，灰褐色的称为棕刚玉。碳化硅砂轮的磨粒硬度比氧化铝砂轮的磨粒高（HV2800 以上），性脆而锋利，并且具有良好的导热性和导电性。其中常用的是黑色和绿色的碳化硅砂轮。

粒度。粒度表示磨粒大小的程度。以磨粒能通过每英寸长度上有多少个孔眼的筛网作为表示符号。例如，60 粒度是指磨粒可通过每英寸长度上有 60 个孔眼的筛网。粗磨车刀应选磨粒号数小的砂轮，精磨车刀应选号数大的砂轮。常用的粒度为 46 号的中软或中硬的砂轮。

硬度。砂轮的硬度是反映磨粒在磨削力作用下，从砂轮表面脱落的难易程度。砂轮硬，即表面磨粒难以脱落；砂轮软，表示磨粒容易脱落。刃磨高速钢车刀和硬质合金车刀时应选软或中软的砂轮。

另外，在选择砂轮时还应考虑砂轮的结合剂和组织。一般选用陶瓷结合剂和中等组织的砂轮。

（2）车刀刃磨常用砂轮。常用的磨刀砂轮材料有两种：一种是氧化铝砂轮，另一种是绿色碳化硅砂轮。氧化铝砂轮用来刃磨高速钢车刀和硬质合金车刀的刀柄部分；绿色碳化硅砂轮的砂粒硬度高，切削性能好，但较脆，用来刃磨硬质合金车刀的切削部分。

2）车刀刃磨方法

车刀的刃磨一般有机械刃磨和手工刃磨两种。机械刃磨效率高、质量好，操作方便。有条件的工厂已应用较多。但手工刃磨灵活，对设备要求低，目前仍普遍采用。

（1）刃磨步骤。以 90°车刀（刀片材料为 YT15）为例，手工刃磨的步骤如下：

第 1 步　磨主后面，同时磨出主偏角及主后角。

第 2 步　磨副后面，同时磨出副偏角及副后角。

第 3 步　磨前面，同时磨出前角。

第 4 步　修磨各刀面及刀尖。

车刀的刃磨

（2）刃磨方法。

① 先把车刀前面、后面上的焊渣磨去，并磨平车刀的底平面，采用粗粒度的氧化铝砂轮。

② 粗磨主后面和副后面的刀柄部分，其后角应比刀片后角大 2°～3°，以便刃磨刀片上的后角。磨削时也采用粗粒度的氧化铝砂轮。

③ 粗磨刀片上的主后面、副后面和前面，如图 2-18 所示。粗磨出的主后角、副后角应比所要求的后角大 2°左右。刃磨时采用粗粒度的绿色碳化硅砂轮。

④ 磨断屑槽，如图 2-19 所示。断屑槽一般有两种形状：一种是圆弧形，另一种是阶台形。

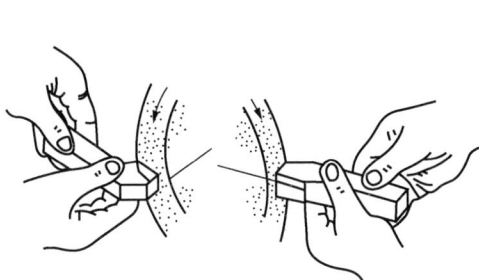

图 2-18　粗磨主后面、副后面

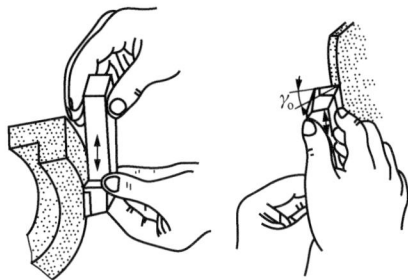

图 2-19　磨断屑槽的方法

⑤ 精磨主后面和副后面，如图 2-20 所示。

刃磨时，将车刀底平面靠在调整好角度的搁板上，并使切削刃轻轻靠在砂轮的端面上。刃磨时，车刀应左右缓慢移动，使砂轮磨损均匀，车刀刃口平直。精磨时采用细粒度的绿色碳化硅砂轮。

⑥ 磨负倒棱，如图 2-21 所示。刃磨时，用力要轻，车刀要沿主切削刃的后端向刀尖方向摆动。

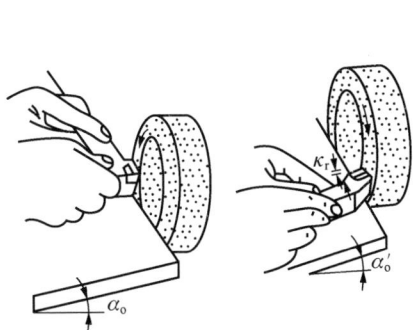

图 2-20　精磨主后角和副后角

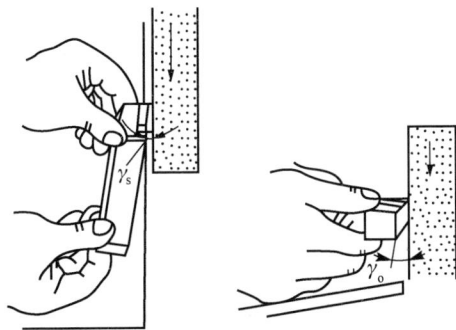

图 2-21　磨负倒棱

⑦ 磨过渡刃，如图 2-22 所示。过渡刃有直线形和圆弧形两种。

⑧ 手工修磨，如图 2-23 所示。一般用油石进行研磨。研磨时，手持油石要平稳。油

石要贴平需要研磨的表面平稳移动，推时用力，回来时不用力。

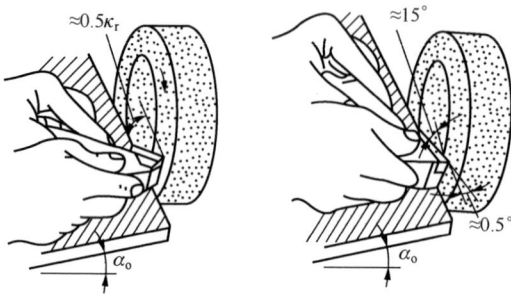

(a) 磨直线形过渡刃　　　　(b) 磨圆弧形过渡刃

图 2-22　磨过渡刃

3）车刀角度的测量

车刀磨好后，必须测量其角度是否合乎要求。车刀的角度一般可用样板测量，如图 2-24（a）所示。对于角度要求高的车刀（螺纹刀），可以用车刀量角器进行测量，如图 2-24（b）所示。

4）刃磨安全知识

（1）刃磨刀具前，应首先检查砂轮有无裂纹，砂轮轴螺母是否拧紧，并经试转后使用，以免砂轮碎裂或飞出伤人。

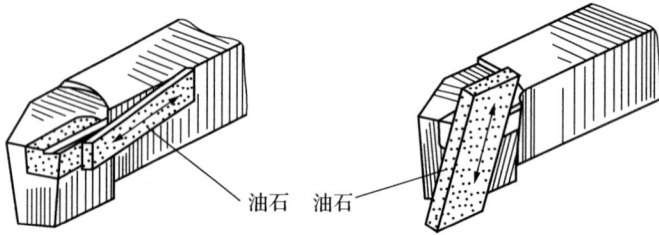

图 2-23　车刀的手工研磨示意图

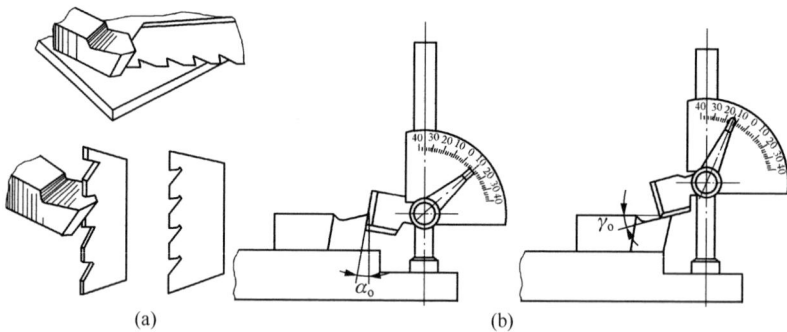

图 2-24　车刀角度的测量

（2）人站立在砂轮机的侧面，以防砂轮碎裂时，碎片飞出伤人。

（3）两手握刀的距离放开，两肘夹紧腰部，以减小磨刀时的抖动。

（4）刃磨刀具不能用力过大，否则会使手打滑而触及砂轮面，造成工伤事故。

（5）磨刀时应戴防护眼镜，以免砂砾和铁屑飞入眼中。

（6）砂轮支架与砂轮的间隙不得大于 3mm，发现过大，应调整适当。

5）车刀的安装

车刀的正确安装是非常重要的，它直接影响加工质量和能否进行加工。

（1）原则。车刀的刀尖应与车床主轴的回转轴线等高，如图 2-25 所示。

（2）装夹方法。用尾座顶尖的高度来进行校对或试车端面，试车后若端面中心留有凸台，则说明还需进行调整。

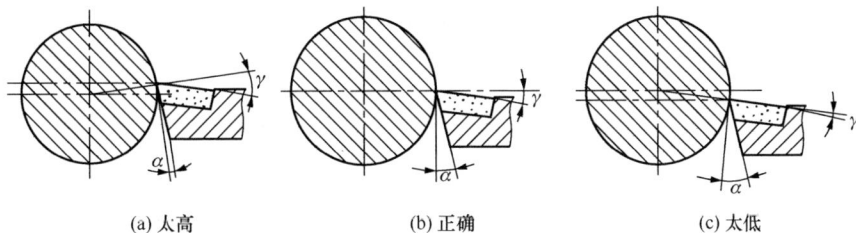

(a) 太高　　　　　　　　　(b) 正确　　　　　　　　　(c) 太低

图 2-25　刀尖高度示意图

使用车刀时的注意事项

1. 车刀刀柄应与车床主轴的回转轴线垂直。

2. 车刀在刀架上的伸出长度一般不超过刀柄高度的 1.5 倍，否则刀具刚性下降，车削时容易产生振动。

3. 垫片要平整，并与刀架对齐。垫片数量一般以 2~3 片为宜。可用选择较厚的垫片使数量减少，以防止车刀产生振动。

4. 车刀位置放好后，应交替拧紧刀架螺栓。最后还应检查车刀在工件的加工极限位置时是否会产生运动干涉或碰撞。

---

4. 切削液

车削过程中产生材料的变形、切屑，以及工件与刀具间摩擦所消耗的功，绝大部分都转化为热，称为切削热。

过高的切削热会加剧刀具的磨损，甚至使刀具丧失切削能力，同时，也会影响工件的尺寸精度。所以，在车削过程中一般要使用切削液。

1）切削液的作用

（1）冷却作用。切削液能带走车削区大量的切削热，改善切削条件，起到冷却工件和刀具的作用。

（2）润滑作用。切削液渗入工件表面和刀具后刀面之间、切屑与刀具前面之间的微小间隙，减小切屑与前面和工件与后面之间的摩擦力。

（3）清洗作用。具有一定压力和流量的切削液，可把工件和刀具上的细小切屑冲掉，防止拉毛工件，起到清洗作用。

（4）防锈作用。切削液中加入防锈剂，保护工件、车床、刀具免受腐蚀，起到防锈作用。

2）切削液的种类

切削液按油品化学组成分为非水溶性（油基）液和水溶性（水基）液两大类。常用切削液有乳化液和切削油两种。

（1）乳化液。乳化液是把乳化油加注 15~20 倍的水稀释而成的。乳化液的特点是比热容大、黏度小、流动性好，可吸收切削热中的大量热量，主要起冷却作用。

（2）切削油。切削油的特点是比热容小、黏度大、流动性差，主要起润滑作用。切削油的成分是矿物油，常用的有 32 号和 46 号机械油、煤油、柴油等。

3）切削液的选择

切削液主要根据工件的材料、刀具材料、加工性质和工艺要求进行合理选择。

（1）粗加工时因切削深、进给快、产生热量多，所以应选以冷却为主的乳化液。

（2）精加工因主要保证工件的精度、表面粗糙度和延长刀具使用寿命，所以应选择以润滑为主的切削油。

（3）使用高速钢车刀必须加注切削液，使用硬质合金车刀一般不加注切削液。

（4）车削脆性材料如铸铁，一般不加切削液，若加只能加注煤油。

（5）车削镁合金时，为防止燃烧起火，不加切削液，若必须冷却时，应用压缩空气进行冷却。

2.2.2　任务实施：切削用量选择、车刀刃磨及安装

1．观察及选用切削用量

01 观察加工过程，说出切削三要素。

02 毛坯为$\phi 40mm$，零件加工尺寸为$\phi 30mm$，试针对高速钢车刀和硬质合金车刀，计算或选用切削用量。

2．刀具刃磨练习

刃磨90°或45°车刀一把，角度要求如图2-26（a）、（b）所示。

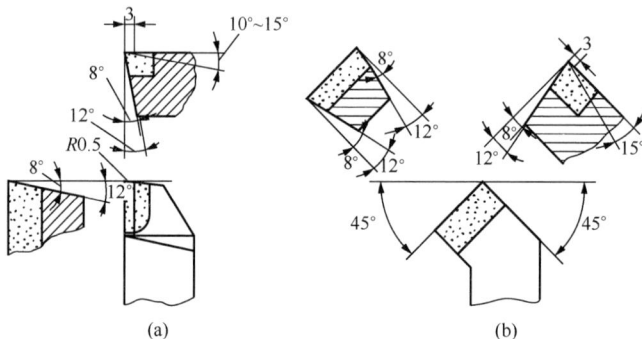

图2-26　90°、45°车刀角度

3．车刀安装练习

01 刀架转位。

02 将刃磨后的90°、45°车刀各一把进行安装，开机操作，检验判定。

考核评价

实训任务完成后，进行总结评价，学生自检（查）、班组长互检（查）与教师过程评价和综合评价相结合。合计分公式及权重由教师拟定。切削用量选择、车刀刃磨及安装考核评价内容见表2-2。

表2-2　切削用量选择、车刀刃磨及安装考核评价表

序号	考核项目及要求		配分	评分标准	自检（查）	互检（查）	评分
1	车刀刃磨	前角	10	超差扣2~10分			
2		主偏角	10				

序号	考核项目及要求		配分	评分标准	自检（查）	互检（查）	评分
3	车刀刃磨	主后角	10	超差扣 1~5 分			
4		副偏角	10				
5		副后角	10				
6		刀面平整	5				
7		刃口平直	5				
8	车刀安装	90°车刀、45°车刀	20	偏离 0.2mm 扣 2 分			
9	切削用量	计算三要素	10	计算错误不得分			
10	管理	安全文明及现场管理	10	违反 1 次扣 2 分			

合计：

总体评价：

任务 2.3 ---- 车削台阶

☞ 工作任务

加工台阶轴，图样如图 2-27 所示。

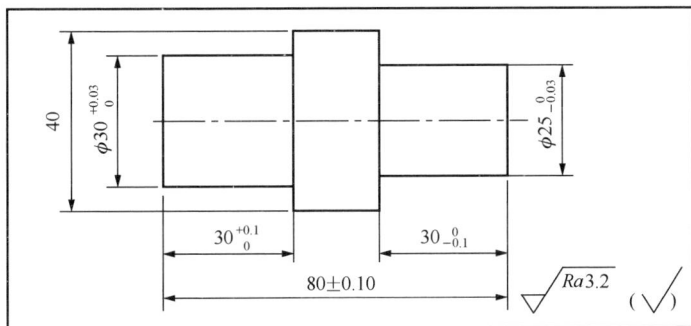

图 2-27　台阶轴

2.3.1　相关知识：工件装夹与台阶车削方法

车台阶是车工最基本的操作技能。台阶由外圆与端面的基本要素组成，外圆与端面也是各类零件车削的基础。首先要掌握外圆与端面加工的知识及车削，再逐渐掌握车削台阶的操作方法。

1. 工件的装夹

1）装夹原则

在车床上装夹工件，要求定位准确，即被加工表面的回转中心与车床主轴的轴线重合，夹紧可靠，能承受合理的切削力，切实保证工作时的安全，使加工顺利达到预期的目标。

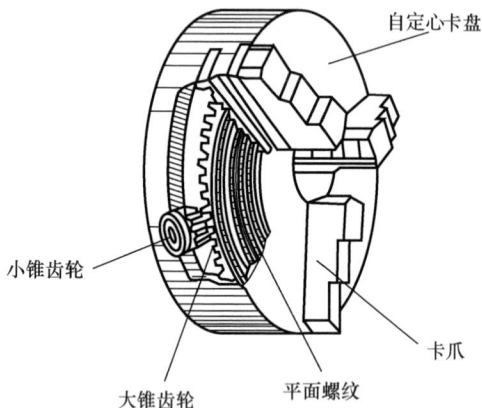

图 2-28　自定心卡盘的结构

夹不同的工件，如图 2-29 所示。

2）常用装夹方法

（1）卡盘装夹。卡盘常用的有自定心卡盘和单动卡盘两种。

① 自定心卡盘。自定心卡盘的三只卡爪均匀分布在卡盘的圆周上，由于能同步沿径向移动，实现工件的夹紧或松开，所以，可以实现自动定心。自定心卡盘的结构如图 2-28 所示。

装夹工件时一般不需要找正，使用方便。自定心卡盘夹紧力较小，适于装夹中小型圆柱形、正三边形或正多边形工件。

自定心卡盘也可装成正爪和反爪，以适应装

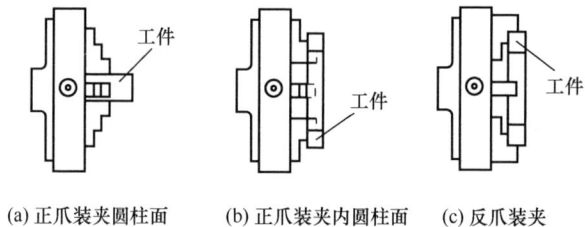

(a) 正爪装夹圆柱面　　(b) 正爪装夹内圆柱面　　(c) 反爪装夹

图 2-29　用自定心卡盘安装工件的方法

② 单动卡盘。单动卡盘如图 2-30 所示，它的四只卡爪沿圆周方向均匀分布，卡爪能逐个单独径向移动，装夹工件时，可通过调节卡爪的位置对工件位置进行校正。四爪单动卡盘的夹紧力较大，但校正工件位置麻烦、费时，适宜于单件、小批量生产中装夹非圆形工件。

（2）顶尖装夹。顶尖装夹包括两种方式，即两顶尖装夹和一夹一顶装夹。

① 两顶尖装夹。用两顶尖装夹工件，必须先在工件的两端面上钻出中心孔。前顶尖插入主轴锥孔或将一段钢料直接夹在自定心卡盘上车出锥角来代替前顶尖，尾顶尖插入尾座套筒锥孔，两顶尖支承及定位预制有中心孔的工件，工件由安装在主轴上的拨盘通过鸡心夹头带动回转，如图 2-31 所示。

两顶尖装夹工件的方法适于轴类零件的装夹，特别是在多工序加工中，重复定位精度要求较高的场合。但由于顶尖工作部位细小，支承面较小，装夹不够牢靠，两顶尖装夹工件的方法不宜用于大的切削用量加工。

常用的顶尖分为固定顶尖和回转顶尖两种。回转顶尖如图 2-32（a）所示，内部装有滚动轴承。回转顶尖把顶尖与工件中心孔间的滑动摩擦变成顶尖内部轴承的滚动摩擦，因此其转动灵活。由于顶尖与工件一起转动，避免了顶尖和工件中心孔的磨损，能承受较

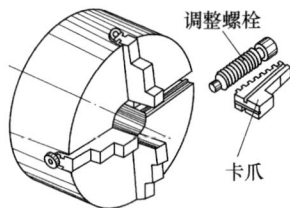

图 2-30　单动卡盘的构造

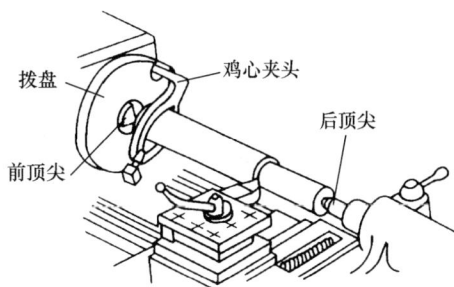

图 2-31　两顶尖装夹工件

高转速下的加工，但支承刚性较差，所以，回转顶尖适于加工工件精度要求不太高的场合。

常用的固定顶尖有普通顶尖、镶硬质合金顶尖等，如图 2-32（b）所示。普通顶尖的定心精度高，刚性好，缺点是工件和顶尖发生滑动摩擦，发热较大，过热时会把中心孔或顶尖"烧"坏，所以，常用镶硬质合金顶尖对工件中心孔进行研磨，以减小摩擦。固定顶尖一般用于低速、加工精度要求较高的工件。

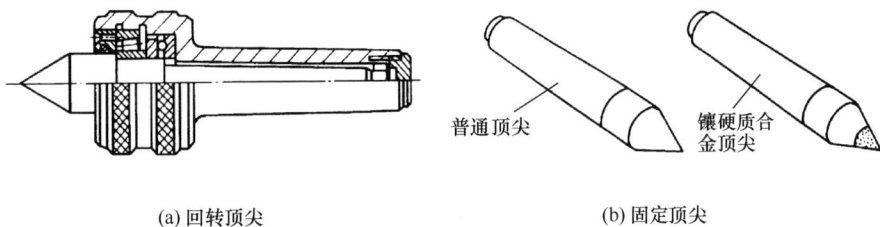

(a) 回转顶尖

(b) 固定顶尖

图 2-32　常用顶尖

② 一夹一顶装夹。在两顶尖间装夹工件，刚性较差。因此，车削一般轴类零件，尤其是较重的工件，不宜采用两顶尖装夹的方法，而采用自定心或单动卡盘夹住一端，或夹住工件台阶处，以防止工件轴向窜动，另一端用后顶尖顶住的所谓一夹一顶装夹方法，如图 2-33 所示。这种方法比较安全，能承受较大的切削力，因此应用广泛。

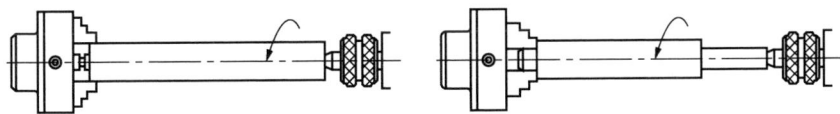

图 2-33　轴类零件的一夹一顶装夹法

（3）中心架、跟刀架辅助支承。长度与直径之比（L/d）大于 25 的轴类零件称为细长轴。细长轴的刚性不足，必须用中心架或跟刀架作为辅助支承，以增加工件刚度，防止工件在加工中弯曲变形。

① 中心架，如图 2-34 所示，多用于带台阶的细长轴外圆加工。使用时中心架固定于床身的适当位置，调节三个支承爪支承在工件的中部台阶处，台阶外圆分别调头加工。中心架还可用于较长轴的端部加工，如车端平面、钻孔或车孔。

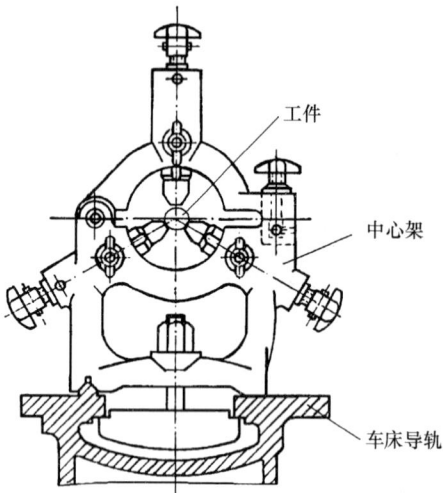

图 2-34　中心架

② 跟刀架。跟刀架安装在床鞍上，随床鞍、刀架一起纵向移动。跟刀架上一般有两个能单独调节伸缩的支承爪，而另外一个支承爪用车刀来代替。两支承爪分别安装在工件的上面和车刀的对面，如图 2-35（a）所示。配置了两个支承爪的跟刀架，安装刚性差，加工精度低，不适宜作高速切削。

另外还有一种具有三个支承爪的跟刀架，它的安装刚性较好，加工精度较高，并适宜高速切削，如图 2-35（b）所示。跟刀架多用于无台阶的细长光轴加工。

（4）心轴装夹。当工件内、外圆表面间的位置精度要求较高，且不能在同一次装夹中加工时，常采取先精加工内孔，再以内孔为定位基准，用心轴装夹后精加工外圆的工艺方法，如图 2-36 所示。

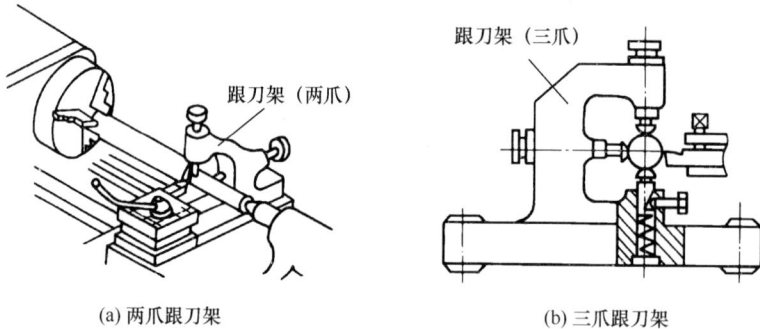

(a) 两爪跟刀架

(b) 三爪跟刀架

图 2-35　跟刀架示意图

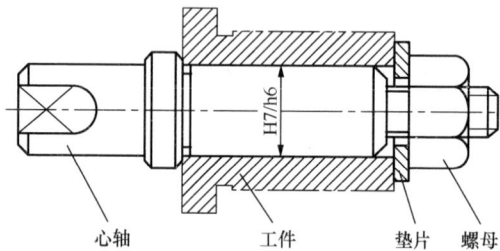

图 2-36　圆柱体心轴

使用心轴装夹工件时，应将工件全部粗车完后，再将内孔精车好（公差等级 IT9～IT7），然后以内孔为定位精基准，将工件安装在心轴上，再把心轴安装在前后顶尖之间。

（5）花盘装夹。花盘安装在主轴上，其右端平面上有若干条径向 T 形直槽，以便用螺栓、压板等将工件压紧在这个大平面上。花盘主要用于装夹其他方法不便装夹的形状不规则的工件。

2．台阶车削方法

在同一工件上，有几个直径大小不同的圆柱体像台阶一样连接在一起，称为台阶工件。台阶俗称为"肩胛"。台阶工件的车削，必须兼顾外圆的尺寸精度和台阶长度的要求。

1）台阶工件的技术要求

各外圆之间的同轴度、外圆和台阶平面的垂直度、台阶平面的平面度以及外圆和台阶平面相交处的清角等要求。

2）车刀的选择

常用的是 45° 车刀或 75°、90° 的车刀。一般初学者可以用 45° 车刀车端面，用 90° 车刀车外圆。

3）端面车削

（1）车削前的准备工作。看图样，了解加工内容，并检测工件加工余量；选择 45° 车刀，安装好车刀并装夹好工件；选择好切削用量，根据所需的转速和进给量调节好车床上手柄的位置。

（2）操作步骤。车端面的具体操作步骤见表 2-3。

表 2-3 车端面的操作步骤

步骤	内容	操作方法	示意图
1	开车	启动车床，使工件旋转	
2	对刀	用手摇动床鞍和中滑板的进给手柄到端面表面，使车刀刀尖靠近并接触工件端面外端	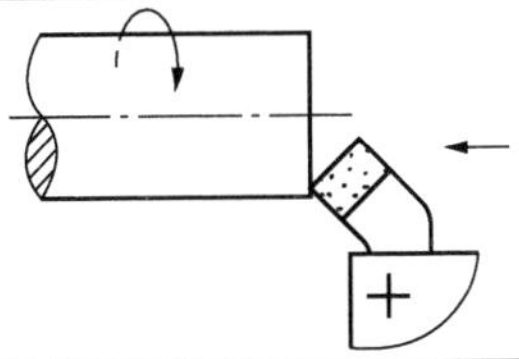
3	退刀	床鞍不动，摇动中滑板手柄退出，使车刀离开工件外圆 3～5mm	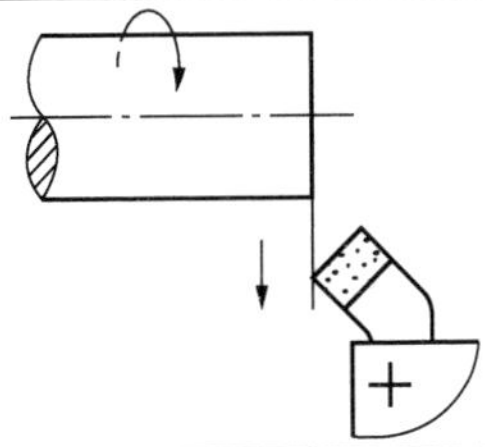
4	进刀	摇动床鞍或小滑板手柄，使车刀横向进给需要的尺寸，一般情况下选择能车出端面吃刀量即可。有长度尺寸要求时可按下一步操作	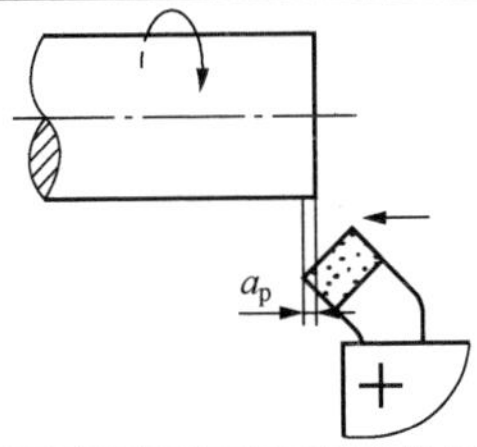
5	试切削	中滑板横向进给车削，若需要控制工件长度，则横向进给车削 1～3mm 后，不动床鞍手柄，将车刀横向快速退出工件，停车测量工件。与要求的长度尺寸比较，再重新调整进给量	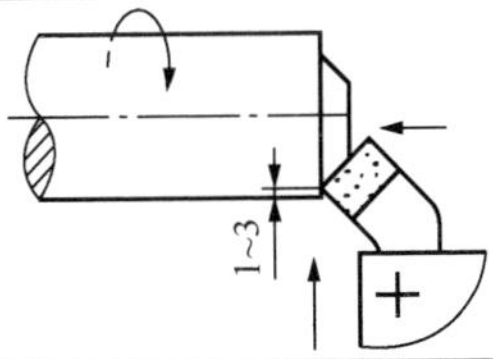
6	车削	试切好以后，记住刻度值，作为下一次调整背吃刀量的起点。横向手动或机动走刀车出全程。但机动进给时要注意，当横向进给快至圆心时，要停止机动进给改用手动进给	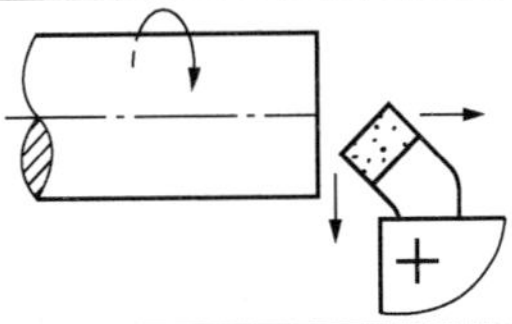

续表

步骤	内容	操作方法	示意图
7	退出	车出端面后，转动床鞍先纵向退出，再横向退出中滑板，停车	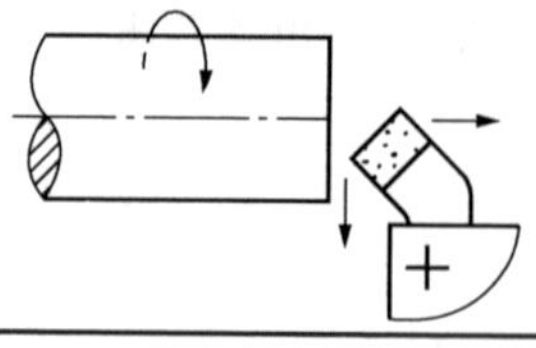

（3）车端面的质量要求及检验。车端面的质量要求是平直、光洁。检查其是否平直，可采用钢直尺作工具，严格时，也用刀口形直尺进行透光检查。

4）外圆车削

（1）准备工作看图样，了解加工内容，并检测工件加工余量；选择 90°车刀，安装刀具并夹紧工件；选择合理的切削用量，根据所需的转速和进给量调节好车床上手柄的位置。

（2）操作步骤。车外圆的具体操作步骤如表 2-4 所示。

表 2-4　车外圆的操作步骤

步骤	内容	操作方法	示意图
1	开车	启动车床，使工件旋转	
2	对刀	用手摇动床鞍和中滑板的进给手柄让车刀接近工件外圆表面，车刀刀尖慢慢靠近并接触工件右端外圆	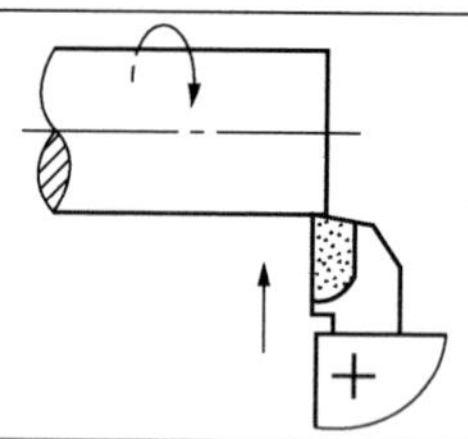
3	退刀	中滑板手柄不动，反方向快速摇动床鞍手柄，使车刀离开工件 3～5mm	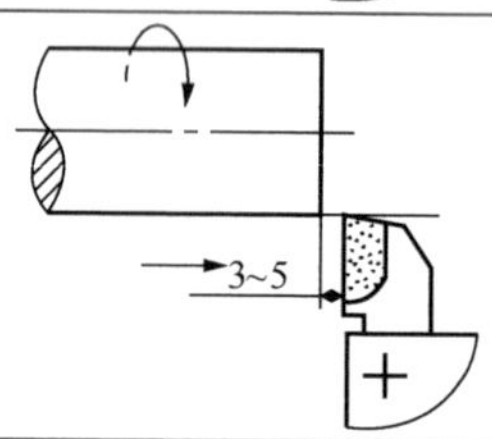
4	进刀	摇动中滑板手柄，使车刀横向进给，进给量以能车出外圆的直径即可，记住刻度值	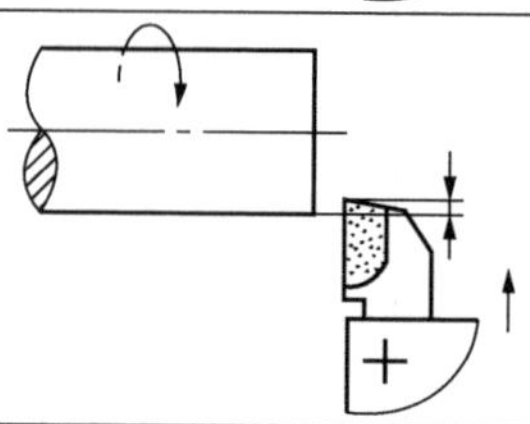
5	试切削	床鞍纵向进给车削 1～3mm	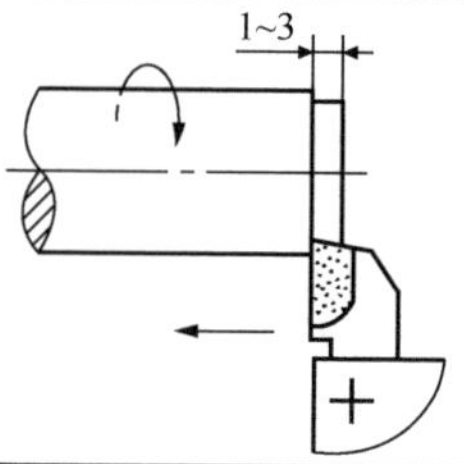

步骤	内容	操作方法	示意图
5	试切削	不动中滑板手柄，将车刀纵向快速退出工件，停车测量工件直径	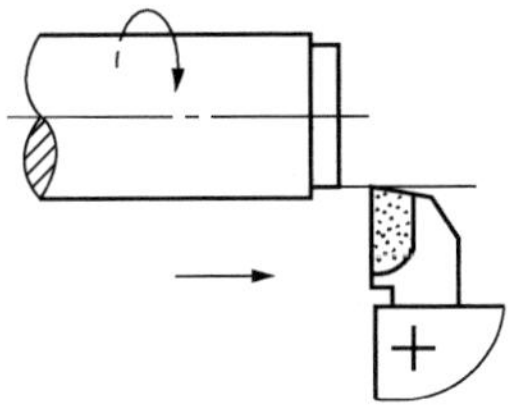
6	车削	在试切削的基础上，调整好背吃刀量后，手动或机动进给车削外圆。当采用机动时，车刀进给到规定长度尺寸差 2～3mm 时，改为手动进给，以免走刀超长或将车刀碰到卡爪上。如此循环直至尺寸合格	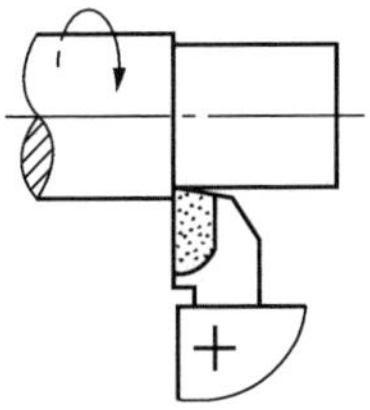
7	退出	转动中滑板先退出，再退出床鞍，最后停车	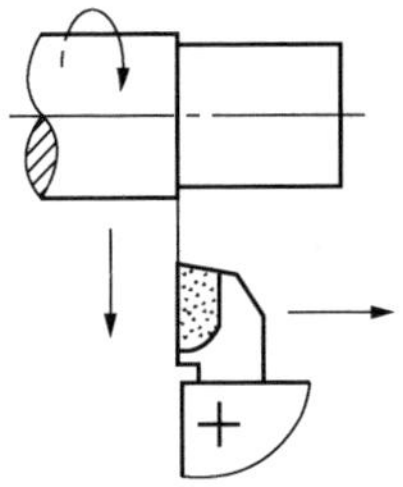

车削台阶时，准确控制台阶的轴向长度尺寸是关键。

（3）控制台阶长度尺寸有以下几种方法。

① 刻线法控制台阶长度。用钢直尺或游标卡尺确定台阶的位置，再开机使工件旋转，用刀尖在工件表面划一线痕，作为车削时的粗界线。线痕所确定的长度应比所需长度略短些，最终的轴向尺寸要通过量具来检测。

② 用床鞍纵向进给刻度盘控制台阶长度。CA6140 型车床床鞍进给刻度盘一格等于 1mm，据此，可根据台阶长度计算出刻度盘手柄应摇动的格数。

③ 用挡铁控制台阶长度。成批生产时常用此方法。

▌2.3.2　任务实施：车削台阶轴

1. 工艺准备

01 图样分析。根据图样可知，台阶轴属于较典型的台阶工件，装夹方式可用自定心卡盘，工件需要调头车削。台阶加工顺序如下：

车端面—粗车外圆—半精车、精车外圆—倒角—调头粗车外圆—半精车、精车外圆—倒角。

02 加工准备。

① 看图样，了解加工内容，并检测工件加工余量。

② 安装好 45° 车刀及 90° 车刀，并装夹工件。

③ 选择切削用量，根据所需的转速和进给量调节车床上手柄的位置。

④ 材料 45 号钢，$\phi 45mm \times 85mm$ 棒料，每人一根。

⑤ 设备、工量具准备：CA6140 车床，$0 \sim 25mm$、$25 \sim 50mm$ 千分尺，150mm 游标卡尺。

2. 车削步骤

01 检查毛坯尺寸：$\phi 45mm$，长度 85mm。

02 用自定心卡盘夹住一端，留出长度约 65mm，用 45° 车刀车端面，车去余量约 1mm，车出即可。

03 用 90° 车刀车外圆 $\phi 40mm$、$\phi 25mm$，留 2mm 余量，保证台阶长度尺寸 30mm。

04 调头夹住 $\phi 25mm$ 外圆，用 45° 车刀车出端面，保证总长（80 ± 0.10）mm。

05 粗车 $\phi 30mm$ 外圆，留 2mm 余量，保证长度 30mm。

06 精车 $\phi 30mm$ 外圆到尺寸，锐角倒钝。

07 调头装夹，用铜皮包住外圆 $\phi 30mm$，找正，精车 $\phi 40mm$、$\phi 25mm$ 外圆到尺寸，锐角倒钝。

> **车削台阶轴时的注意事项**
>
> 1. 工件、刀具必须装夹牢固，注意安全。车刀刀尖一定要对准工件轴线。
> 2. 工件不可伸出太长，比实际长度多出 10～15mm 即可。
> 3. 注意检查加工质量，特别是要记住各个刻度盘的数值。
> 4. 先用手动进给，熟练后可用机动进给。用机动进给时，当车到离工件中心或长度较近时，应改用手动慢慢进给，以防车刀崩刃。
> 5. 台阶要清角。
> 6. 测量所加工的工件，对加工中造成的误差进行分析，并在练习中加以纠正。按台阶轴评分标准自检和互检。

考核评价

实训任务完成后，进行总结评价，学生自检（查）、班组长互检（查）与教师过程评价和综合评价相结合。合计分公式及权重由教师拟定。台阶轴考核评价内容见表 2-5。

表 2-5 台阶轴考核评价表

序号	考核项目及要求	配分	自检（查）	互检（查）	评分
1	$30_{\ 0}^{+0.10}$mm $\quad$ $30_{-0.10}^{\ \ 0}$mm	30			
2	（80 ± 0.10）mm	20			
3	$\phi 30_{\ 0}^{+0.03}$mm	20			
4	$\phi 25_{-0.03}^{\ \ 0}$mm	20			
5	安全文明及现场管理	10			

合计：

总体评价：

任务 2.4 ---- **车削内孔** -------------------------

☞ **工作任务**

车削内孔练习件，图样如图 2-37 所示。

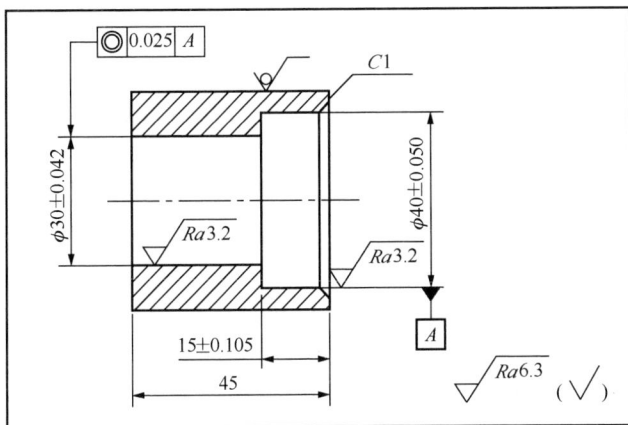

图 2-37　内孔件

2.4.1　相关知识：车工的孔加工方法

很多机器零件如齿轮、轴套、带轮等，不仅有外圆柱面，而且有内圆柱面（内孔）。在车床上，通常采用钻孔、扩孔、铰孔和车内孔等方法来加工内孔。

1. 内孔概述

1）内孔类型

从加工的角度看，孔可分一般精度孔和高精度孔，如螺纹底孔、螺栓孔和铆钉孔属于一般精度孔，通常用钻孔的加工方式可以达到要求；而齿轮内孔、轴套内孔和轴承座孔等都有较高的尺寸、形状和位置精度要求，较低的表面粗糙度值，属于高精度孔。其加工方法除需要钻孔粗加工外，还用内孔车刀或铰刀精加工。

2）车孔的特点

（1）加工孔是在工件的内部进行的，存在观察加工情况、测量尺寸、清除切屑困难，切削液难以进入，一般比外圆加工精度低。

（2）车内孔时，刀柄直径受孔径的限制，刚性差，容易产生振动而影响加工质量。

（3）薄壁零件装夹时容易变形。

2. 钻孔和扩孔

1）钻孔

常用的钻孔加工刀具包括中心钻、麻花钻等。

（1）加工前的准备工作。

① 钻头的选用。对于精度要求不高的内孔，可用麻花钻直接钻出。对于精度要求较高的孔，在选用麻花钻时应留出下道工序的加工余量（如铰孔或车孔）。麻花钻钻孔深度应略长于孔深。

② 钻头的安装。常用的两种方法：一种方法是用钻夹头装夹，将钻夹头的锥柄插入尾座锥孔内，适用于直径 $\leqslant \phi 12mm$ 的直柄麻花钻；另一种方法可利用尾座锥孔，直接或利用莫氏过渡锥套插入，适用于直径较大的锥柄麻花钻。

③ 切削用量的选择。

a. 切削速度。用高速钢麻花钻钻钢料时，切削速度一般选 $v_c = 15 \sim 30 m/min$；钻铸件时 $v_c = 75 \sim 90 m/min$，扩孔时切削速度可略高一些。

b. 进给量。在车床上是用手慢慢转动尾座手轮来实现进给运动的。进给量太大会使钻头折断，用直径为 $\phi 12 \sim 25mm$ 的麻花钻钻钢料时，选 $f = 0.15 \sim 0.35 mm/r$；钻铸件时，进给量略大些，一般选 $f = 0.15 \sim 0.40 mm/r$。

c. 背吃刀量。钻孔时是钻头直径的 1/2。

（2）钻孔一般步骤及方法。

① 钻孔前应先将工件端面车平，中心处不许留有凸台，以利于钻头正确定心。

② 找正尾座使钻头中心对准工件旋转中心，否则可能会使孔径钻大、钻偏甚至折断钻头。

③ 用细长麻花钻钻孔时，为防止钻头晃动，可先用中心钻或直径 $\leqslant \phi 5mm$ 的麻花钻引孔，便于定心且钻出的孔同轴度好。

④ 在实体材料上钻孔，小孔径可以一次钻出，若孔径超过30mm，可先用一支小钻头钻出底孔，再用大钻头扩出所要求的尺寸，一般情况下，第一支钻头直径为第二次钻孔直径的 0.5～0.7 倍。

⑤ 孔的深度控制可利用钢直尺量出尾座套筒的伸出长度，也可利用尾座手轮上的刻度（一般旋转一周对应长度）为 5mm 来确定。

（3）钻孔时的注意事项。

① 钻较深的孔时，要经常把钻头退出清除切屑。

② 钻通孔快要钻透时，要减少进给量。

③ 钻钢料时，必须浇注充分的切削液，钻削铸件时可不用切削液。

（4）钻孔废品分析。

钻孔产生废品的原因及解决方法见表2-6所示。

表2-6　常见钻孔废品产生原因及解决方法

废品种类	产生原因	解决方法
孔歪斜	端面不平或与轴线不垂直	车平端面，中心不能有凸台
	尾座偏移	调整尾座轴线与主轴轴线同轴
	钻头刚性差，进给量大大	用中心钻或小钻头先钻导向孔，初钻时进给量要小
	钻头顶角不对称	正确刃磨
孔径扩大	钻头选择错误	看清图样及检查钻头直径
	切削刃不对称	仔细刃磨，使之对称
	钻头未对准工件中心	检查钻头是否弯曲，装夹是否正确

2）扩孔

扩孔的操作与钻孔的操作基本相同。

3. 铰孔

铰孔是孔的精加工方法之一，在生产中应用很广。铰孔是用铰刀从工件孔壁上切除微量金属层，以提高其尺寸精度和孔表面质量的方法。

1）加工前的准备工作

（1）铰孔余量的确定。铰孔之前先钻孔并留铰孔余量，一般用高速钢铰刀铰削余量取较小值，用硬质合金铰刀取较大值。

（2）铰刀的安装。一种安装铰刀的方法是将刀柄直接或通过钻夹头（对于直柄铰刀）、过渡套筒（对于锥柄铰刀）插入车床尾座套筒的锥孔中。另一种安装铰刀的方法是将铰刀通过浮动套筒插入尾座套筒的锥孔中，使铰刀自动适应工件的轴线以消除偏差。

（3）切削用量的选择。实践表明：切削速度越低，被铰孔的表面粗糙度就越低。一般推荐 $v_c < 5\,\mathrm{m/min}$。铰钢件时，进给量取 $f = 0.2 \sim 1.0\,\mathrm{mm/r}$；铰铸铁或有色金属时，进给量可以再大一些。背吃刀量 a_p 是铰孔余量的一半。

2）铰孔方法

（1）铰通孔。摇动尾座手轮，使铰刀的引导部分轻轻进入孔口，深度 1～2mm。启动车床，加注充分的切削液，双手均匀摇动尾座手轮，进给量约 0.5mm/r，铰刀切削部分的 3/4 超出孔的末端时，反向摇动尾座手轮，将铰刀从孔内退出，将内孔擦净后检查孔径尺寸。

（2）铰盲孔。基本同铰通孔，手动进给当感觉到轴向切削抗力明显增加时，表明铰刀端部已到孔底，应立即将铰刀退出。

在干切削和使用非水溶性切削液铰削情况下，铰出的孔径比铰刀的实际直径略大些。而用水溶性切削液铰削时，由于弹性复变，铰出的孔比铰刀的实际尺寸略小些，铰孔的表面粗糙度较高。

3）铰孔废品分析

铰孔时会产生废品，常见铰孔时产生废品的原因及解决方法如表 2-7 所示。

表 2-7　铰孔时产生废品的原因及解决方法

废品种类	产生原因	解决方法
孔径扩大	铰刀直径太大	仔细测量尺寸，根据孔径尺寸要求，研磨铰刀
	铰刀刃口径向振摆过大	重新修磨铰刀刃口
	尾座偏，铰刀与中心不重合	校正尾座，最好采用浮动套筒
	切削速度太高，产生积屑瘤，并使铰刀温度升高	降低切削速度，加充分的切削液
	余量太多	正确选择切削余量

续表

废品种类	产生原因	解决方法
表面粗糙度值大	铰刀刀刃不锋利及刀刃上有崩口、毛刺	重新刃磨，表面粗糙度要高，刃磨后保管好，不许碰毛
	余量过大或过小	留适当的铰削余量
	切削速度太高，产生积屑瘤	降低切削速度，去除积屑瘤
	切削液选择不当	合理选择切削液

4. 车内孔

车内孔是一种常用的孔加工方法。车内孔就是把铸造孔、锻造孔，或钻、扩出来的孔再加工到更高的精度或更高的表面质量的一种孔加工方法。车孔既可作半精加工，也可作精加工，加工的直径范围比用其他加工方法的范围大，所以，车内孔应用十分广泛。

车内孔用的刀具是内孔车刀，孔的形状不同，车内孔的方法也有差异。

1）加工前的准备工作

（1）车内孔前内孔处理。在车床上进行孔加工时，常常是先使用比孔径约小 2mm 的钻头进行钻孔，然后用车孔刀对孔进行车削加工。

（2）内孔车刀的安装。装刀时，刀尖必须与工件中心线等高或稍高一些，同时车孔刀伸出长度应尽可能短。车孔刀装好后，可先在毛坯孔内走一遍，以防车孔时由于刀柄装得歪斜而碰到孔的表面。

（3）切削用量的选择。由于刀柄刚性较差、内孔不易观察和冷却效果不佳等原因，车内孔的切削用量的选择要比车削外圆要小。特别是当车小孔或深孔时，其切削用量应更小。

2）车削内孔的方法

（1）车通孔。直通孔的车削基本上与车外圆相同，只是进刀和退刀的方向与其相反。在粗车或精车时也要进行试切削。

（2）车台阶孔。车直径较小的台阶孔时，由于观察困难，尺寸精度不好掌握，常先粗、精车小孔，再粗、精车大孔。车大的台阶孔时，在便于测量小孔尺寸而视线又不受影响的情况下，一般先粗车大孔和小孔，再精车小孔和大孔。

（3）车孔深度的控制。车孔深度通常采用粗车时在刀柄上刻线痕作记号或用床鞍刻线来控制，精车时需用小滑板刻度盘或游标深度卡尺等来控制。

（4）车盲孔。车盲孔时，其内孔车刀的刀尖必须与工件的旋转中心等高，否则不能将孔底车平。检验刀尖中心高的简便方法是车端面时进行对刀，若端面能车至中心，则盲孔底面也能车平。

（5）内孔测量。测量孔径尺寸，当孔径精度要求较低时，可以用钢直尺、游标卡尺等进行测量；当孔径精度要求较高时，通常用内测千分尺、塞规或内径量表进行测量，如图 2-38 所示。

3）车孔废品分析

车孔时可能产生的废品种类、产生的原因及解决方法如表 2-8 所示。

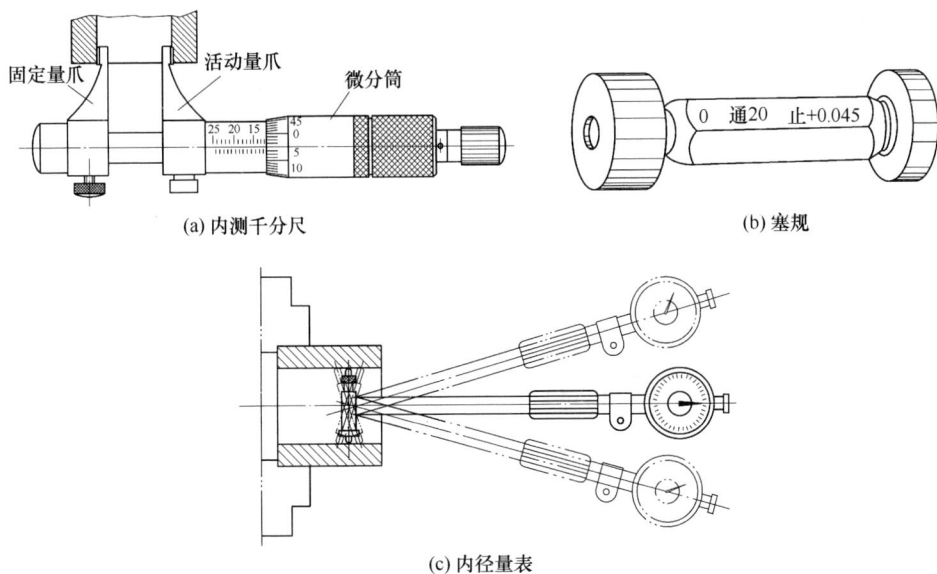

(a) 内测千分尺

(b) 塞规

(c) 内径量表

图 2-38　内孔测量

表 2-8　车孔时常见废品种类、产生的原因及解决方法

废品种类	产生原因	解决方法
尺寸不对	测量不正确	要仔细测量。用游标卡尺测量时，要调整好卡尺的松紧，控制好摆动位置，并进行试车
	车刀安装不对，刀柄与孔壁相碰	选择合理的刀柄直径。开车前检查车刀是否会和内孔相碰
	产生积屑瘤，刀尖过长	研磨前面，使用切削液。增大前角，选择合理的切削速度
	工件的热胀冷缩	工件冷却后再精加工，加切削液
内孔有锥度	刀具磨损	提高刀具的耐用度，采用耐磨的硬质合金车刀
	刀柄刚性差，产生"让刀"现象	尽量采用大尺寸的刀柄，减少切削用量
	刀柄与孔壁相碰	正确安装车刀
	车头轴线歪斜	校正主轴与床身导轨的平行度
	床身不水平，使床身导轨与主轴轴线不平行	校正机床水平
	床身导轨磨损	大修车床
内孔不圆	孔壁薄，装夹时产生变形	选择合理的装夹方法
	轴承间隙太大，主轴颈成椭圆	大修机床，并检查主轴的圆柱度
	工件加工余量和材料组织不均匀	增加半精车，把不均匀的余量车去，使精车余量尽量减少和均匀；对工件毛坯进行回火处理
内孔粗糙度值大	车刀磨损	重新刃磨车刀
	车刀刃磨不良，表面粗糙度值大	保证刀刃锋利，研磨车刀前面
	车刀几何角度不合理，刀尖低于中心	合理选择刀具角度，精车装刀时刀尖可略高于工件中心
	切削用量选择不当	适当降低切削速度，减小进给量
	刀柄细长，产生振动	加粗刀柄和降低切削速度

2.4.2 任务实施：车削内孔件

1. 工艺准备

01 图样分析。车内孔练习工件属于台阶孔，孔的公差等级要求 IT10，长度公差等级 IT11；位置公差有要求，可通过一次装夹车削内外圆来保证。

02 加工准备。

① 看图样，了解加工内容，并检测毛坯及加工余量。

② 安装好 45°、90° 车刀及内孔车刀，并装夹好工件。

③ 选择好切削用量，根据所需的转速和进给量调节好车床上手柄的位置。

④ 材料 45 钢，ϕ50mm×50mm 圆棒。

⑤ 设备、工量具准备。CA6140A 车床；25～50mm 千分尺、150mm 游标卡尺、内径百分表；麻花钻 ϕ15mm、ϕ28mm。

2. 车削步骤

01 用自定心卡盘夹住外圆、校正、夹紧。用 45° 车刀车端面。

02 用 ϕ15mm 钻头钻通孔，用 ϕ28mm 钻头扩孔。

03 调头夹持，车端面，控制长度 45mm。

04 粗车 ϕ30mm、ϕ40mm 内孔，单边留 0.5mm 精车余量，台阶长度 15mm，留 0.2mm 精车余量。

05 精车两内孔到尺寸，孔深 15mm。

06 倒角 $C1$，取下工件。

07 按内孔件评分标准自检和互检。

> **—— 车削内孔件时的注意事项 ——**
>
> 1. 孔壁和内平面相交处要清角。
> 2. 用内径百分表测量不能超过其量程。

考核评价

实训任务完成后，进行总结评价，学生自检（查）、班组长互检（查）与教师过程评价和综合评价相结合。合计分公式及权重由教师拟定。车削内孔件考核评价内容见表 2-9。

表 2-9　车削内孔件考核评价表

序号	考核项目及要求	配分	自检（查）	互检（查）	评分
1	ϕ30mm±0.042mm	20			
2	ϕ40mm±0.05mm	20			
3	(15±0.105) mm	15			
4	◎ ϕ0.025 A	15			
5	45mm	5			
6	$C1$	5			
7	Ra3.2μm（2 处）	10			

序号	考核项目及要求	配分	自检（查）	互检（查）	评分
8	安全文明及现场管理	10			

合计：

总体评价：

任务 2.5 ---- 车槽及切断

☞ **工作任务**

加工槽形零件，图样如图 2-39 所示。

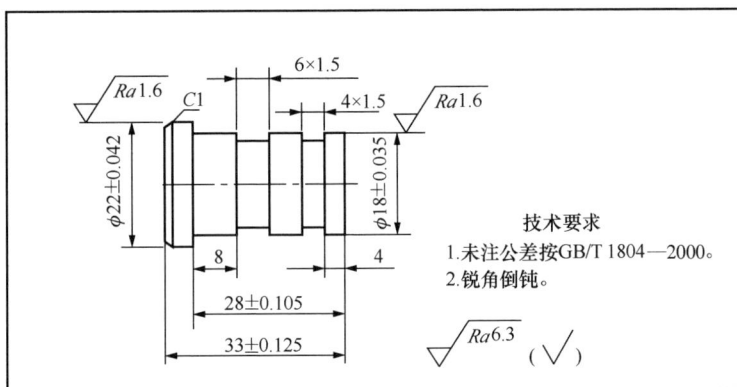

图 2-39　车槽练习件

2.5.1　相关知识：切断刀及其使用方法

切断和车外沟槽是属于同一类型的加工方法。切断加工是基础，车外沟槽是切断加工方法的推广和略加改变后的具体应用。

1. 切断刀结构

切断刀是一种刀头既窄又长、刀柄和车刀完全一样的刀具。切削时，切断刀只作横向进给，刀头的宽度等于切口的宽度。刀头的前方是主切削刃，两侧是副切削刃，起修整作用，可避免夹刀。切断刀排屑条件不好，刀头强度低，装夹后悬伸较长，刚性较低，容易产生振动，刀头容易折断。沟槽车刀结构形状和切断刀基本相同，刃磨、装夹、切削用量等都和切断基本相同。

常用切断刀按刀具材料分可为高速钢切断刀和硬质合金切断刀两类。两类切断刀的基本几何角度的名称和作用相同，只是由于材料不同，结构上各有特点。常用切断刀结构形状及几何角度如图 2-40 所示。

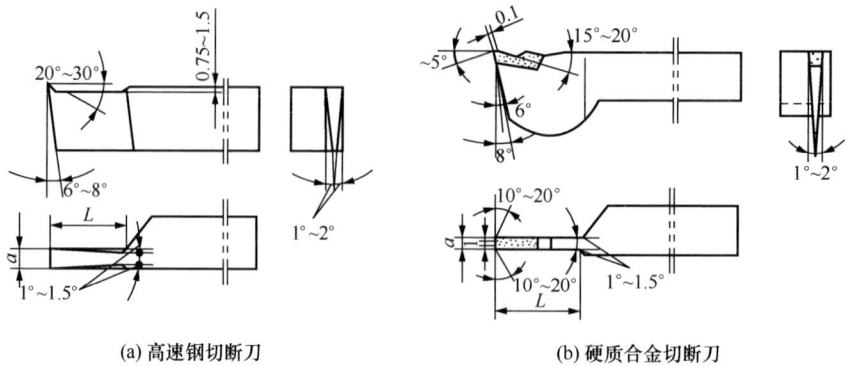

(a) 高速钢切断刀　　　　　　　　　(b) 硬质合金切断刀

图 2-40　切断刀的结构形状及几何角度

2. 切断和车沟槽的方法

1）加工前的准备工作

（1）切断刀的选用。切断刀的选用除了考虑刀具材料和加工方式，还应考虑主切削刃宽度及刀头长度的确定。主切削刃宽度与工件直径有关，具体可根据式（2-3）计算：

$$a \approx (0.5 \sim 0.6)\sqrt{D} \qquad (2-3)$$

式中：a——主切削刃宽度（mm）；

　　　D——工件直径（mm）。

刀头长度可以根据式（2-4）计算：

$$L = h + (2 \sim 3) \qquad (2-4)$$

式中：L——刀头长度（mm）；

　　　h——切入深度（mm）。

（2）切断刀的安装。

① 安装时，切断刀不宜悬伸太长，同时使切断刀的中心线和工件的轴线垂直以保证切断刀两侧副偏角对称。

② 切断实心工件时，切断刀的主切削刃必须严格对准工件的中心。

③ 切断刀底平面应平整，以保证两个副后角对称。

（3）切削用量的选择。切断时的切削用量选择见表 2-10。

表 2-10　切断时的切削用量

工件材料	切削用量				
	进给量/(mm·r^{-1})		切削速度/(m·min^{-1})		背吃刀量/mm
	高速钢	硬质合金	高速钢	硬质合金	高速钢及硬质合金
钢件	0.05～0.10	0.1～0.3	30～40	80～120	切削刃的宽度
铸件	0.1～0.2	0.15～0.25	15～25	60～100	

2）车削的一般步骤及方法

（1）切断。安装切断刀以后要经过手动试切，确认能正常工作以后（切下一个工件）才可以机动进给。切断时，应该浇注充分的切削液进行冷却。

（2）沟槽的车削方法。窄沟槽用主切削刃宽度等于沟槽宽度的切槽刀一次车出。宽沟槽则用切槽刀多次粗车成形，在槽底和两侧各留出精车余量，最后车到要求的尺寸。

切断时的注意事项

1. 用手动切断时，手动进给要均匀，进给量不要过大或过小，即将切断时，要放慢进给速度。操作过程中，要注意观察，一有异常情况，应迅速退出车刀。

2. 如果被切断坯料的表面凹凸不平，最好先把外圆车一刀再切断。

3. 切断部位尽可能靠近卡盘，这样可以增加工件的刚性。

4. 不易切断的工件，可采用分段切断即加大槽宽法。

5. 切断由一夹一顶装夹的工件时，工件不能完全切断，应卸下工件后敲断。

6. 切断时不能用双顶尖装夹工件，否则切断后工件会飞出造成事故。

2.5.2　任务实施：车削槽形零件

1. 工艺准备

01 图样分析。看图样，车削内容包括台阶、两条外沟槽、倒角和切断，车沟槽要选择好定位尺寸。

02 加工准备。

① 材料 45 钢，ϕ25mm 圆钢长棒。

② 检测毛坯及加工余量。

③ 刀具为 45°、90° 车刀及 4mm 宽高速钢切断刀。安装好车刀，并装夹好工件。

④ 根据所需的转速和进给量调节好车床上手柄的位置，选择低速、手动进给加切削液的车削方式。

⑤ 设备、工量具准备：CA6140 车床；0～25mm 千分尺、150mm 游标卡尺。

2. 操作步骤

01 开车。启动车床，使工件旋转。

02 车台阶。车端面，车出即可；车ϕ22mm 外圆，长大于 37mm；车外圆ϕ18mm，长 28mm。

03 车沟槽。以端面作为长度基准，用游标卡尺量出切断刀右刀尖 4mm，车出第一条沟槽；第二条沟槽属于宽沟槽，分两次进给，同理，用游标卡尺量出切断刀左刀尖 20mm，切入，底部留有 0.2mm 余量，退出，移动床鞍 2mm，再次进给车到沟槽尺寸，纵向向左移动 2mm，退出车刀。

04 切断。长度约 34mm。

05 调头装夹。夹在ϕ18mm 处，车端面，控制长度 33mm，倒角 C1。

车削槽形零件时的注意事项

1. 切断刀的安装直接影响切削效果，一定要按规定要求安装。

2. 切断、车槽时切削力较大，工件装夹要牢固，并要防止夹坏工件表面，一定要加切削液冷却。

3. 车槽时，主切削刃要与工件表面平行，以利于槽底的加工。

4. 快切断时，进给要小，以免刀头损坏或发生意外。刀有异常响声，可停机分析产生的原因，再车削。

考核评价

实训任务完成后进行总结评价，学生自检（查）、班组长互检（查）与教师过程评价和综合评价相结合。合计分公式及权重由教师拟定。车削槽形零件考核评价内容见表 2-11。

表 2-11 车削槽形零件考核评价表

序号	考核项目及要求	配分	自检（查）	互检（查）	评分
1	$\phi 22mm \pm 0.042mm$	10			
2	$\phi 18mm \pm 0.035mm$	10			
3	（33 ± 0.125）mm	10			
4	（28 ± 0.105）mm	10			
5	4mm、8mm	16			
6	6mm×1.5mm、4mm×1.5mm	20			
7	$C1$	4			
8	$Ra1.6\mu m$（2 处）	10			
9	安全文明及现场管理	10			
合计：					
总体评价：					

任务 2.6 ···· 车削圆锥面

☞ 工作任务

采用转动小滑板加工内外锥配合件，图样如图 2-41 所示。

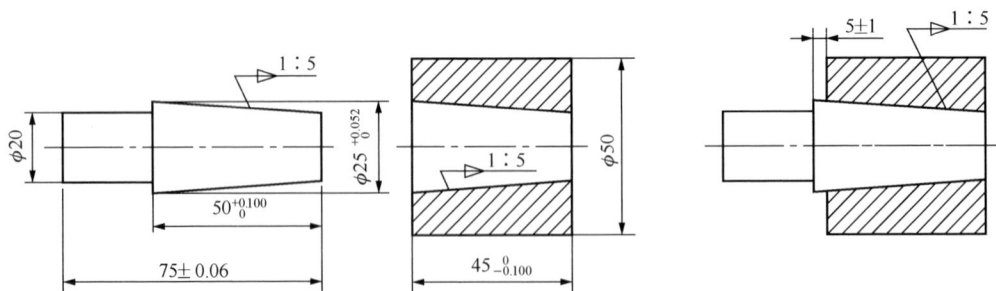

图 2-41 内外锥配合件

2.6.1 相关知识：圆锥面参数及车削方法

圆锥面的配合同轴度高、拆卸方便，当圆锥面较小时（$\alpha < 3°$），能传递很大扭矩，因此，圆锥面在机械中广泛应用。例如，车床主轴前端锥孔、尾座套筒锥孔、锥度心轴、圆锥定位销等都是采用圆锥面配合。

在车床上有多种方法可车削圆锥面。采用不同方法车削圆锥面，对应加工的零件尺寸范围、结构形式、加工精度、使用性能和批量大小有所不同，无论哪一种方法，都是为了使刀具的运动轨迹与零件轴心线成一斜角，从而加工出所需要的圆锥面零件。

1. 圆锥的各部名称和尺寸计算

圆锥表面是由与轴线成一定角度且一端相交于轴线的一条直线段（母线），绕该轴线旋转一周所形成的表面。

（1）圆锥的分类。由圆锥表面和一定轴向尺寸、径向尺寸所限定的几何体，称为圆锥。圆锥又分为外圆锥和内圆锥两种，如图 2-42（a）、（b）所示。

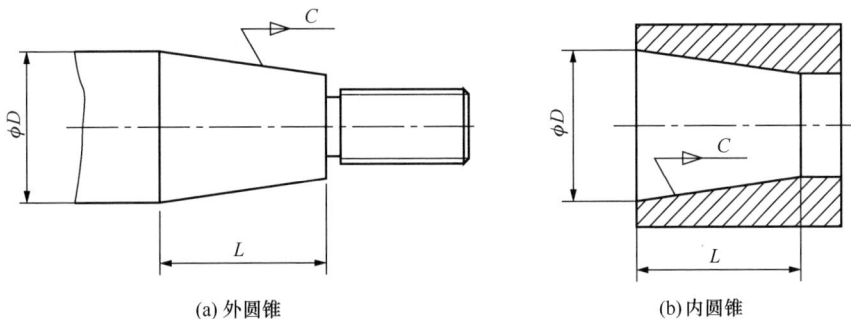

(a) 外圆锥   (b) 内圆锥

图 2-42　外圆锥和内圆锥

（2）圆锥的各部分尺寸计算，如图 2-43 所示。

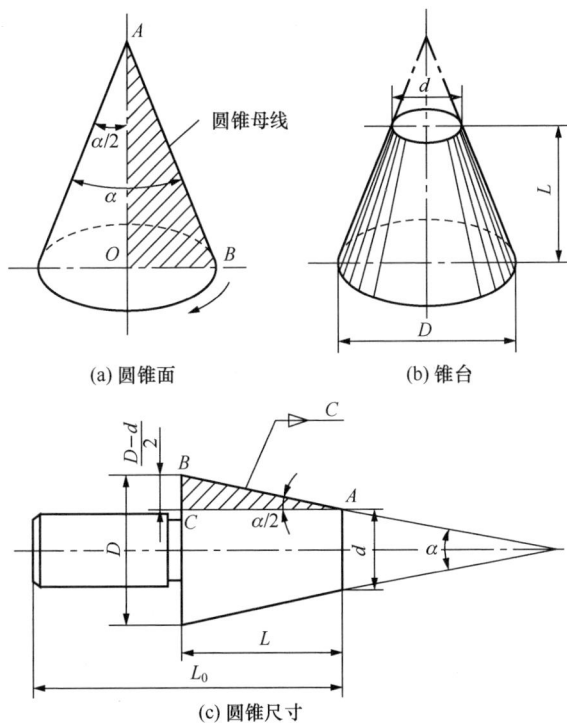

(a) 圆锥面   (b) 锥台

(c) 圆锥尺寸

图 2-43　圆锥的基本参数

圆锥半角 $\alpha/2$ 与其他三个参数的关系为

$$C=\frac{D-d}{L} \quad 或 \quad \tan\frac{\alpha}{2}=\frac{D-d}{2L} \tag{2-5}$$

式中： D ——最大圆锥直径（简称大端直径）（mm）；

      d ——最小圆锥直径（简称小端直径）（mm）；

      α ——圆锥角（°）；

      $\dfrac{\alpha}{2}$ ——圆锥半角（°）；

      L ——最大圆锥直径与最小圆锥直径之间的轴向距离（mm）；

      C ——锥度。

2. 车内、外圆锥体的方法

在车床上车圆锥体的常用方法有以下四种。

1）转动小滑板法

（1）车削方法。转动小滑板一个角度，如图 2-44 所示，使这个角度等于被加工锥体的圆锥半角。使车刀的刀尖在车锥体的过程中，能够沿着被车锥体的母线移动。

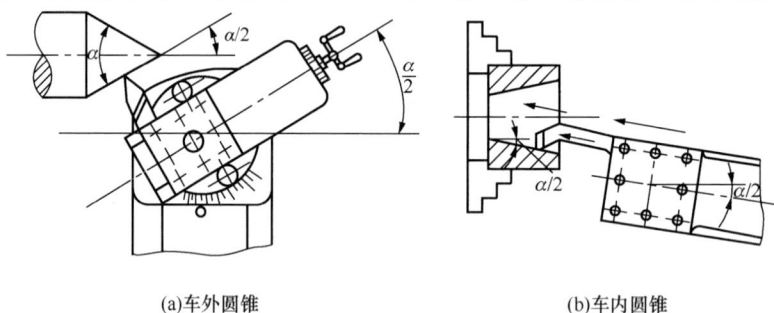

(a)车外圆锥　　　　　　　　　　(b)车内圆锥

图 2-44　车削内外圆锥示意图

（2）转动小滑板法车锥体的优缺点。优点是能车完整锥体和圆锥孔，能车圆锥斜角很大的工件。缺点是小滑板的进给行程受到限制，只能加工短圆锥面且只能手动进给，表面粗糙度难以控制。

2）偏移尾座法

偏移尾座法是将车床的尾座从机床的中心线位置上向一方偏移一段距离来加工锥体的方法。尾座偏移后，装夹在前、后顶尖中间的工件轴线就和车床的中心线不重合了，在两者之间有了一个夹角，这个夹角就是工件的圆锥半角，如图 2-45 所示。

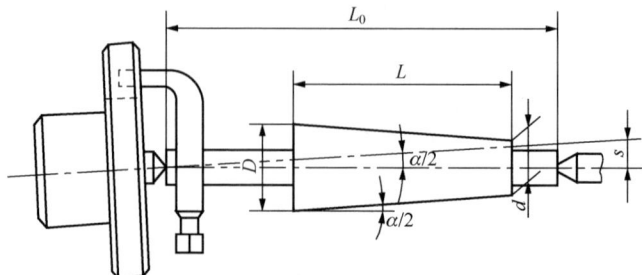

图 2-45　偏移尾座法示意图

（1）偏移量计算。尾座的偏移量不仅和圆锥体的长度有关，而且还和两顶尖之间的距离有关，偏移量计算公式为

$$s=[(D-d)/2L]L_0 \qquad\qquad (2\text{-}6)$$

式中：s ——尾座偏移量（mm）；

　　　　D ——最大圆锥直径（mm）；

　　　　d ——最小圆锥直径（mm）；

　　　　L ——圆锥长度（mm）；

　　　　L_0 ——工件全长（mm）。

（2）偏移操作和偏移量测量。尾座的偏移方向，由工件的锥体方向决定。当工件的小端靠近床尾处时，尾座应向里移动；反之，尾座应向外移动。

① 车床尾座上有刻线，可以由刻线直接读出偏移量。

② 尾座上没有刻线，可以用百分表对偏移量进行测量。

③ 用百分表、检测锥度量棒（或样件）测偏移量。

（3）偏移尾座法车锥体的优缺点。优点是可以实现机动进给，锥体表面质量好，可以车细长锥体。缺点是不能车圆锥斜角较大的工件，不能车锥孔。

3）靠模法

采用靠模法车削圆锥体的前提条件是车床带有靠模附件，所以应用并不普遍，只有在大批量生产才采用，如图 2-46 所示。

用靠模法能够车细长的锥体，并能得到比较高的精度。使用靠模法加工时，车刀能同时纵向和横向机动进给，工件和刀具的位置不需要进行任何调整，只调整靠模。

4）宽刃刀车削法

所谓宽刃刀车削法，是指用宽刃刀直接车出圆锥面的方法（图 2-47）。采用宽刃刀车锥体时，切削刃的宽度要大于被加工锥体的长度。应该保证切削刃和工件轴线的夹角等于圆锥斜角。

由于切削刃宽，切削过程中容易产生振动，因此适宜采用较低的切削速度和较小的进给量进行切削，仅适用于车削短圆锥。

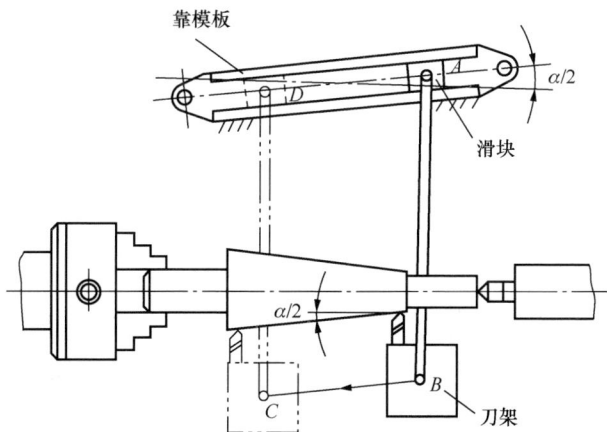

图 2-46　用靠模车圆锥的方法

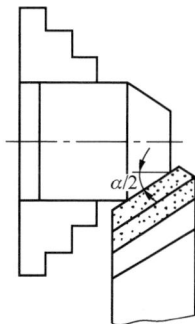

图 2-47　用宽刃刀车圆锥的方法

3. 圆锥的测量

锥度和斜角的测量方法有多种，选用哪一种测量方法比较适合，应该根据被检测的对象和要求来确定。

1）游标万能角度尺检测

用游标万能角度尺检测时的测量精度不高，只适用于单件小批量生产。

2）样板检测

样板是专门制造的测量工具，观察样板和工件侧面中间的透光程度可判断加工精度。图 2-48 是用样板检测圆锥齿轮在加工轮齿前的毛坯。样板使用方便，测量精度较高，并且精度稳定。测量时要保证样板的正确位置，应该使样板的工作面严格和圆锥母线重合。

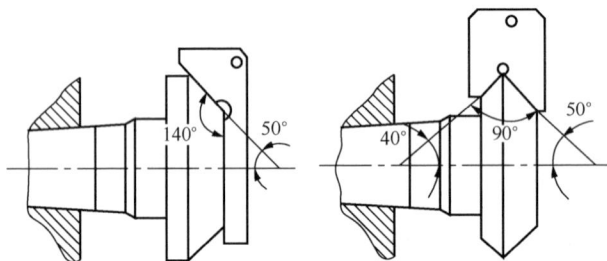

图 2-48　样板检测

3）标准锥度量规检测

当工件是标准圆锥时，用标准锥度量规来测量工件。锥度量规由塞规和套规组成，塞规用来测量锥孔，套规用来测量锥体。图 2-49 是莫氏锥度界限量规的图形。

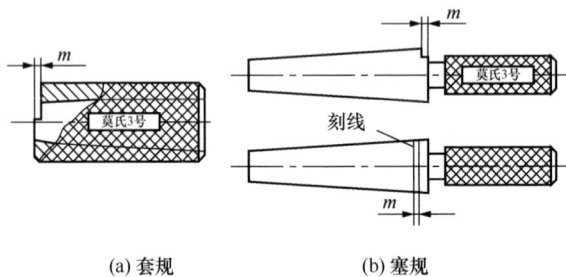

(a) 套规　　　　(b) 塞规

图 2-49　用莫氏锥度界限量规检测

（1）使用塞规检测圆锥孔锥度的方法。用塞规检测圆锥孔时，使用着色检测法。先在塞规的工作表面上沿母线方向均匀涂上三条（间隔 120° 涂一条）有颜色的显示剂，将涂好色的塞规塞进锥孔中并转动半圈，然后取出，观察显示剂被擦掉的情况，如图 2-50 所示。如果显示剂被均匀擦掉，则说明在整个锥面上都接触良好，圆锥孔的锥度是正确的。如果大端的显示剂被擦掉，而小端的没有被擦抹，则说明圆锥度大了；反之，说明圆锥度小了。如果显示剂只在中间部位被

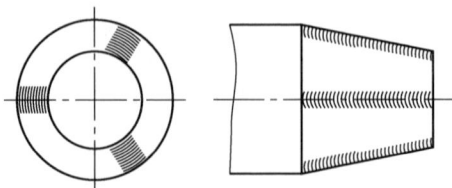

图 2-50　着色法检测

擦去，说明圆锥母线不是直线。

（2）使用套规检测圆锥体锥度的方法。具体的操作方法、观察结果、分析方法与利用塞规检测锥孔的方法基本相同，不同的只是将显示剂涂在工件上较为方便。

4. 产生废品原因分析及解决方法

车锥面常见的废品产生原因及解决方法如表 2-12 所示。

表 2-12　车锥面常见的废品产生原因及解决方法

废品种类	产生原因	解决方法
锥度不正确	用转动小滑板法车削时： （1）小滑板转动角度计算错误。 （2）小滑板移动时松紧不匀	（1）仔细计算小滑板应转的角度和方向，并反复试车找正。 （2）调整镶条使小滑板移动均匀
	用偏移尾座法车削时： （1）工件长度不一致。 （2）尾座偏移位置不正确	（1）如果工件数量较多，各件的长度必须一致。 （2）重新计算和调整尾座偏移量
	用靠模法车削时： （1）靠模角度调整不正确。 （2）滑块与靠板配合不良	（1）重新调整靠板角度。 （2）调整滑块和靠板之间的间隙
	用宽刃刀车削时： （1）装刀不正确。 （2）切削刃不直	（1）调整切削刃的角度和对准中心。 （2）修磨切削刃的直线度
大小端尺寸不正确	没有经常测量大小端直径	经常测量大小端直径，并按计算尺寸控制背吃刀量
双曲线误差	车刀刀尖没有对准工件轴线	装刀时，车刀刀尖必须严格对准工件轴线

▌ 2.6.2　任务实施：车削内外圆锥配合件

1. 工艺准备

01 图样分析。根据图样可知，加工件属于典型的内外圆锥配合工件，采用转动小滑板方法车削。对于两个锥度工件的配合，一般先加工外圆锥，再以外圆锥作为检具加工内圆锥。

02 加工准备。

① 材料 45 钢，ϕ30mm×80mm、ϕ52mm 圆棒。

② 看图样，了解加工内容，并检测工件加工余量。

③ 45°、90° 车刀，内孔车刀和切断刀。

④ 选择好切削用量，根据所需的转速和进给量调节好车床上手柄的位置。

⑤ 设备、工量具准备：CA6140 车床；0～25mm 千分尺、150mm 游标卡尺、游标万能角度尺或角度样板；ϕ2.5mm 中心钻，ϕ10mm、ϕ18mm 麻花钻；红丹粉等。

2. 车削步骤

01 取 ϕ30mm×80mm 棒料，用自定心卡盘夹住，留长 60mm 左右。车好端面，车去余量约 2mm。

02 粗车φ25mm，留余量 2mm。

03 调头夹住另一端，留长 30mm 左右，车端面，控制长度尺寸 75mm。

04 车φ20mm 到尺寸，保证长度 25mm。

05 调头夹住另一端，留长 60mm 左右，车φ25mm 到尺寸。

06 用转动小滑板法加工锥度（5°42′38″）。加工好后取下工件。

07 取φ52mm 棒料，用自定心卡盘夹住，留长 60mm 左右，车平端面，外圆车削到尺寸。

08 钻中心孔、钻孔、扩孔到φ18mm，孔深约 50mm 切断，切下长度为 47mm。

09 车端面，保证长度 45mm。

10 反装内孔车刀，使前刀面朝下，主轴开反转对内圆锥进行车削，涂色检验。

> **车削内外圆锥配合件时的注意事项**
>
> 1. 在尾架偏置各刀架转位练习后，注意对机床进行复原。
> 2. 无论用哪种方法车锥度，刀尖必须对准工件的旋转中心，以防止出现误差。
> 3. 精车圆锥表面时，不允许中间换刀、磨刀等，应一次走刀车完。
> 4. 用游标万能角度尺、角度样板检测锥度时，测量面一定要过工件中心。
> 5. 涂色检验内外圆锥的配合时，相对转动一般不超过 1/3 圆周。

▌考核评价

实训任务完成后，进行总结评价，学生自检（查）、班组长互检（查）与教师过程评价和综合评价相结合。合计分公式及权重由教师拟定。车削内外圆锥配合件考核评价内容见表 2-13。

表 2-13　车削内外圆锥配合件考核评价表

序号	考核项目及要求		配分	自检（查）	互检（查）	评分
1	尺寸	$\phi25^{+0.052}_{0}$ mm	10			
2		$\phi20$mm、$\phi50$mm	4			
3		（75±0.06）mm	6			
4		$50^{+0.100}_{0}$ mm	10			
5		$45^{0}_{-0.100}$ mm	10			
6	锥度	1∶5	20			
7		（5±1）mm	10			
8	配合	着色面积≥70%	20			
9	管理	安全文明及现场管理	10			

合计：

总体评价：

任务 **2.7** ---- 车削成形面 ----

☞ **工作任务**

练习用双手控制法车单球手柄，图样如图 2-51 所示。

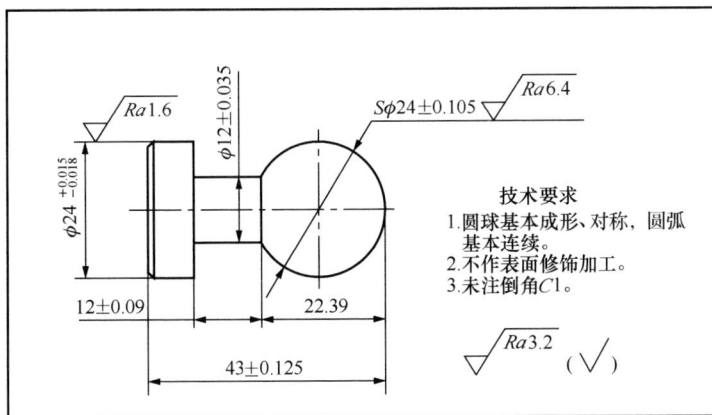

图 2-51　单球手柄

2.7.1　相关知识：成形面的车削及检验方法

机器上有些零件表面的母线是直线，而有些零件表面的母线是曲线，如单球手柄、圆球、凸轮等。这些带有曲线的表面称为成形面。

对于成形面零件的加工，可根据产品的特点、精度及生产批量大小等不同情况，分别采用不同的加工方法，如双手控制法、成形法、靠模法、专用工具法及铣削等方法加工。有的表面还要进行表面修饰加工，如抛光、研磨、滚花等。

1. **车削成形面的一般方法**

成形面的车削一般有三种加工方法，分别为双手控制法、成形刀法和靠模法。

（1）双手控制法。如图 2-52 所示，双手控制法是利用双手同时摇动纵向、横向手柄，通过双手合成运动，控制车刀刀尖运行的轨迹与所需加工成形面的母线相符，从而车削出成形面。

在生产中，通常是左手控制中滑板手柄，右手控制小滑板手柄，但考虑到劳动强度和操作者的习惯，也可采用左手控制床鞍手柄和右手控制中滑板手柄的方法，同时协调动作来进行加工。

双手控制法车成形面的特点是灵活、方便，简单易行，不需要其他辅助工具，但需较高的个人操作技术水平，适用于精度要求不高、单件小批成形面工件的生产。

（2）成形刀法。如图 2-53 所示，成形刀法是利用刀刃形状与成形面轮廓相对应的成形刀进行成形面的车削加工。

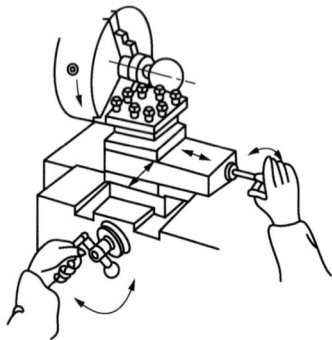

图 2-52 双手控制法

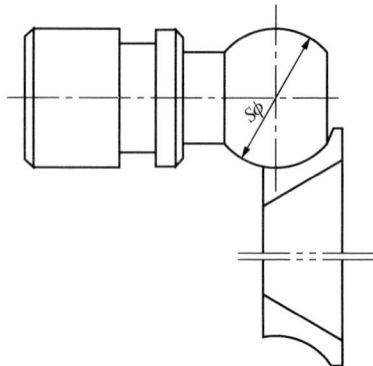

图 2-53 成形刀法

用成形刀法车削加工成形面时，车刀只作横向进给，加工精度主要靠刀具保证。由于切削面积较大，易引起振动，加工时切削用量应取小些，工件的装夹必须牢靠，并保持良好的冷却润滑条件。成形方法多在成批加工较短的成形面时使用。

2. 成形面的检验

成形面一般使用样板来检验。用样板检验成形面工件的方法见图 2-54。检验时，必须使样板的方向与工件轴线一致。可以由样板与工件之间通过透光或塞尺来判断缝隙的大小，进而判断成形面是否符合图样要求。表面粗糙度可用目测或比较法来判定。在车削和检验圆球时，可用外径千分尺变换几个方向来测量圆球的直径圆度误差。

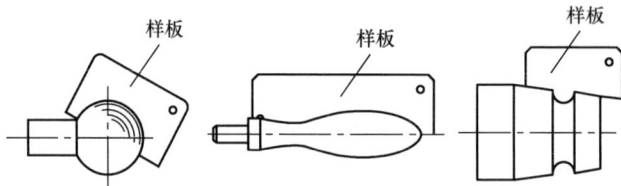

图 2-54 用样板检验成形面

2.7.2 任务实施：车削单球手柄

1. 工艺准备

01 图样分析。根据图样可知，单球手柄属于较典型的成形面零件，车削前要计算球体的长度，车削时要掌握双手移动的速率变化规律，这也是练习的难点和重点。

① 球体长度的计算。单球手柄如图 2-55 所示，其长度 L 计算为

$$L=\frac{1}{2}\left(D+\sqrt{D^2-d^2}\right) \tag{2-7}$$

式中：L——球体长度（mm）；

　　　D——圆球直径（mm）；

　　　d——柄部直径（mm）。

② 双手移动速率变化规律。双手移动速率变化规律如图 2-56 所示。a 区域变化规律，横向移动速率移动要比纵向快（设定球体从 1 点开始车削）；b 区域变化规律，纵向移动速率移动要横向比快；理论上在 2 点的位置横向、纵向移动速率相同。

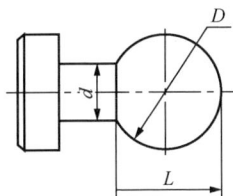

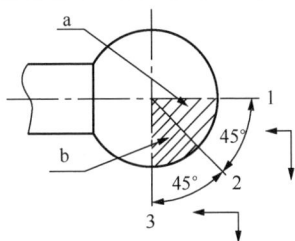

图 2-55　单球手柄　　　　　　　　图 2-56　双手移动速率变化规律

02 加工准备。

① 材料 45 钢，ϕ25mm～ϕ30mm 圆棒。

② 检测毛坯及加工余量。

③ 车刀包括圆头车刀（硬质合金、R2～3mm）及 45°、90° 车刀和切断刀，安装好车刀，并装夹好工件。

④ 根据所需的转速和进给量调节好车床上手柄的位置。

⑤ 设备、工量具准备：CA6140 车床；0～25mm 千分尺、150mm 游标卡尺及 R12mm 半径样板。

2. 操作步骤

01 开车。启动车床，使工件旋转。

02 车端面。夹紧工件伸出长度大约 60mm，车端面车出即可。

03 车外圆及沟槽。车外圆ϕ24.5mm（留球面 0.5mm 余量），长度略大于 47mm、车沟槽ϕ12mm、宽度 12mm（控制点 22.39）。

04 车球体。用 45° 车刀轻划圆球中线（离端面 12mm），用 45° 车刀粗车圆球两侧（相当于倒角），用圆头车刀粗、精车球面，用半径样板透光法检测。精车ϕ24mm，长度约略大于 47mm。

05 切断。控制长约 44mm。

06 调头车总长。调头装夹车端面，控制长度（43±0.125）mm，倒角 C1。

考核评价

实训任务完成后，进行总结评价，学生自检（查）、班组长互检（查）与教师过程评价和综合评价相结合。合计分公式及权重由教师拟定。车单球手柄考核评价内容见表 2-14。

表 2-14　车单球手柄考核评价表

序号	考核项目及要求		配分	自检（查）	互检（查）	评分
1	尺寸	$\phi 24 ^{+0.015}_{-0.018}$ mm	15			
2		$\phi 12$mm±0.035mm	15			
3		（43 ± 0.125）mm	10			
4		（12 ± 0.09）mm	10			
5		$C1$	2			
6	球体	$S\phi 24$mm±0.105mm	20			
7		技术要求 1	10			
8		$R6.4$mm	8			
9	管理	安全文明及现场管理	10			

合计：

总体评价：

任务 2.8　车削三角形螺纹

☞ 工作任务

练习车削堵头零件，图样如图 2-57 所示。

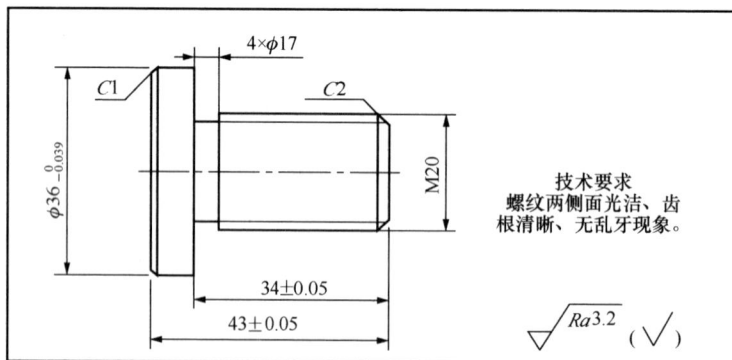

图 2-57　堵头

2.8.1　相关知识：螺纹参数及车削方法

机器制造中很多零件都带有螺纹，螺纹用途十分广泛，起联结或传递动力作用。螺纹的加工方法多种多样，对数量较少或批量不大的螺纹工件常采用车削的方法。

1. 螺纹基础知识

螺纹是指在圆柱表面上，沿着螺旋线所形成的，具有相同剖面的连续凸起和沟槽。

螺纹的种类很多，按用途不同分为连接螺纹和传动螺纹；按牙型特点可分为三角形螺纹、矩形螺纹、锯齿形螺纹和梯形螺纹等，其中，三角形螺纹又包括普通螺纹、英制螺纹和管螺纹；按螺旋线方向可分为右旋螺纹和左旋螺纹；按螺旋线的多少又可分为单线螺纹和多线螺纹；按螺纹母体形状可分为圆柱螺纹和圆锥螺纹等。

2. 螺纹术语

（1）螺旋线。如图 2-58 所示，用底边等于圆柱周长的直角三角形绕圆柱旋转一周，斜边 AC 在圆柱面上形成的曲线就是螺旋线。

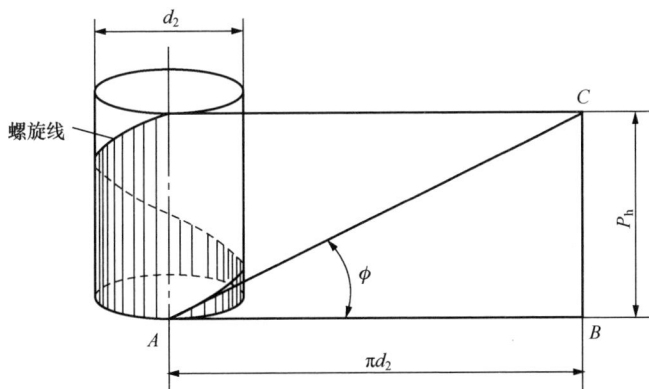

图 2-58　螺旋线

（2）螺纹牙型、牙型角和牙型高度。螺纹牙型是在螺纹轴线平面内，螺纹的轮廓形状；牙型角是螺纹牙型上，相邻两牙侧间的夹角；牙型高度是螺纹牙体的，牙顶到牙底之间，垂直于轴线的距离，如图 2-59 所示。

（3）螺纹直径。公称直径代表螺纹尺寸的直径，指螺纹大径的基本尺寸。

外螺纹大径（d）亦称外螺纹顶径；

外螺纹小径（d_1）亦称外螺纹底径；

内螺纹大径（D）亦称外螺纹底径；

内螺纹小径（D_1）亦称外螺纹孔径；

中径（D_2、d_2）是一个假想圆柱的直径，母线通过牙型上沟槽和凸起宽度相等的地方。

（4）螺距（P）。相邻两牙在中径线上对应两点间的轴向距离。

（5）螺纹升角。在中径圆柱上，螺旋线的切线与垂直螺纹轴线的平面的夹角。

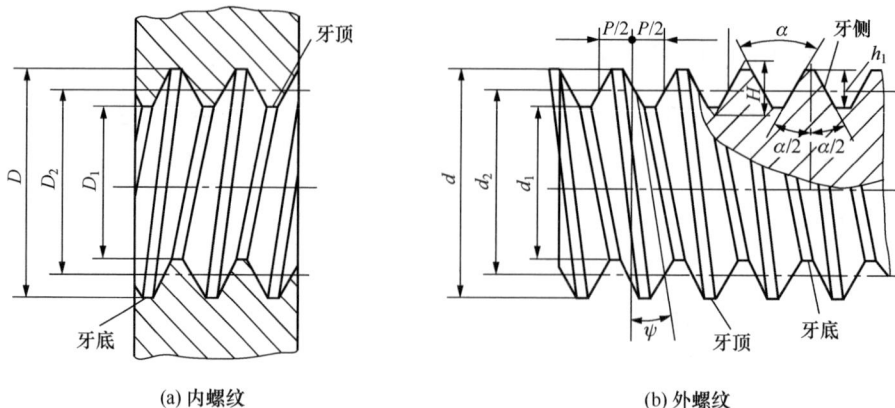

(a) 内螺纹   (b) 外螺纹

图 2-59　螺纹术语

3. 普通螺纹的尺寸和代号

1）普通螺纹主要尺寸计算

普通螺纹主要尺寸计算见表 2-15 所示。

表 2-15　普通螺纹主要尺寸计算方法

名称		计算公式
牙形角		60°
螺距（P）及导程（P_h）		P 由螺纹标准确定 $P_h = n \times P$，n 为螺纹线数
外螺纹牙高		$H/4 = 0.5413P$
外螺纹	大径（d）	$d = D$（公称直径）
	小径（d_1）	$d_1 = d - 1.0825P$
内螺纹	大径（D）	$D = d$
	小径（D_1）	$D_1 = d - 1.0825P$
中径（D_2、d_2）		$D_2 = d_2 = d - 0.6495P$
齿底半径		$r = 0.144P$

2）螺纹代号

（1）普通螺纹。特征代号用字母"M"表示。M 后的数字表示公称直径，如普通粗牙螺纹 M12，螺距可以熟记或通过查阅标准获得。细牙螺纹必须标注螺距，如 M16×1.25 表示为细牙普通螺纹，螺距为 1.25。

单线螺纹的尺寸代号为"公称直径×螺距"。

多线螺纹的尺寸代号为"公称直径×P_h 导程（P 螺距）"。

对左旋螺纹，应在旋合长度代号之后标注"LH"代号。

（2）管螺纹。管螺纹有 55°密封管螺纹、55°非密封管螺纹和 60°圆锥管螺纹三种。

55°密封管螺纹标记由螺纹特征代号和尺寸代号组成。

（3）英制螺纹。英制螺纹在我国应用较少，牙型角为 55°。螺距与公制换算公式为

$$P = 1 \text{in}/n = 25.4/n \text{（mm）}$$

式中：P——螺距；

n——齿数。

4. 螺纹车刀及刃磨

1）螺纹车刀基本要求

螺纹车刀属于成形刀具，要保证螺纹牙型精度，必须正确刃磨和安装车刀。具体要求如下：

（1）车刀的刀尖角一定要等于螺纹的牙型角。

（2）精车时车刀的纵向前角应等于0°；粗车时允许有5°～15°的纵向前角。

（3）因受螺纹升角的影响，车刀两侧面的后角应刃磨得不相等，进给方向后角应较大，一般应保证侧面均有3°～5°的工作后角。

（4）车刀侧刃的直线性要好。

2）普通三角螺纹车刀

车刀从材料上分，有高速钢螺纹车刀和硬质合金螺纹车刀两种。

（1）高速钢螺纹车刀。高速钢螺纹车刀刃磨方便、切削刃锋利、韧性好，能承受较大的切削冲击力，车出螺纹的表面粗糙度值小。但它的耐热性差，不宜高速车削，所以常用来低速车削或作为螺纹精车刀。高速钢螺纹车刀的几何形状及角度如图2-60所示。

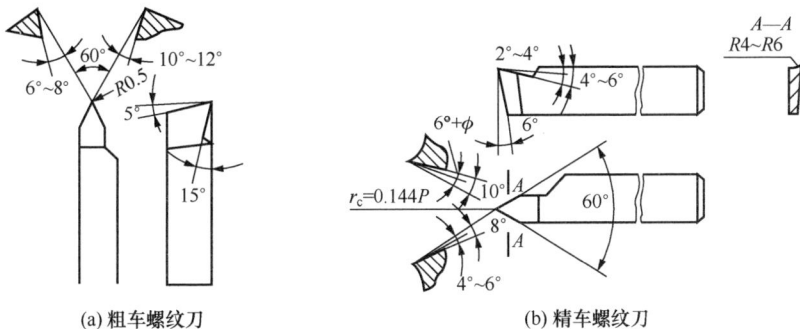

(a) 粗车螺纹刀　　　　　　　　　　　　　　(b) 精车螺纹刀

图 2-60　高速钢螺纹车刀

（2）硬质合金螺纹车刀。硬质合金螺纹车刀的硬度高、耐磨性好、耐高温，但抗冲击能力差，适合高速切削。高速车削螺纹时，因挤压力较大会使牙型角增大，所以车刀的刀尖角应磨成59°30′。硬质合金车刀的几何形状如图2-61所示。

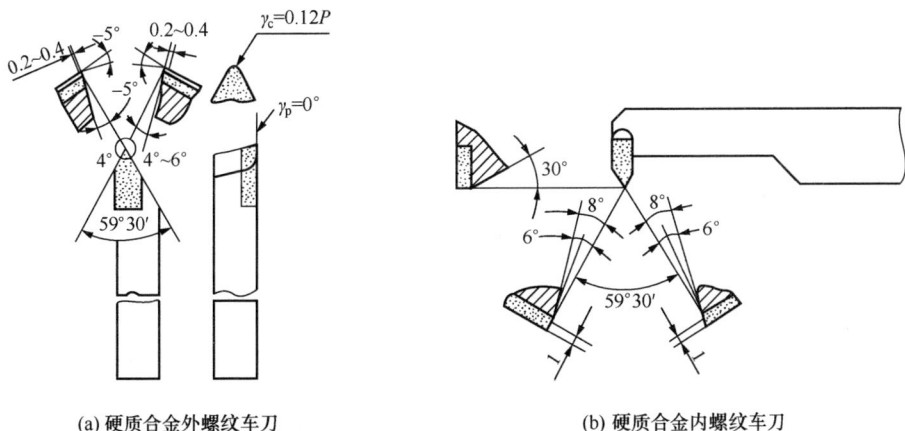

(a) 硬质合金外螺纹车刀　　　　　　　　　　(b) 硬质合金内螺纹车刀

图 2-61　硬质合金螺纹车刀

3）螺纹车刀的刀磨

（1）刃磨步骤。刃磨步骤分粗磨后刀面、粗磨前刀面、精磨、磨刀尖圆弧四步，图2-62所示为刃磨高速钢三角形外螺纹车刀的方法。

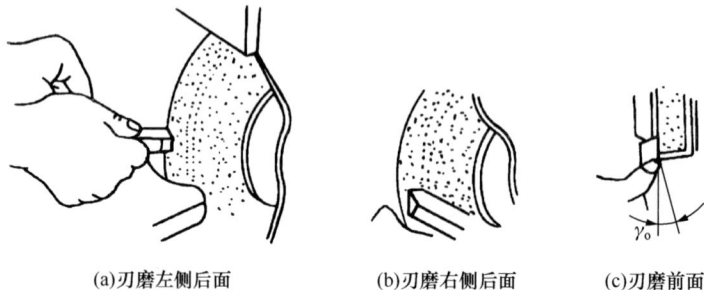

(a)刃磨左侧后面　　　　(b)刃磨右侧后面　　　　(c)刃磨前面

图2-62　刃磨高速钢三角形外螺纹车刀

（2）刃磨检查。螺纹车刀刃磨是否正确，一般可用样板做透光检查，如图2-63所示。

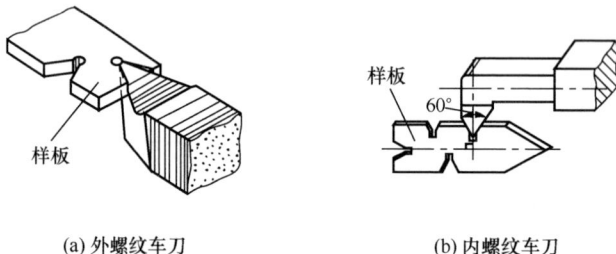

(a) 外螺纹车刀　　　　(b) 内螺纹车刀

图2-63　用螺纹样板检查刀尖角

5. 车三角形螺纹

1）加工螺纹时车床的调整

（1）从图样或相关资料中查出所需加工螺纹的导程，并在车床进给箱上表面的铭牌上找到相应的导程，读取相应的交换齿轮的齿数和手柄位置。

（2）根据铭牌上标注的交换齿轮的齿数和手柄位置，进行交换和调整。

（3）在车削螺纹时，合上开合螺母，常采用的是开倒顺车法车削，可预防车螺纹时乱牙。

2）螺纹车刀的安装

车刀刀尖角的中心线必须与工件轴线严格保持垂直，车螺纹时的对刀方法如图 2-64 所示。

3）车削三角型螺纹的方法

车削三角螺纹的方法有低速车削和高速车削两种。低速车削使用高速钢螺纹车刀，高速车削使用硬质合金螺纹车刀。低速车削精度高、表面粗糙度值小，但效率低。高速车削效率高，能比低速切削提高15～20倍，只要措施合理，也可获得较小的表面粗糙度值。因此，高速车削螺纹在生产实践中被广泛采用。

（1）低速车削的方法。常用的螺纹车削进给方式有三种，包括直进法、左右切削法和斜进法。其示意图如图2-65所示。

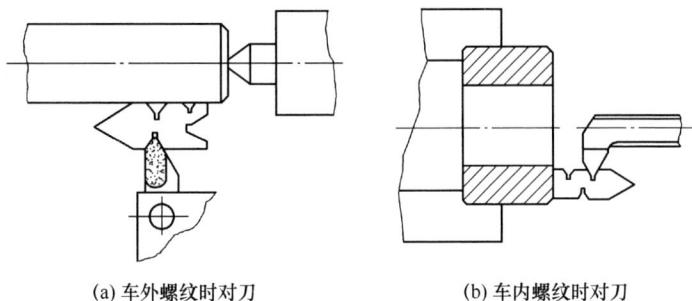

(a) 车外螺纹时对刀　　　　(b) 车内螺纹时对刀

图 2-64　车螺纹的对刀方法

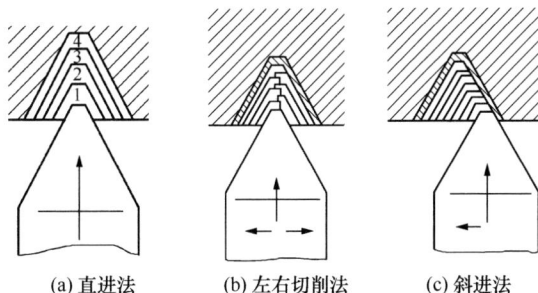

(a) 直进法　　　　(b) 左右切削法　　　　(c) 斜进法

图 2-65　车螺纹进给方式示意图

① 直进法。车削时只用中滑板横向进给，在几次行程中把螺纹车成形，如图 2-65（a）所示。直进法车削螺纹容易保证牙型的正确性，但这种方法车削时，车刀刀尖和两侧切削刃同时进行切削，切削力较大，容易产生扎刀现象，因此，只适用于车削较小螺距的螺纹。

② 左右切削法。车削时，除了用中滑板进给，同时利用小滑板的刻度把车刀左、右微量进给（俗称借刀），这样重复切削几次工作行程，直至螺纹的牙型全部车好，这种方法称为左右切削法，如图 2-65（b）所示。

采用左右切削法车削螺纹时，车刀只有一个侧面进行切削，不仅排屑顺利，也不易扎刀。但在精车时，车刀左右进给量一定要小，否则易造成牙底过宽或牙底不平。

③ 斜进法。粗车时为操作方便，除直进外，小滑板只向一个方向作微量进给，如图 2-65（c）所示。采用斜进法车削螺纹，操作方便、排屑顺利，不易扎刀，但只适应于粗车，精车时还必须用左右切削法来保证螺纹精度。

（2）高速车削三角形外螺纹的方法。高速车削三角螺纹只能采用直进法。可取较高的切削速度，例如，车钢料使用 YT15 牌号的硬质合金螺纹车刀，切削速度可取 $v_c = 50 \sim 100\,\mathrm{m/min}$。

高速车螺纹时应注意工件必须装夹牢固，应集中注意力进行操作，尤其是车削带有台阶的螺纹时，要及时把车刀退出。

4）车螺纹时废品产生的原因分析及解决方法

车螺纹时废品产生的原因分析及解决方法见表 2-16。

表2-16 车螺纹时废品产生的原因分析及解决方法

废品种类	产生原因	解决方法
中径尺寸不正确	中滑板刻度不准	精车时，检查刻度盘是否松动
	高速切削时，切入深度未掌握好	应严格掌握螺纹的切入深度，并及时测量工件
螺距不正确	进给箱手柄位置调整错误	在车削第一个工件时，用钢直尺测量螺距的尺寸是否正确
牙型不正确	车刀安装不正确，产生牙型误差	一定要使用螺纹样板对刀
	车刀刀尖角刃磨得不正确	正确刃磨和测量刀尖角
	车刀磨损	及时修磨车刀
牙侧表面粗糙度值大	高速切削螺纹时，切削厚度太小	高速切削螺纹时，最后一刀切削厚度一般不小于0.1mm
	有积屑瘤产生	用高速钢车刀应降低切削速度，并加注切削液
	刀柄刚性不够，切削时引起振动	刀柄不要伸出过长
	车刀刃口磨得不光洁，或在车削中损伤了刃口	提高车刀刃磨质量
牙型乱牙	车床丝杠螺距不是工件螺距的整数倍时，直接起动开合螺母车削螺纹	当车床丝杠螺距不是工件螺距整数倍时，采用开倒顺车方法车螺纹
	开倒顺车车螺纹时，开合螺母抬起	调整开合螺母的镶条，用重物挂在开合螺母的手柄上
扎刀和顶弯工件	车刀前角太大，中滑板丝杠间隙较大	减小车刀前角，调整中滑板的丝杠间隙
	工件刚性差，而切削用量选择太大	选择合理的切削用量，增加工件的装夹刚性

6. 螺纹的测量

螺纹测量有单项测量和综合测量两种方法。

1）单项测量

（1）螺距的测量。螺距一般用钢直尺或螺距规进行测量，如图2-66所示。用钢直尺测量时，因为普通螺纹的螺距一般较小，最好量10个螺距的长度，除以10，很容易得出一个正确的螺距尺寸。

测量英制螺纹、管螺纹，可通过测量英寸长度中的牙数来计算。细牙螺纹或每25.4mm长度内牙数较多的管螺纹，可用螺距规来测量。

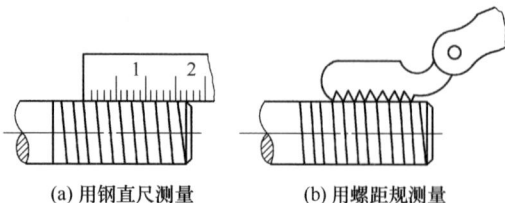

(a) 用钢直尺测量   (b) 用螺距规测量

图2-66 螺距的测量

（2）大径的测量。大径可使用游标卡尺或外径千分尺测量。

（3）中径的测量。三角螺纹的中径可用螺纹千分尺（图2-67）或用单针、三针测量法测量。

2）综合测量

螺纹的综合测量可使用螺纹量规。用螺纹塞规检验工件内螺纹，如图 2-68 所示；用螺纹环规检验工件外螺纹，如图 2-69 所示。

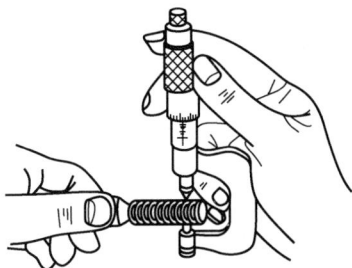

图 2-67 螺纹千分尺及其测量原理　　　　图 2-68 螺纹塞规

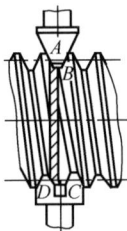

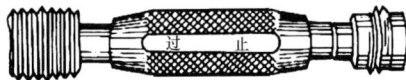

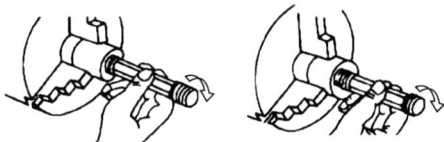

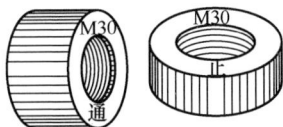

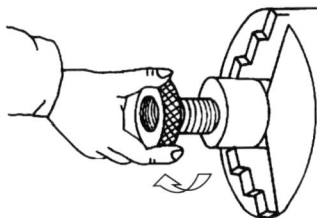

图 2-69 螺纹环规

（1）螺纹塞规。测量工件时，只有当通端能顺利旋合通过，而止端又不能通过工件时，才表明该螺纹合格。

（2）螺纹环规。螺纹环规用来检测外螺纹，用螺纹环规的通端检验工件时，应能顺利旋入并通过工件的全部外螺纹，而用止端检验时，不能通过工件的外螺纹，说明该螺纹合格。

2.8.2　任务实施：车削堵头

1. 工艺准备

01 图样分析。根据图样可知，堵头属于较简单的螺纹工件，由于螺距不大，可采用低速、直进、利用开倒顺车法来车削三角形螺纹。

02 加工准备

① 材料 45 钢，ϕ40mm 圆棒。

② 看图样，了解加工内容，并检测工件加工余量。

③ 车刀包括高速钢螺纹车刀（螺距 2.5mm）及 45°、90° 车刀和切断刀（4mm）。

④ 选择好切削用量，根据所需的转速和进给量调节好车床上手柄的位置。

⑤ 设备、工量具准备：CA6140 车床；0～25mm、25～50mm 千分尺、150mm 游标卡尺、M20 螺纹环规或普通 M20 螺母。

2. 车削步骤

01 车台阶及沟槽。自定心卡盘装夹工件，留长 60mm 左右；车好端面，车外圆

ϕ36mm、长度略大于 47mm，车外圆ϕ20mm、长度 34mm；车沟槽 4×ϕ17mm（左刀尖定位）；倒角 C2。

02 车螺纹。调整车床上手柄至 M20 螺距；试切检验螺距 2.5mm，粗、精车螺纹（分多次）；检验（合格）；退出。

03 车总长。切断工件，控制长约 44mm（右刀尖定位）；调头装夹车端面，长度（43±0.125）mm，倒角 C1。

车削堵头时的注意事项

1. 退刀和倒车（或起开合螺母）必须及时、动作协调。初学者可事先进行空行程练习。

2. 初学车螺纹，一般宜采用较低的切削速度，并特别注意在练习操作过程中注意力要集中。

3. 车螺纹时，只有在检验螺纹合格后，开合螺母才可分开。

▌考核评价

实训任务完成后，进行总结评价，学生自检（查）、班组长互检（查）与教师过程评价和综合评价相结合。合计分公式及权重由教师拟定。车削三角形螺纹考核评价内容见表 2-17。

表 2-17　车削三角形螺纹考核评价表

序号	考核项目及要求		配分	自检（查）	互检（查）	评分
1	尺寸	$\phi 36^{\ 0}_{-0.039}$ mm	10			
2		4×ϕ17mm	6			
3		（43±0.05）mm	10			
4		（34±0.05）mm	10			
5		C2、C1	4			
6	螺纹	M20（螺母检验）	25			
7		技术要求	25			
8	管理	安全文明及现场管理	10			

合计：

总体评价：

任务 2.9 ---- 车削偏心工件 ----

☞ 工作任务

用自定心卡盘安装车削偏心轴，图样如图 2-70 所示。

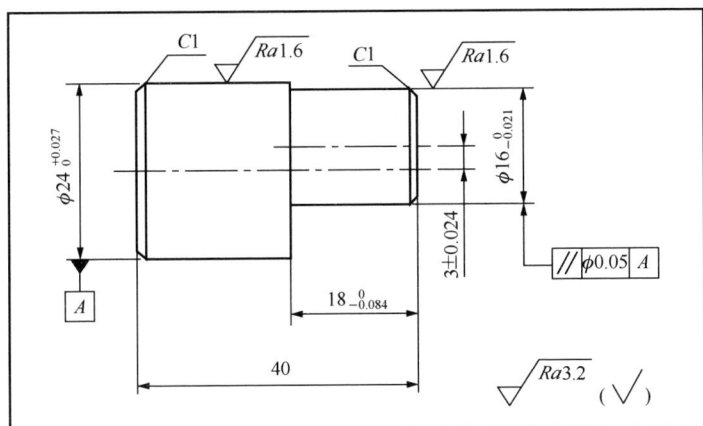

图 2-70　偏心轴

2.9.1　相关知识：偏心工件的装夹及检测方法

在机械传动中，由回转运动变为往复运动，往往通过应用偏心轴、偏心孔或曲轴来完成。偏心轴即工件的外圆和外圆之间的轴线平行而不相重合。偏心套即工件的外圆和内孔的轴线平行而不相重合，这两条轴线之间的距离称为偏心距。

在加工上，偏心工件与圆柱面和圆柱孔的加工方法相同。区别只是要采用特殊的装夹方法，才能车出偏心工件。

1. 偏心工件的装夹方式

车削偏心工件的方法，应按工件的不同数量、形状和精度要求相应地采用不同的装夹方法，但应保证所要加工的偏心部分轴线与车床主轴旋转轴线重合。

1）用自定心卡盘车削偏心工件

长度较短且偏心距较小（$e \leqslant 6mm$）的偏心工件，可以在自定心卡盘的一个卡爪上增加一块垫片，使工件产生偏心来车削，如图 2-71 所示。垫片厚度的计算公式为

$$x = 1.5e \pm K \quad (K \approx 1.5\Delta e) \tag{2-8}$$

式中：x——垫片厚度；

e——工件偏心距；

K——偏心距修正值，其正负值按实测结果确定；

Δe——试切后，实测偏心距误差。

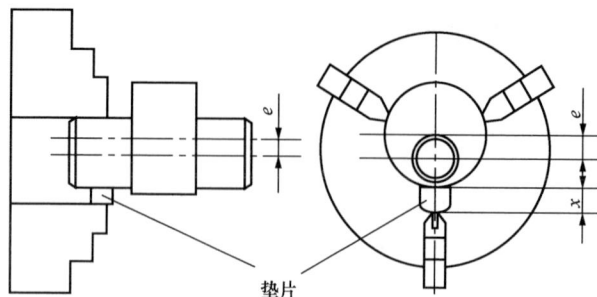

图 2-71 自定心卡盘车偏心工件

这种方法适用于加工数量较大、长度较短、偏心距较小、精度要求不高的偏心工件。

2）在单动卡盘上车削

这种方法适用于加工偏心距较小、精度要求不高、长度较短、数量较少的偏心工件。

操作步骤：把工件划线确定偏心的轴线，然后在四爪卡盘上安装、校正、车削。要点是让尾座顶尖接近工件，调整卡爪位置，使顶尖对准偏心圆中心（图中的 A 点），如图 2-72 所示。

3）用两顶尖车削偏心工件

这种方法适用于加工较长的偏心工件。加工前在工件两端先画出中心点的中心孔和偏心点的中心孔并加工出中心孔，然后前后顶住即可车削，如图 2-73 所示。

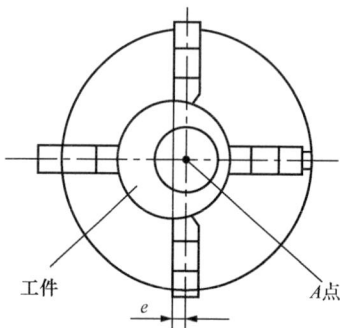

图 2-72 单动卡盘车偏心工件

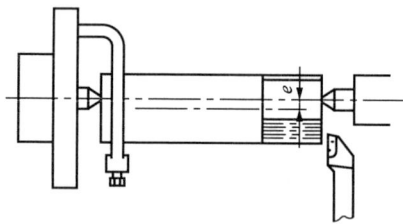

图 2-73 两顶尖车偏心工件

4）在花盘上车偏心工件

这种方法适用于加工长度较短、偏心距较大、精度要求不高的偏心孔工件。加工要点是先将工件外圆、两端面加工至要求后，在一端面上画好偏心孔的位置，然后用压板均布地把工件装夹在花盘上，用划线盘校正后压紧，即可车削。

2. 偏心工件的检测方法

1）在车床上用百分表检测

这种方法适用于偏心距较小、长度较短的偏心工件。用百分表和中滑板刻度配合检测，如图 2-74 所示。

2）用两顶尖孔和百分表检测

这种方法适用于两端有中心孔且偏心距较小的偏心轴测量。偏心套的偏心距也可用这种方法测量，但需将偏心套装在心轴上才能测量，如图 2-75 所示。

3）用心轴和百分表检测

这种方法适用于精度要求较高而偏心距较小的偏心套类工件。为扩大测量范围，也可将百分表装在游标高度卡尺上配合使用，如图 2-76 所示。

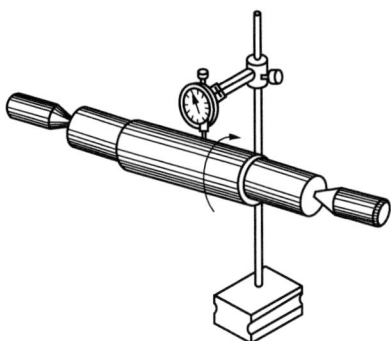

图 2-74 车床上检测偏心工件

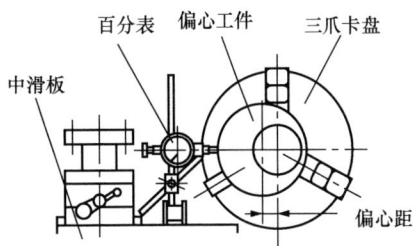

图 2-75 两顶尖检测偏心工件

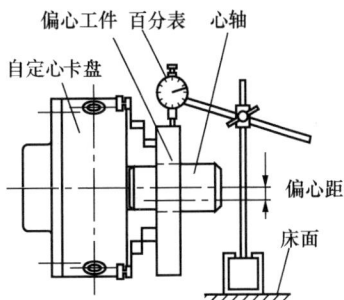

图 2-76 心轴检测偏心工件

2.9.2 任务实施：车削偏心轴

1. 工艺准备

01 图样分析。根据图样可知，偏心工件的偏心距为 3mm。根据计算公式可求出垫片厚度为 4.5mm；由于偏心距较小，可利用百分表、磁性表座检测偏心距。加工时可先加工垫片，车光轴，再加垫片车偏心部分。

02 加工准备。

① 材料 45 钢，ϕ25mm 圆钢。

② 看图样，了解加工内容，并检测工件加工余量。

③ 90°、45° 车刀，切断刀。

④ 选择好切削用量，根据所需的转速和进给量调节好车床上手柄的位置。

⑤ 设备、工量具准备：车床 CA6140；0～25mm 千分尺、150mm 游标卡尺、0～10mm 百分表、磁性表座。

2. 加工步骤

01 制作垫片。用 45 钢材料，车一内孔为 ϕ24mm、外圆 ϕ33mm、长度约 22mm 的套，再锯切成宽度约和三爪头部等宽的小片，去除毛刺。

02 车光轴。夹紧工件伸出长度大约 55mm→车端面→车光轴（外圆 ϕ24mm 长度约 45mm、倒角 C0.3）→切断，控制长约 41mm→调头装夹，车端面控制总长 40mm→倒角 C1。

03 车偏心轴部分。调头夹紧工件，伸出长度约 30mm，一爪加 4.5mm 垫片，略夹紧→用百分表找正工件侧面素线，百分表读数差值在 0.02mm 以内→用百分表测量偏心距（3±0.024）mm，即指针偏移（6±0.024）mm，再夹紧→车偏心外圆 ϕ16mm，长度 18mm 至尺寸要求→倒角 C1。

车削偏心轴时的注意事项

1. 选择垫片的材料应有一定硬度，以防止装夹时发生变形。垫片与卡爪接触面应做成圆弧面，并放置在卡爪中间。

2. 当百分表校验偏心距时，首先应找出偏心最低点（即垫片在最上面一个爪上），并调零，可以避免百分表超程。

3. 如偏差超出允差范围，车削前应通过计算调整垫片厚度。

4. 工件一定要夹紧，车偏心时背吃刀量及进给量小一些。

5. 由于工件偏心，在未开车前车刀不能靠近工件，以防发生意外撞击。

6. 注意力要集中，安全第一。

考核评价

实训任务完成后，进行总结评价，学生自检（查）、班组长互检（查）与教师过程评价和综合评价相结合。合计分公式及权重由教师拟定。车偏心轴考核评价内容见表 2-18。

表 2-18　车偏心轴考核评价表

序号	考核项目及要求		配分	自检（查）	互检（查）	评分
1	尺寸	$\phi 24\,^{+0.027}_{0}$ mm	15			
2		$\phi 16\,^{0}_{-0.021}$ mm	15			
3		40mm	5			
4		C1（2 处）	10			
5		Ra1.6μm	5			
6	偏心	（3±0.024）mm	20			
7		18 $^{0}_{-0.084}$ mm	15			
8		Ra1.6μm	5			
9	管理	安全文明及现场管理	10			

合计：

总体评价：

任务 **2.10** ···· 车工综合训练（一）

☞ **工作任务**

独立完成转轴的车削加工，图样如图 2-77 所示。

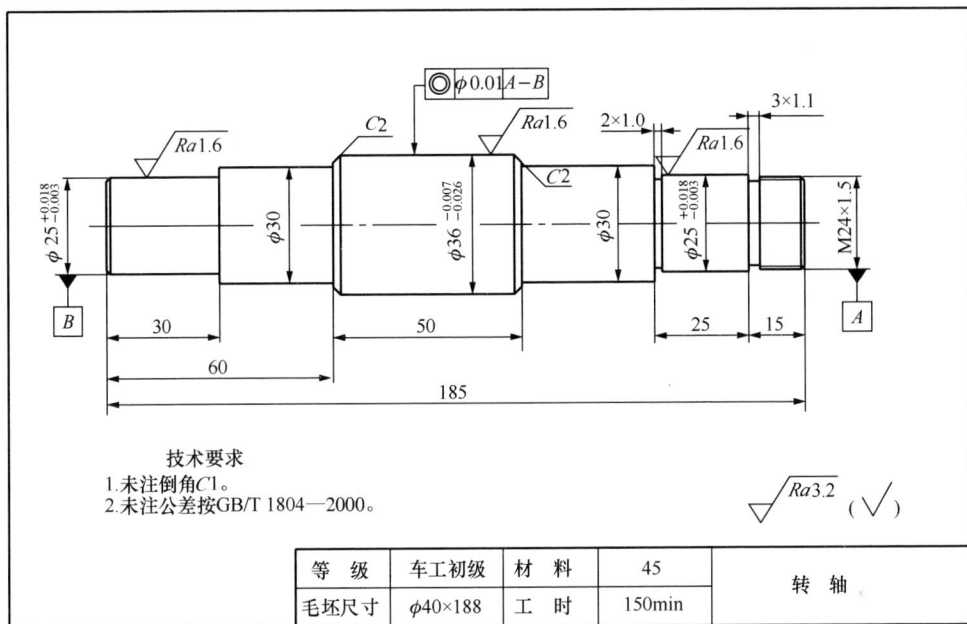

图 2-77 转轴

技术要求
1. 未注倒角C'1。
2. 未注公差按GB/T 1804—2000。

$\sqrt{Ra3.2}$ （ $\sqrt{}$ ）

等 级	车工初级	材 料	45	转 轴
毛坯尺寸	φ40×188	工 时	150min	

2.10.1 相关知识：轴类零件技术要求及车削原则

实际中，零件的结构千差万别，但其基本几何构成不外乎外圆、内孔、平面、螺纹、曲面等。零件很少由单一典型表面构成，而往往由一些典型表面复合而成，其加工方法比单一典型表面复杂，是典型表面加工方法的综合应用。

1. 轴类零件概述

1）分类

轴类零件按其作用可分为心轴、转轴和传动轴；按其结构形状可分为光轴、阶梯轴、空心轴和异形轴（如曲轴、凸轮轴和偏心轴等）。

2）轴类零件的组成

轴类零件一般由圆柱表面、台阶、端面、退刀槽、倒角、螺纹和圆锥等组成。

3）常用材料

一般轴类零件常用 45 钢；对于中等精度、转速较高的轴类零件，可选用 40Cr 等合金结构钢；精度较高的轴，用轴承钢 GCr15 和弹簧钢 65Mn 等材料加工。轴类零件最常用的毛坯是圆棒料和锻件。

2. 轴类零件主要技术要求

1）尺寸精度

尺寸精度主要包括直径和长度尺寸的精度。主要直径公差等级通常为 IT9～IT6。长度方向的尺寸要求则不严格，通常只规定基本尺寸。

2）形状精度

形状精度主要包括圆度、圆柱度、直线度。轴颈的几何形状精度是指圆度、圆柱度。这些误差将影响其与配合件配合的质量。

3）位置精度

位置精度主要包括同轴度、圆跳动、垂直度、平行度等。

4）表面粗糙度

常用加工方法所获取的表面粗糙度如表 2-19 所示。

表 2-19 常用加工方法表面粗糙度

序号	加工方法	公差等级	表面粗糙度值 $Ra/\mu m$	适用范围
1	粗车	IT18～IT13	50～12.5	适用于除淬火钢外的各种金属
2	粗车—半精车	IT11～IT10	6.3～3.2	
3	粗车—半精车—精车	IT8～IT7	1.6～0.8	
4	粗车—半精车—精车—滚压	IT8～IT7	0.25～0.2	
5	粗车—半精车—磨削	IT8～IT7	0.8～0.4	主要用于淬火钢，也可用于未淬火钢，但不宜加工有色金属
6	粗车—半精车—粗磨—精磨	IT7～IT6	0.4～0.1	
7	粗车—半精车—粗磨—精磨—超精加工	IT5	0.012～0.1	

3. 轴类零件车削原则

车削轴类工件，精度要求较高，应将粗车和精车分开进行。另外，根据工件的形状特点、技术要求、数量多少和装夹方法，轴类工件的车削步骤一般考虑以下几个方面：

（1）用两顶尖装夹车削轴类工件，至少要装夹 3 次，即粗车第一端，调头再粗车和精车另一端，最后精车第一端。

（2）一般先车工件端面，这样便于确定长度方向的尺寸。

（3）轴类工件的定位基准通常选用中心孔，加工中心孔时，应先车端面后钻中心孔，以保证中心孔的加工精度。

（4）车削台阶轴，应先车削直径较大的一端，即大直径先车，后车削小直径，以避免过早地降低工件刚性。

（5）车螺纹一般安排在半精车之后进行，待螺纹车好后再精车各外圆，这样可避免车螺纹时轴发生弯曲而影响轴的精度。若工件精度要求不高，可安排最后车削螺纹。

（6）工件车削后还需磨削时，只需粗车或半精车，并注意留磨削余量。

4. 轴类零件的测量

车削轴类零件常用的量具有游标卡尺、千分尺、游标万能角度尺、百分表等，可选择用来检测精度要求较低的外圆及槽。螺纹测量的量具通常有螺纹千分尺和螺纹量规。

2.10.2　任务实施：转轴加工

1. 工艺准备

01 图样分析。根据图样可知，转轴的加工尺寸精度主要包括直径和长度尺寸等，工件还有位置精度要求，而且不能在一次装夹中车削全部被测要素和基准要素，可采用一夹一顶的方式车削，装夹刚度高，轴向定位较准确，台阶长度容易控制。

02 加工准备。

① 材料准备。材料 45 钢，ϕ40mm×188mm 圆棒。

② 工量刃具准备（见表 2-20）。

表 2-20　工量刃具准备清单

序号	名称	规格	精度	数量	备注
1	游标卡尺	0～200mm	0.02mm	1 把	
2	千分尺	0～25mm	0.01mm	1 把	
3	千分尺	25～50mm	0.01mm	1 把	
4	百分表及表座	0～5mm	0.01mm	1 套	
5	钢直尺	300mm	1mm	1 把	
6	螺纹环规	M24×1.5		1 套	
7	活络顶尖	莫氏 5 号		1 只	
8	中心钻	B 2.5/8		1 支	
9	45°、90° 车刀			各 1 套	粗、精
10	切断刀	2mm		1 把	
11	螺纹刀	1.5mm		1 把	

③ 设备准备。CA6140 车床。

④ 学生准备。领用材料并点清工具，事前预习教材，详细阅读实训指导书等。

2. 实训教学及管理

01 按实训要求提早 5min 进车间上班，检查考勤、检查穿戴。

02 发放实训工件毛坯，明确实训计划及应完成的工作任务。

03 讲解转轴加工工艺。

04 教师示范，现场巡视和安全检查。

05 按车间 6S 要求做好各项工作。

06 完成当天转轴加工任务并检查，转轴成绩将计入学生技能成绩。

07 下班前，实训总结，肯定成绩、指出不足，为下一个工作项目做准备。

3. 转轴的车削

转轴参考加工工艺见表 2-21。

表 2-21　转轴参考加工工艺

序号	工序	加工内容	备注
1	装夹	自定心卡盘装夹，伸出长度约 35mm，夹紧	
2	车中心孔	（1）车端面，车出即可。 （2）钻中心孔 ϕ2.5mm	
3	车总长	调头装夹，车端面至总长 185mm	
4	粗车一端外圆	（1）一夹一顶装夹。 （2）车 ϕ36mm 至 $\phi36^{+0.500}_{+0.600}$ mm，长 160mm。 （3）车 ϕ30mm 至尺寸要求，长 60mm。 （4）车 ϕ25mm 至 $\phi25^{+0.5}_{+0.4}$ mm，长 30mm，倒角 C1	
5	粗、精车另一端外圆	（1）一端夹紧找正，钻中心孔 ϕ2.5mm。 （2）车 ϕ30mm 至尺寸要求，长 75mm。 （3）粗车 ϕ25mm 至 $\phi25^{+0.500}_{+0.400}$ mm，长 40mm。 （4）粗车螺纹 M24 外圆 ϕ24mm，长 15mm。 （5）精车各外圆至尺寸要求及倒角。 （6）车沟槽至尺寸要求。 （7）车螺纹 M24×1.5	
6	精车外圆	（1）调头装夹，一夹一顶。 （2）精车各外圆至尺寸要求，倒角	

▌考核评价

实训任务完成后，进行总结评价，学生自检（查）、班组长互检（查）与教师过程评价和综合评价相结合。合计分公式及权重由教师拟定。转轴加工评分标准见表 2-22。

表 2-22　转轴加工评分标准

序号	项目	检测内容	配分		评分标准	自检（查）	互检（查）	评分
			IT	Ra				
1	尺寸精度	$\phi36^{-0.007}_{-0.026}$ mm　Ra1.6μm	10	2	尺寸每超差 0.01mm 扣 1 分			
2		$\phi25^{+0.018}_{-0.003}$ mm　Ra1.6μm（2 处）	20	4				
3		ϕ30mm（2 处）	4					
4		15mm、25mm、30mm	12					
5		50mm、60mm、185mm	12					
6		3mm×1.1mm　2mm×1mm	8					
7		M24×1.5　Ra3.2μm	6	4				
8		Ra3.2μm	4		达不到不得分			

序号	项目	检测内容	配分		评分标准	自检（查）	互检（查）	评分
			IT	Ra				
9	几何公差	◎ $\phi0.01$ A–B	10		公差每超差 0.01mm 扣 1 分			
10	倒角	C1、C2（4 处）	4		未倒角不得分			
11	安全文明生产	按安全操作规程及现场管理要求有关规定	—		视实际情况扣总分 1～10 分			

合计：

总体评价：

任务 2.11　车工综合训练（二）

☞ 工作任务

独立完成螺纹套的车削加工，图样如图 2-78 所示。

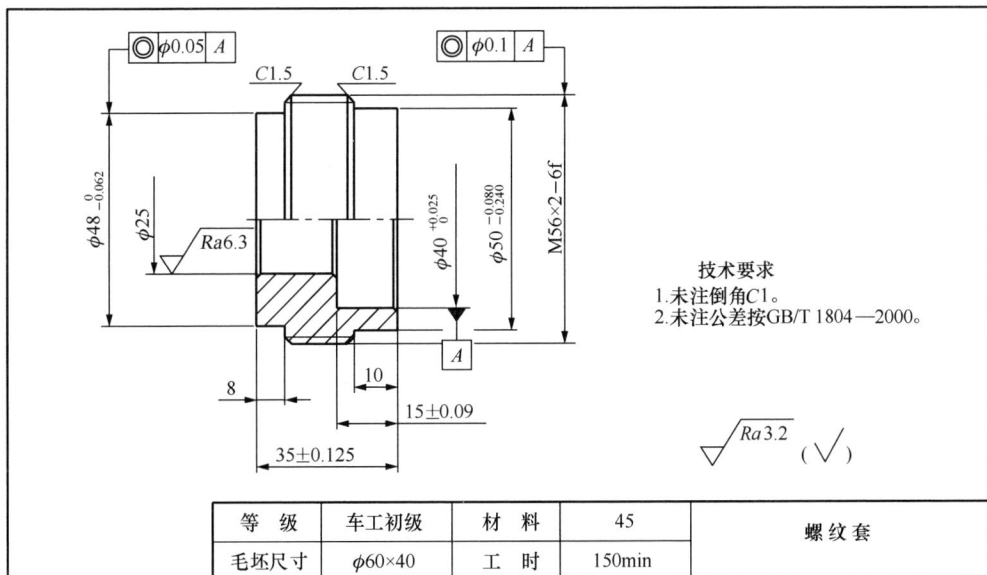

图 2-78　螺纹套

2.11.1　相关知识：套类零件技术要求及车削方法

1. 套类零件概述

在机械零件中，一般把轴套、衬套等零件称为套类零件。

（1）套类零件的组成。套类零件一般由外圆、内孔、端面、台阶和内沟槽等结构要素组成，其主要特点是内外圆柱面和相关端面的形状精度和位置精度要求较高。

（2）加工材料。加工材料取决于零件的工作条件，常用钢、铸铁、青铜或黄铜等。毛坯常用棒料、锻件、铸件。孔径较小时，用棒料；较长较大的套，常用无缝管、带孔的铸锻件。

2. 套类零件的技术要求

套类工件起支撑或导向作用的主要表面为内孔和外圆，其主要技术要求如下：

（1）内孔。内孔是套类工件的最主要表面，孔径公差等级一般为 IT8～IT7；孔的形状精度应控制在孔径公差以内，往往还有孔的圆柱度和孔轴线的直线度要求。内孔的表面粗糙度控制在 $Ra3.2～0.4\mu m$。

（2）外圆。外圆一般是套类工件的支撑表面，外径尺寸公差等级通常为 IT7～IT6；形状精度控制在外径公差以内，表面粗糙度控制在 $Ra3.2～0.4\mu m$。

（3）位置精度。套类工件的内外圆之间的同轴度要求较高，一般为 0.01～0.05mm；套类工件的端面在使用中承受轴向载荷或在加工中作为定位基准时，其内孔轴线与端面的垂直度一般为 0.01～0.05mm。

3. 套类零件加工方法

1）内孔和外圆的加工
外圆和端面的加工方法与轴类工件相似。

套类工件的内孔加工方法有：钻孔、扩孔、车孔、铰孔等。其中，钻孔、扩孔和车孔作为粗加工和半精加工方法；车孔、铰孔加工作为孔的精加工方法。

通常孔的加工方案有：

（1）当孔径较小时（$D \leqslant 25mm$），大多采用钻、扩、铰的方案，其精度和生产率均很高。

（2）当孔较大时（$D > 25mm$），大多采用钻孔后车孔或对已有孔的铸件、锻件直接车孔，并进一步精加工的方案。

（3）箱体上的孔多采用粗车、精车和镗孔。

（4）淬硬套筒的工件，多采用磨孔方案。

2）几何公差的控制方法

（1）尽可能在一次装夹中完成车削。

（2）以外圆为基准保证位置精度。

（3）以内孔为基准保证位置精度。

4. 套类零件的检验

1）尺寸精度的检验
孔的尺寸精度要求较低时，可采用钢直尺、内卡钳或游标卡尺测量。精度要求较高时，常用塞规、内径千分尺和内径量表等。

2）形状精度的检验
圆柱孔形状精度一般仅测量孔的圆度和圆柱度。当孔的圆度要求不很高时，在生产现场可用内径百分表或千分表测量。

3）位置精度的检验

径向圆跳动的检验方法：一般套类工件测量径向圆跳动时，都可以用内孔作基准，把工件套在精度很高的心轴上，用百分表（或千分表）来检验。

2.11.2　任务实施：螺纹套加工

1. 工艺准备

01 图样分析。

① 根据图样可知，工件有位置精度要求，而且不能在一次装夹中车削全部被测要素和基准要素，可采用心轴加工来保证位置精度。

② M56×2 为细牙普通螺纹，螺距为 2mm，可用螺纹环规测量。

③ 螺纹长度约 17mm，较短，选用高速钢车刀，采用直进法加切削液进行车削。

02 加工准备。

① 材料准备：材料 45 钢，ϕ60mm×40mm 圆棒。

② 工量刃具准备（见表 2-23）。

表 2-23　工量刃具准备清单

序号	名称	规格	精度	数量	备注
1	游标卡尺	0～150mm	0.02mm	1 把	
2	千分尺	25～50mm	0.01mm	1 把	
3	千分尺	50～75mm	0.01mm	1 把	
4	内径千分尺	25～50mm	1 级	1 把	
5	螺纹环规	M56×2		1 套	
6	麻花钻	ϕ23mm		1 支	
7	中心钻	A 2.5/8		1 支	
8	45°、90° 车刀			各 1 套	粗、精
9	螺纹刀	P2.0mm		1 把	
10	内孔刀			1 把	

③ 设备准备：CA6140 车床。

④ 学生准备：领用材料并清点工具，事前预习教材、详细阅读实训指导书等。

2. 实训教学及管理

同任务 2.10 中相关要求。

3. 螺纹套的车削

螺纹套参考车削步骤见表 2-24。

表 2-24　螺纹套车削步骤（供参考）

序号	工序	加工内容	备注
1	装夹	自定心卡盘装夹，保证伸出长度略大于 35mm，找正夹紧	
2	车端面	车端面，车出即可	
3	钻孔	用中心钻引孔，用 $\phi23$mm 麻花钻钻通孔	
4	车外圆	（1）螺纹外圆 $\phi56^{-0.052}_{-0.332}$ mm，长约 35mm。 （2）车 $\phi50$mm 至尺寸要求，长 10mm。 （3）倒角 C1.5	
5	车内孔	（1）车 $\phi25$mm 至要求。 （2）车 $\phi40^{-0.025}_{0}$ mm×15mm 至尺寸要求。 （3）倒角 C1（2 处）	
6	车总长	（1）调头装夹，车总长 35mm 至尺寸要求。 （2）车内孔倒角 C1。 （3）粗车 $\phi48$mm，留精车余量，车倒角 C1.5，拆下	
7	车外圆	利用心轴重新装夹，精车 $\phi48$mm 至尺寸要求，长 8mm	如图 2-79 所示
8	车螺纹	粗、精车 M56×2 至要求	

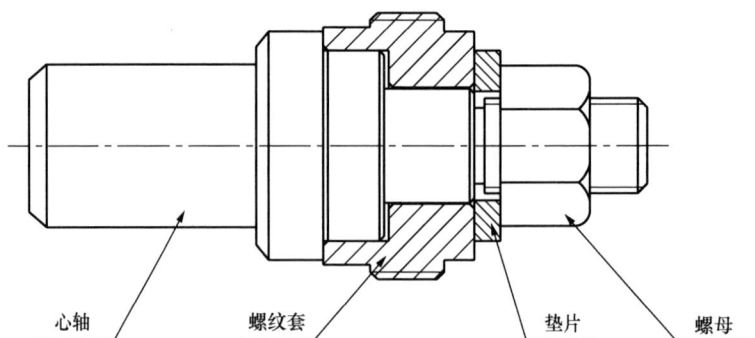

心轴　　　　螺纹套　　　　垫片　　　　螺母

图 2-79　心轴

考核评价

实训任务完成后，进行总结评价，学生自检（查）、班组长互检（查）与教师过程评价和综合评价相结合。合计分公式及权重由教师拟定。螺纹套加工评分标准见表 2-25。

表 2-25　螺纹套加工评分标准

序号	项目	检测内容	配分 IT	配分 Ra	评分标准	自检（查）	互检（查）	评分
1		$\phi48^{0}_{-0.0620}$ mm	10					
2	尺寸精度	$\phi40^{+0.025}_{0}$ mm	12		尺寸每超差 0.01mm 扣 1 分			
3		$\phi50^{-0.080}_{-0.240}$ mm	10					
4		$\phi25$mm	8					

序号	项目	检测内容	配分		评分标准	自检（查）	互检（查）	评分
			IT	Ra				
5	尺寸精度	（35±0.125）mm	6		尺寸每超差 0.01mm 扣 1 分			
6		（15±0.009）mm	6					
7		8mm、10mm	4					
8	几何公差	◎ φ0.1 A	5		公差每超差 0.01μm 扣 1 分			
9		◎ φ0.05 A	5					
10	螺纹	M56×2　Ra3.2μm	10	4	M56×2 螺纹环规			
11	其他	Ra3.2μm	10		超差不得分			
12		C1.5、C1	10		未倒角不得分			
13	安全文明生产	按安全操作规程及现场管理要求有关规定	—		视实际情况扣总分 1～10 分			

合计：

总体评价：

车工练习题

1. 圆锥孔螺母套

圆锥孔螺母套的加工图样如图 2-80 所示，检测项目和配分表见表 2-26。

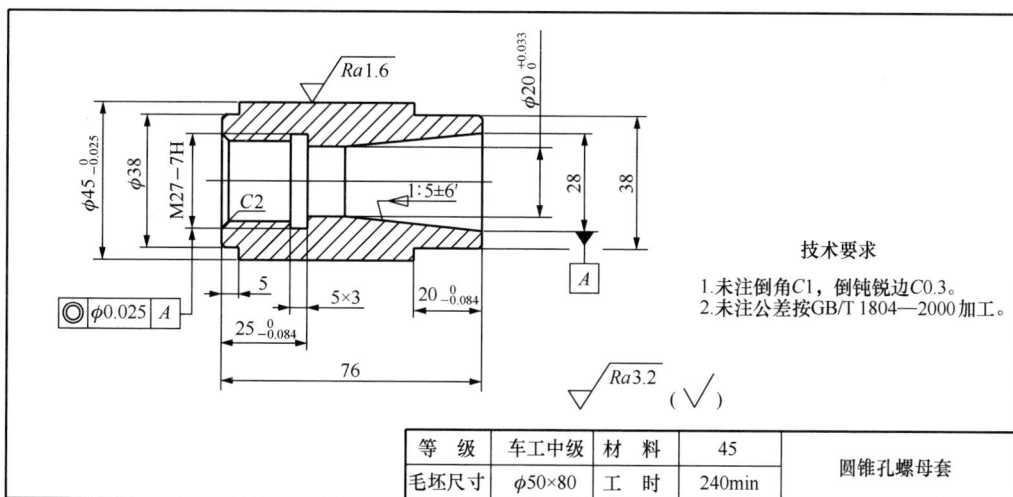

图 2-80　圆锥孔螺母套

表 2-26　圆锥孔螺母套检测项目和配分表

序号	项目	检测内容	配分		评分标准	得分
			IT	Ra		
1	尺寸精度	$\phi45_{-0.025}^{0}$ mm　Ra1.6μm	6	2	尺寸每超差 0.01mm 扣 1 分	
2		$\phi38_{-0.039}^{0}$ mm　Ra1.6μm	12	2		

续表

序号	项目	检测内容	配分		评分标准	得分
			IT	Ra		
3	尺寸精度	$\phi 20_{\ 0}^{+0.033}$ mm $Ra1.6\mu m$	12	2	尺寸每超差 0.01mm 扣 1 分	
4		锥度 1：5 接触面积≥70% $Ra1.6\mu m$	15	4		
5		M27－7H $Ra6.3\mu m$	15	4		
6		$25_{-0.084}^{\ \ 0}$ mm	5		尺寸每超差 0.02mm 扣 1 分	
7		$20_{-0.084}^{\ \ 0}$ mm	5			
8		76	2			
9		5	2			
10	几何公差	◎ $\phi 0.025$ A	8		公差超差 0.01μm 扣 1 分	
11	倒角	C1、C2（2 处）	4		未倒角不得分	
12	安全文明生产	按安全操作规程及现场管理要求有关规定	—		视实际情况扣总分 1～10 分	
合计：						

2. 圆锥梯形螺纹轴

圆锥梯形螺纹轴的加工图样如图 2-81 所示，检测项目和配分表见表 2-27。

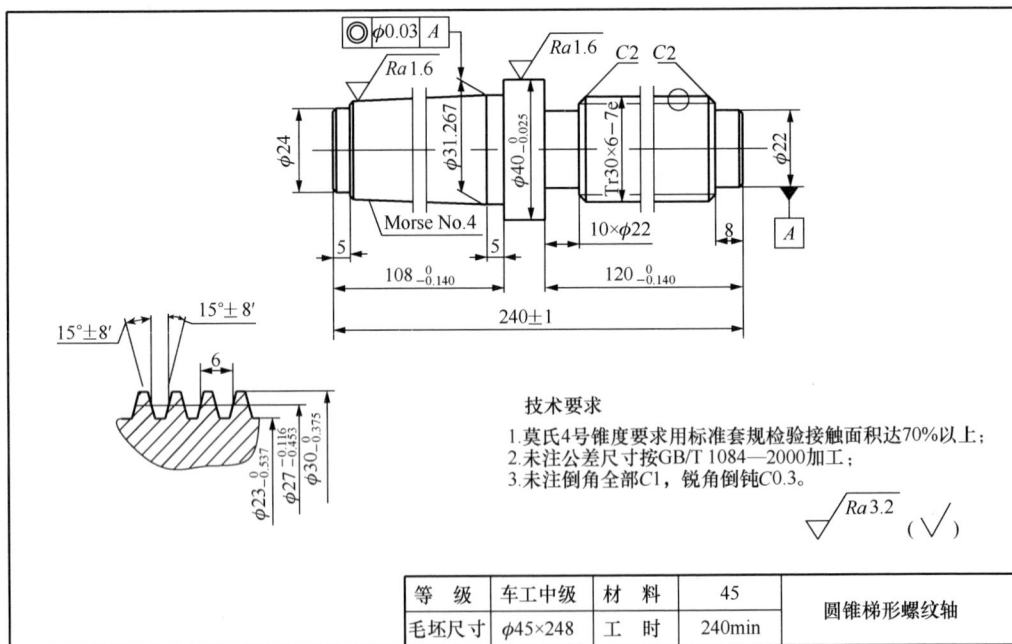

技术要求

1. 莫氏 4 号锥度要求用标准套规检验接触面积达 70% 以上；
2. 未注公差尺寸按GB/T 1084—2000加工；
3. 未注倒角全部C1，锐角倒钝C0.3。

等 级	车工中级	材 料	45	圆锥梯形螺纹轴
毛坯尺寸	$\phi 45×248$	工 时	240min	

图 2-81 圆锥梯形螺纹轴

表 2-27 圆锥梯形螺纹轴检测项目和配分表

序号	项目	检测内容	配分		评分标准	得分
			IT	Ra		
1	尺寸精度	$\phi 40_{-0.025}^{\ \ 0}$ mm $Ra1.6\mu m$	6	2	尺寸每超差 0.01mm 扣 1 分	
2		$\phi 31.267$mm $Ra1.6\mu m$	6	2		

续表

序号	项目	检测内容	配分		评分标准	得分
			IT	Ra		
3		$\phi 24\text{mm}$ $Ra1.6\mu\text{m}$	6	2		
4		$\phi 22\text{mm}$ $Ra1.6\mu\text{m}$	6	2	尺寸每超差 0.01mm 扣 1 分	
5		Morse No.4 $Ra1.6\mu\text{m}$	12	4		
6	尺寸精度	Tr30×6－7e $Ra6.3\mu\text{m}$	15	5		
7		$10\times\phi 22\text{mm}$	4			
8		$120_{-0.014}^{0}$ mm $108_{-0.014}^{0}$ mm	8		尺寸每超差 0.02mm 扣 1 分	
9		（240±1）mm	4			
10		8mm，5mm（2 处）	6			
11	几何公差	⊚ $\phi 0.03$ A	6		公差每超差 0.01μm 扣 1 分	
12	其他	C2（2 处）	4		未倒角不得分	
13	安全文明生产	按安全操作规程及现场管理要求有关规定	—		视实际情况扣总分 1～10 分	

合计：

3. 球面梯形螺纹轴

球面梯形螺纹轴的加工图样如图 2-82 所示，检测项目和配分表见表 2-28。

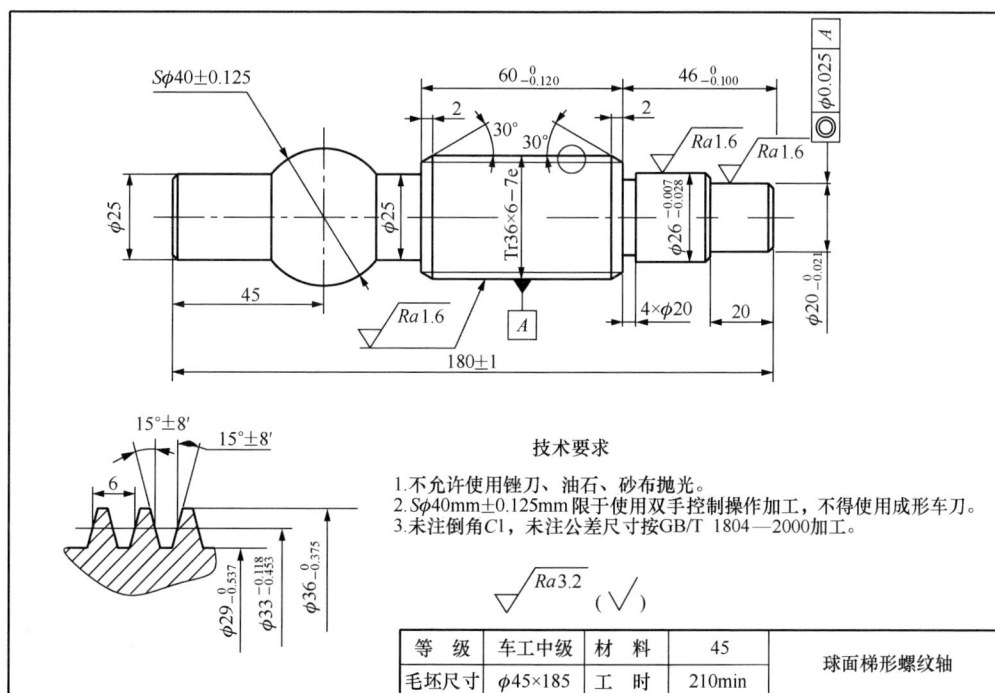

技术要求

1. 不允许使用锉刀、油石、砂布抛光。
2. $S\phi 40\text{mm}\pm 0.125\text{mm}$ 限于使用双手控制操作加工，不得使用成形车刀。
3. 未注倒角C1，未注公差尺寸按GB/T 1804—2000加工。

$\sqrt{Ra3.2}$ （$\sqrt{}$）

等 级	车工中级	材 料	45	球面梯形螺纹轴
毛坯尺寸	$\phi 45\times 185$	工 时	210min	

图 2-82 球面梯形螺纹轴

表 2-28　球面梯形螺纹轴检测项目和配分表

序号	项目	检测内容	配分		评分标准	得分
			IT	Ra		
1		$S\phi 40mm \pm 0.125mm$　$Ra1.6\mu m$	12	6		
2		$\phi 20_{-0.021}^{\ 0}\ mm$　$Ra1.6\mu m$	6	2		
3		$\phi 26_{-0.028}^{-0.007}\ mm$　$Ra1.6\mu m$	6	2	尺寸超差 0.01mm 扣 1 分	
4		$\phi 25mm$（2 处）　$Ra1.6\mu m$	8	4		
5	尺寸精度	$Tr36 \times 6 - 7e$　$Ra6.3\mu m$	20	8		
6		$4 \times \phi 20mm$	4			
7		$46_{-0.100}^{\ 0}\ mm$　$60_{-0.120}^{\ 0}\ mm$	8		尺寸超差 0.02mm 扣 1 分	
8		$(180 \pm 1)\ mm$	2			
9		$20mm$	2			
10	几何公差	◎ $\phi 0.025$ A	6		公差超差 0.01μm 扣 1 分	
11	其他	30° 倒角（2 处）	4		未倒角不得分	
12	安全文明生产	按安全操作规程及现场管理要求有关规定	—		视实际情况扣总分 1～10 分	
合计：						

4. 端面槽配合组合件

端面槽配合组合件的加工图样如图 2-83 所示，检测项目和配分见表 2-29。

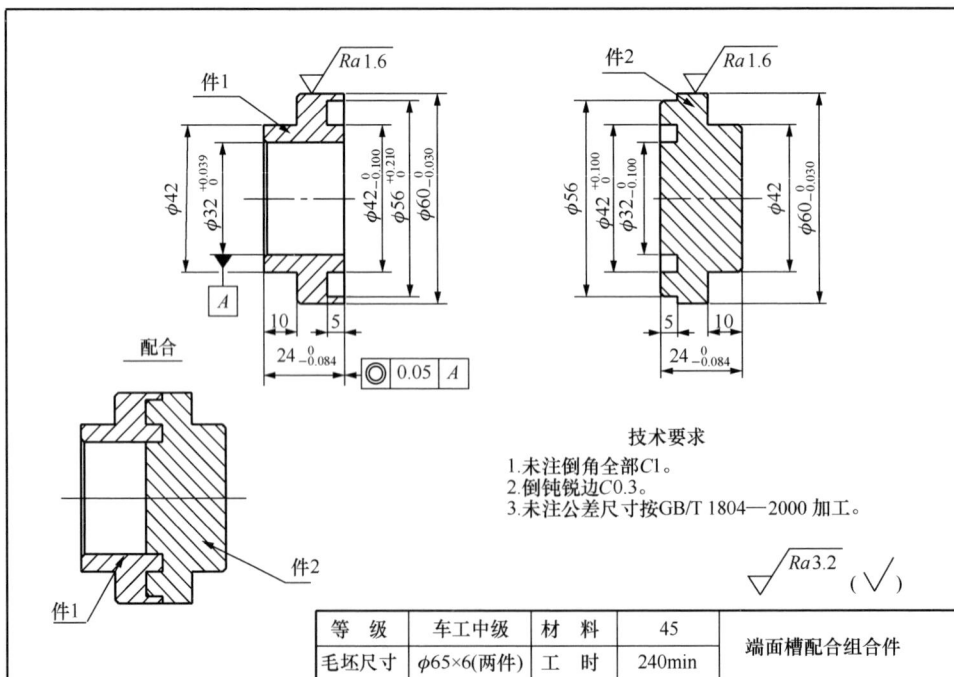

图 2-83　端面槽配合组合件

表 2-29　端面槽配合组合件检测项目和配分表

序号	项目	检测内容	配分		评分标准	得分
			IT	Ra		
1	件1	$\phi 56^{+0.210}_{0}$ mm　$\phi 60^{0}_{-0.030}$ mm　$Ra1.6\mu m$	12	4	尺寸每超差 0.01mm 扣 1 分	
2		$\phi 32^{+0.039}_{0}$ mm　$\phi 42^{0}_{-0.100}$ mm　$Ra1.6\mu m$	10	4		
3		$24^{0}_{-0.084}$ mm	4		尺寸每超差 0.02mm 扣 1 分	
4		5mm，10mm，$\phi 42$mm	6			
5		⊥ 0.05 A	6		公差每超差 0.01μm 扣 1 分	
6	件2	$\phi 60^{0}_{-0.030}$ mm　$Ra1.6\mu m$	6	2	尺寸每超差 0.01mm 扣 1 分，达不到要求不得分	
7		$\phi 42$mm　$\phi 56$mm　$Ra1.6\mu m$	8	4		
8		$\phi 32^{0}_{-0.100}$ mm　$\phi 42^{+0.100}_{0}$ mm　$Ra1.6\mu m$	10	4		
9		$24^{0}_{-0.084}$ mm	4		尺寸每超差 0.02mm 扣 1 分	
10		5mm，10mm	4			
11	配合	配合间隙≤0.02mm，10mm	10		尺寸每超差 0.02mm 扣 1 分	
12	其他	技术要求	2		不符合技术要求不得分	
13	安全文明生产	按安全操作规程及现场管理要求有关规定	—		视实际情况扣总分 1～10 分	

合计：

5. 梯形螺纹轴、套配合

梯形螺纹轴、套配合的加工图样如图 2-84 所示，检测项目和配分见表 2-30。

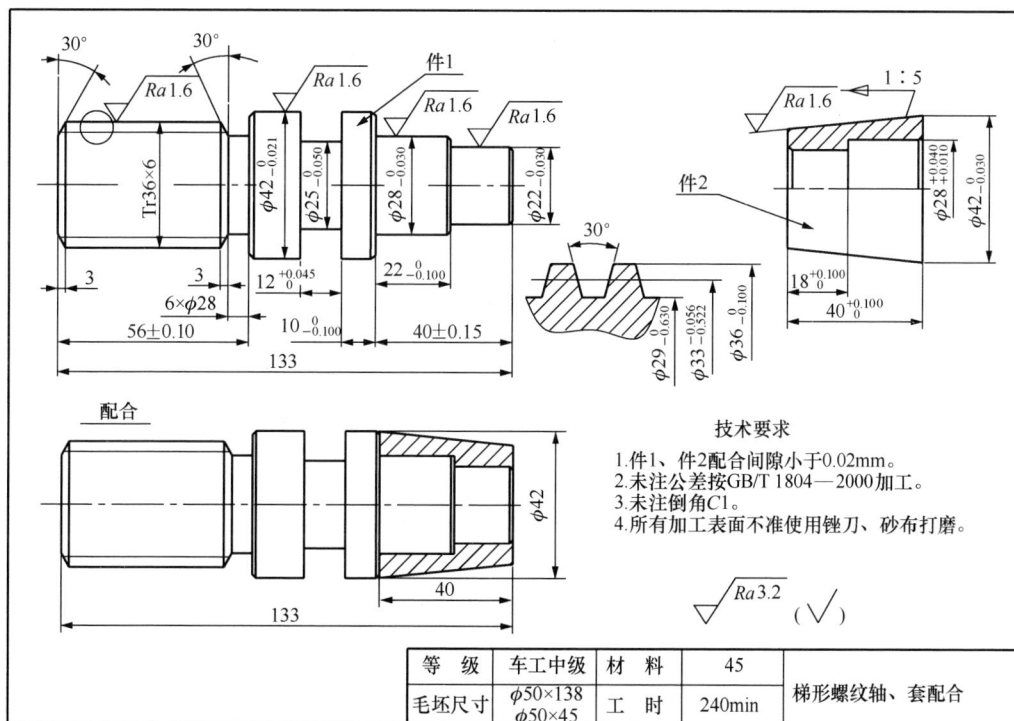

技术要求

1. 件1、件2配合间隙小于0.02mm。
2. 未注公差按GB/T 1804—2000加工。
3. 未注倒角C1。
4. 所有加工表面不准使用锉刀、砂布打磨。

$\sqrt{Ra3.2}$ （√）

等　级	车工中级	材　料	45	梯形螺纹轴、套配合
毛坯尺寸	$\phi 50\times 138$ $\phi 50\times 45$	工　时	240min	

图 2-84　梯形螺纹轴、套配合

表2-30　梯形螺纹轴、套配合检测项目和配分表

序号	项目	检测内容	配分		评分标准	得分
			IT	Ra		
1	件1	$\phi 28_{-0.030}^{0}$ mm　$\phi 42_{-0.021}^{0}$ mm　$Ra1.6\mu m$	12	4	尺寸每超差0.01mm扣1分	
2		$\phi 22_{-0.030}^{0}$ mm　$\phi 25_{-0.050}^{0}$ mm　$Ra1.6\mu m$	10	4		
3		Tr36×6　$Ra1.6\mu m$	14	4		
4		6×$\phi 28$mm	2		尺寸每超差0.02mm扣1分	
5		（40±0.15）mm　（56±0.1）mm	4			
6		$12_{0}^{+0.045}$ mm	2			
7		$10_{-0.100}^{0}$ mm　$22_{-0.100}^{0}$ mm	4			
8		30°倒角（2处）	4			
9	件2	$\phi 28_{+0.010}^{+0.040}$　$Ra1.6\mu m$	6	2	尺寸每超差0.01mm扣1分	
10		锥度1:5　接触面积≥70%	8	2		
11		$18_{0}^{+0.100}$ mm　$40_{0}^{+0.100}$ mm　5mm	6		尺寸每超差0.02mm扣1分	
12	配合	技术要求	12		不符合要求不得分	
13	安全文明生产	按安全操作规程及现场管理要求有关规定	—		视实际情况扣总分1~10分	
合计：						

6. 圆锥槽配合组件

圆锥槽配合组件的加工图样如图2-85（a）、（b）所示，检测项目和配分见表2-31。

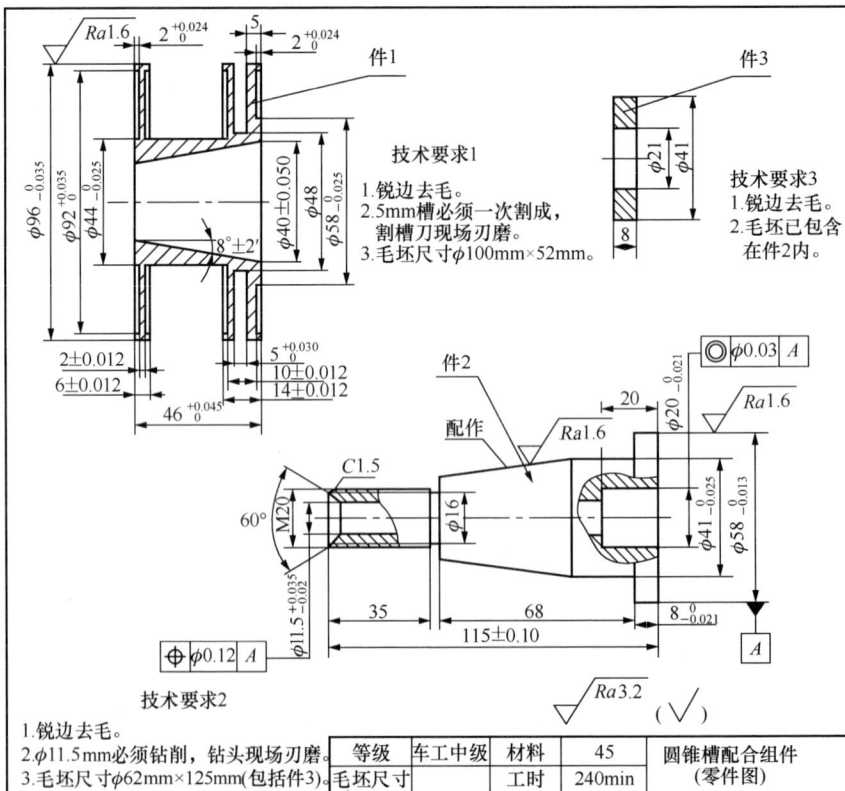

(a) 零件图

图2-85　圆锥槽配合组件

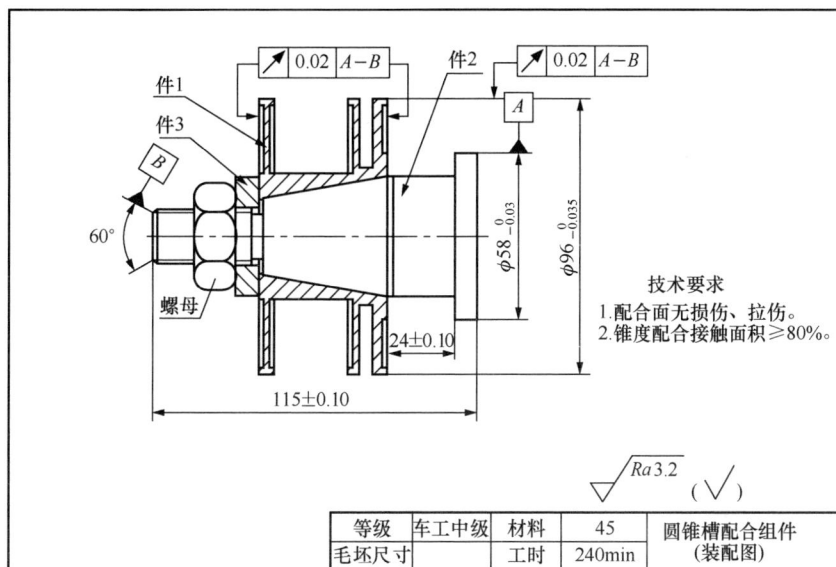

(b) 装配图

图 2-85 圆锥槽配合组件（续）

表 2-31 圆锥槽配合组件检测项目和配分表

序号	项目	检测内容	配分		评分标准	得分
			IT	Ra		
1		$\phi 96_{-0.035}^{0}$ mm　$Ra1.6\mu$m	3	1		
2		$\phi 92_{0}^{+0.035}$ mm　$Ra3.2\mu$m（4 处）	6	3		
3		$\phi 44_{-0.025}^{0}$ mm　$Ra3.2\mu$m（2 处）	2	1		
4		$\phi 58_{-0.025}^{0}$ mm　$Ra1.6\mu$m	3	1		
5		（2±0.012）mm　$Ra3.2\mu$m	2	1	尺寸每超差 0.01mm	
6		（6±0.012）mm　$Ra3.2\mu$m	2	1	扣 1 分	
7	件 1	（10±0.012）mm　$Ra3.2\mu$m	2	1		
8		（14±0.012）mm　$Ra3.2\mu$m	2	1		
9		$5_{0}^{+0.030}$ mm　$Ra3.2\mu$m	2	1		
10		锥度半角 8°±2′　$Ra3.2\mu$m	4	2		
11		$\phi 40$mm±0.05mm　$\phi 48$mm	4			
12		$2_{0}^{+0.024}$ mm（2 处）	2		尺寸每超差 0.02mm 扣 1 分	
13		$46_{0}^{+0.045}$ mm	4			
14		$\phi 11.5_{-0.02}^{+0.035}$ mm　$Ra3.2\mu$m	3	1		
15		$\phi 20_{0}^{+0.021}$ mm　$Ra3.2\mu$m	3	1		
16		$\phi 41_{-0.025}^{0}$ mm　$Ra1.6\mu$m	3	1		
17	件 2	$\phi 58_{-0.030}^{0}$ mm　$Ra1.6\mu$m	2	1	尺寸每超差 0.01mm 扣 1 分	
18		$8_{-0.021}^{+0}$ mm　$Ra3.2\mu$m	3	1		
19		配作锥度　$Ra3.2\mu$m	3	1		
20		M20　$Ra3.2\mu$m	4	2		

序号	项目	检测内容	配分		评分标准	得分
			IT	Ra		
21	件2	20mm　（115±0.10）mm	4		尺寸每超差 0.02mm 扣 1 分	
22		◎ ϕ0.03 A	2		公差每超差 0.01μm 扣 1 分	
23		⊕ ϕ0.12 A	2			
24	装配	↗ 0.02 A－B	4			
25		（24±0.10）mm	4		尺寸每超差 0.02mm 扣 1 分	
26	其他	技术要求 1	2		毛刺一处扣 0.5 分	
27		技术要求 2	2		不按要求扣相应项全分	
28	安全文明生产	按安全操作规程及现场管理要求有关规定	—		视实际情况扣总分 1～10 分	
合计：						

3
项目

铣 工 实 训

>>>>>

◎ **项目导读**

　　铣工就是在铣床上利用刀具的旋转和工件的移动（或转动），将工件加工成图样所要求的精度和表面质量的工种。铣床系指主要用铣刀在工件上加工各种表面的机床，它除能铣削平面、沟槽、轮齿、螺纹和花键轴外，还能加工比较复杂的型面，在机械制造和修理部门得到广泛应用。铣工实训是操作者学习铣工知识和技能的综合训练。

◎ **知识目标**

　　1. 了解铣床的基本结构和工作内容。

　　2. 熟悉常用铣刀的材料、种类和作用。

　　3. 掌握平面、斜面、台阶、直角沟槽、键槽、等分零件的铣削方法。

　　4. 掌握工、夹、量、刃具的正确使用方法。

　　5. 掌握铣工的安全文明生产和维护保养知识。

◎ **能力目标**

　　1. 会铣床的基本操作和维护保养。

　　2. 会合理选择铣刀和铣削用量。

　　3. 会铣削平面、斜面、台阶、直角沟槽、键槽和等分零件等。

　　4. 具备一定的 6S 现场管理能力和安全防范及自我保护能力。

　　5. 会结合零件进行工艺分析，并能够解决实际问题。

任务 3.1 ---- 铣工认知与安全文明生产

铣床是继车床之后发展起来的一种工作用机床。铣床的生产效率高，又能加工各种形状和一定精度的零件，同时在结构上日趋完善，因此在机械制造业中得到普遍的应用。

☞ **工作任务**

1. 熟悉铣床外形。
2. 铣床手柄操纵和开停机练习。
3. 铣床维护保养。

3.1.1 相关知识：铣床的基本知识

1. 铣床的基本工作内容

铣工就是在铣床上利用刀具的旋转和工件的移动（或转动），将工件加工成图样所要求的精度和表面质量的工种。铣削加工的精度比较高，一般经济公差等级为 IT9～IT8、表面粗糙度为 Ra6.3～1.6μm。必要时，铣削公差等级可高达 IT5，表面粗糙度可达 Ra0.20μm。

在铣床上加工零件主要用多刃铣刀进行铣削，所以效率较高。在铣床上可以加工平面、台阶、沟槽、特形面、特形槽、螺旋槽、齿轮，还可以切断、钻孔、铰孔、镗孔等，如图 3-1 所示。

2. 铣床及其附件

1）铣床

铣床种类较多，但结构大致相同，万能升降台铣床是铣床中应用最广的一种。常用的、结构比较完整的铣床是 X6132 型卧式万能铣床，如图 3-2 所示。这种铣床主轴与工作台台面平行，有沿床身垂直运动的升降台，工作台可随升降台上下垂直运动，并可在升降台上作纵、横向运动，使用灵活，适合于加工中、小型工件。其基本部件及作用如下：

（1）底座。底座 11 在床身的下面，与床身成一整体，常用地脚螺栓把底座固定在地基上。底座箱体内可盛放切削液。

（2）床身。床身 2 是机床的主体，呈箱体形竖立在底座的一端，床身下部两侧设有电器箱和总电源开关。在床身前壁有燕尾形的垂直导轨，升降台沿此导轨上下移动。床身中部有主轴变速手柄 1。床身上部有水平燕尾导轨，横梁 4 向外伸出长度可作调整，以便适应各种长度的铣刀杆。床身后面装有主电动机，床身内有主轴传动系统和润滑机构等，床身上部有主轴 3。

（3）电源开关。床身左侧下部设有总电源开关 12。

（4）主轴变速手柄。主轴变速手柄 1 设在床身外部，可调整主轴转速。

（5）主轴。主轴 3 是空心轴，前端有 7：24 的圆锥孔，用来安装刀杆。

（6）横梁。横梁 4 安装在床身的顶部，根据工作需要可调整悬梁伸出的长度。

(a) 铣平面　　　　　　　　　　　　　(b) 铣螺旋槽

(c) 铣台阶面　　　　　　　　　　　　(d) 铣键槽

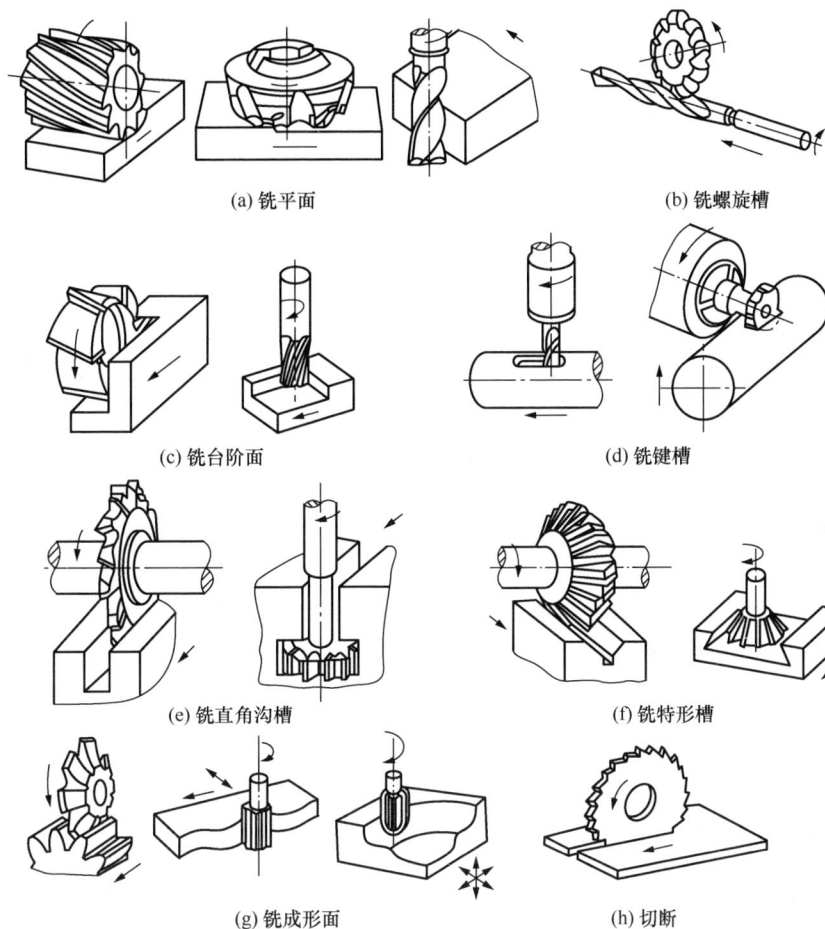

铣削加工案例

(e) 铣直角沟槽　　　　　　　　　　　(f) 铣特形槽

(g) 铣成形面　　　　　　　　　　　　(h) 切断

图 3-1　铣削加工应用举例

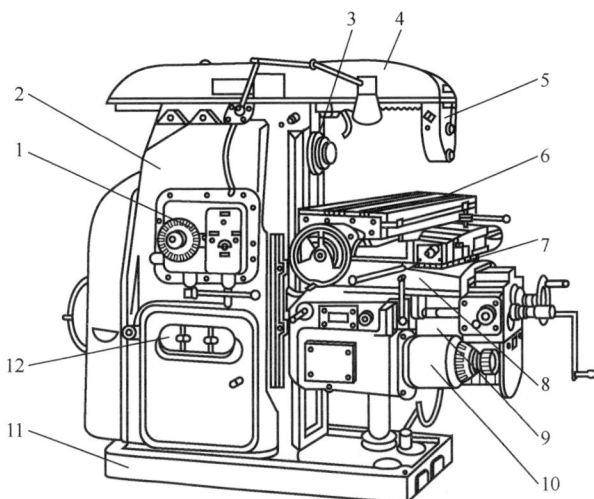

1—主轴变速手柄；2—床身；3—主轴；4—横梁；5—刀杆支架；6—纵向工作台；
7—回转盘；8—横滑板；9—升降台；10—进给变速机构；11—底座；12—电源开关。

图 3-2　X6132 型卧式万能铣床

165

（7）刀杆支架。刀杆支架 5 套在刀杆上并悬挂在横梁上。紧固刀杆支架后，能增加刀杆的支承刚度，可以减少刀杆在铣削力作用下的颤动或弯曲。

（8）工作台。在纵向工作台 6 的台面上有三条 T 形槽，用来安装 T 形螺栓，可紧固台虎钳、夹具或工件等。在纵向工作台的下面是横向工作台，它可沿导轨面作横向（前后）移动，纵向工作台也随之一起作横向移动。在纵向工作台与横向工作台之间设有回转盘，可使纵向工作台在 ±45° 范围内转动。

（9）升降台。升降台 9 也称为曲座。升降台下有进给电动机，升降台上面有作纵向和横向移动的工作台。

（10）进给变速机构。进给电动机通过进给变速机构 10 的传动系统，带动工作台移动，通过调整进给变速机构可调整纵向、横向和垂直方向进给量。

2）铣床附件

（1）回转工作台。回转工作台是铣床的常用附件之一。它主要用来装夹工件，以满足工件沿圆周分度或铣削工件上的圆弧表面的要求。回转工作台主要由转台、手柄、手轮、传动轴等组成，如图 3-3 所示。

（2）机用虎钳。铣削零件的平面、台阶、斜面和铣削轴类零件的键槽等，都可以用机用虎钳装夹工件。机用虎钳的结构如图 3-4 所示。

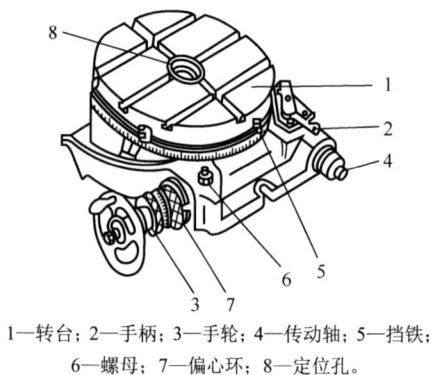

1—转台；2—手柄；3—手轮；4—传动轴；5—挡铁；
6—螺母；7—偏心环；8—定位孔。

图 3-3　回转工作台

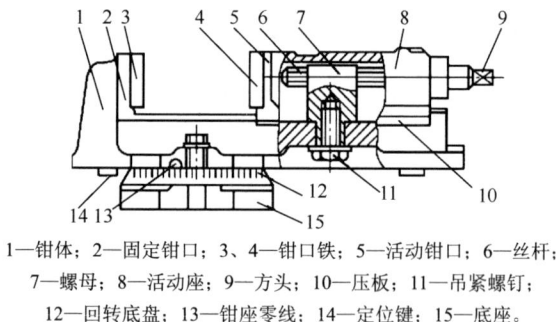

1—钳体；2—固定钳口；3、4—钳口铁；5—活动钳口；6—丝杆；
7—螺母；8—活动座；9—方头；10—压板；11—吊紧螺钉；
12—回转底盘；13—钳座零线；14—定位键；15—底座。

图 3-4　机用虎钳的结构

（3）万能分度头。分度头是万能铣床的重要精密附件之一，它可以把夹持在顶尖或卡盘上的工件任意等分，可在铣床上铣削多面体、齿轮、螺旋槽等。

目前 F11125 型万能分度头在铣床上最为常用，中心高为 125mm。图 3-5 所示为 F11125 型万能分度头的结构和传动系统。

分度头主轴 9 是空心的，两端均为莫氏锥度 4 号内锥孔，前端锥孔用来安装顶尖或锥柄心轴，后端锥孔用来安装交换齿轮心轴，作为差动分度、直线移距和加工小导程螺旋面时安装交换齿轮用。主轴的前端外部有一段定位锥体，用于与自定心卡盘的法兰盘配合。

装有分度蜗轮的主轴安装在回转体 8 上，可随回转体在分度头基座 10 的环形导轨内转动。因此，主轴除了安装成水平位置外，还可在 −6°～90° 任意倾斜，在调整前应先松开基座上部靠主轴后端的两个螺母 4，调整好角度后再予以紧固。主轴的前端固定刻度盘 13，同主轴一起转动。刻度盘上有 0°～360° 的刻线，可作分度用。

分度盘 3 上有数圈在圆周上均布的定位孔，在分度盘左侧有一分度盘紧固螺钉 1，既可用以紧固分度盘，亦可用于对分度盘的微量调整。在分度盘的左侧有两个手柄：一个是主轴锁紧手柄 7，在分度前应先松开它，分度完毕后再将其锁紧；另一个是蜗杆脱落手柄 6，它可以使蜗杆和蜗轮脱开或啮合。蜗杆和蜗轮的啮合间隙可用偏心套调整。在分度头右侧有一个分度手柄 11，转动分度手柄时，通过一对传动比为 1∶1 的直齿圆柱齿轮传动及一对传动比为 1∶40 的蜗杆副使主轴旋转。此外，分度盘右侧还有一根安装交换齿轮用的侧轴 5，它通过一对传动比为 1∶1 的交错轴斜齿轮副和空套在分度手柄轴上的分度盘相联系。

分度头的基座 10 下面的槽里装有两块定位键，可与铣床工作台面的 T 形槽相配合，以便在安装分度头时，使分度头主轴轴线准确地平行于工作台的纵向进给方向。

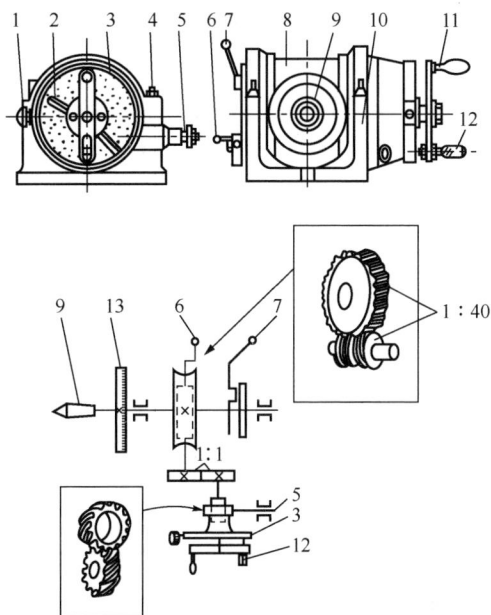

3. 铣床基本操作

1—分度盘紧固螺钉；2—分度叉；3—分度盘；4—螺母；5—侧轴；6—蜗杆脱落手柄；7—主轴锁紧手柄；8—回转体；9—主轴；10—基座；11—分度手柄；12—分度定位销；13—刻度盘。

图 3-5 F11125 型万能分度头的结构与传动系统

1）工作台纵向、横向、垂直方向的手动进给操作

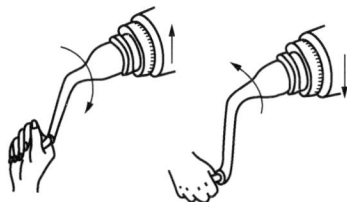

（1）纵向手动进给。将手柄与纵向丝杠接通，右手握手柄并略加力向里推，左手扶轮子作旋转摇动，摇动时速度要均匀适当。顺时针摇动时，工作台向右移动作进给运动；反之则向左移动，如图 3-6 所示。

（2）横向手动进给。将手柄与横向丝杠接通，右手握住手柄，左手扶轮子作旋转摇动。顺时针方向摇动时，工作台向前移动，反之向后移动，如图 3-6 所示。

（3）垂直方向手动进给。使手柄离合器接通，左手扶轮子作旋转摇动。双手握手柄，顺时针方向摇动时，工作台向上移动，反之向下移动，如图 3-7 所示。

由于丝杠和螺母间的配合存在间隙，滑板会产生空行程（丝杠带动滑板已转动，而滑板并没立即移动），所以当手柄摇过头时，不能直接退回至所需的刻线处，应将手柄退回一转后，再重新摇至所需刻线处，如图 3-8 所示。

图 3-6 纵、横向手动进给操作　　图 3-7 垂直方向手动进给操作　　图 3-8 手柄间隙的调整

工作台纵向、横向刻度盘圆周刻线为 120 格，每摇一转，工作台移动 6mm，每摇动一

格，工作台移动 0.05mm；垂向刻度盘上刻有 40 格，每摇一转时，工作台移动 2mm，每摇动一格，工作台移动 0.05mm。

2）工作台纵向、横向、垂直方向（垂向）的机动进给操作

（1）纵向机动进给。工作台纵向机动进给手柄为复式，手柄有三个位置，即向右、向左及停止。当手柄向右扳动时，工作台向右进给；当手柄向左扳动时，工作台向左进给；中间为停止位置，如图 3-9 所示。

（2）横向、垂向机动进给。工作台横向、垂向机动进给手柄也为复式，手柄有五个位置，即向上、向下、向前、向后及停止。当手柄向上扳动时，工作台向上进给，反之向下；当手柄向前扳动时，工作台向里进给，反之向外；当手柄处于中间位置，进给停止，如图 3-10 所示。

卧式铣床的
操作

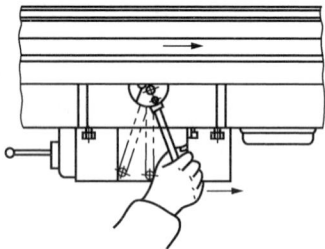

图 3-9 工作台纵向机动进给操作   图 3-10 工作台横向、垂向机动进给操作

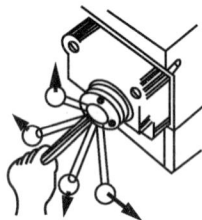

3）主轴变速和进给变速操作

（1）主轴变速操作。主轴转速为 30～1500r/min，共 18 种。变速时，操作步骤如下：

第 1 步 手握变速手柄，把手柄向下压，如图 3-11 所示，使手柄的榫块自固定环的槽Ⅰ中脱出，再将手柄外拉，使手柄的榫块落入固定环的槽Ⅱ。

第 2 步 转动转速盘把所需的转速数字对准指示箭头。

第 3 步 把手柄向下压后推回原来位置，使榫块落进固定环槽Ⅰ，并使之嵌入槽中。

当变速时，扳动手柄时要求推动速度快一些，在接近最终位置时，推动速度减慢，以利齿轮啮合。变速时若听到齿轮相碰声，应待主轴停稳后再变速，为了避免损坏齿轮，主轴转动时严禁变速。

（2）进给变速操作。进给变速箱是一个独立部件，装在垂向工作台的左边，有 18 种进给速度，为 23.5～1180mm/min。速度的变换由进给操作箱来控制，操作箱装在进给变速箱的前面，如图 3-12 所示。变换进给速度的操作步骤如下：

第 1 步 双手将蘑菇形手柄向外拉出。

第 2 步 转动手柄，把转速盘上所需的进给速度对准指示箭头。

第 3 步 将蘑菇形手柄推回原始位置。

变换进给速度时，如果发现手柄无法推回原始位置，可转动转速手柄或将机动进给手柄开动一下。允许在机床开动情况下进行进给变速，但机动进给时，不允许变换进给速度。

铣床操作时的注意事项

1. 严格遵守安全操作规程。

2．不准做与练习内容无关的操作。

3．操作时按步骤进行。

4．不允许两个进给方向同时机动进给。

5．机动进给时，进给方向紧固手柄应松开，其余紧固手柄应紧固。

6．各个进给方向的机动进给停止挡铁应在限位柱范围内。

7．练习完后认真擦拭机床，并使工作台在各进给方向处于中间位置，各手柄恢复原位。

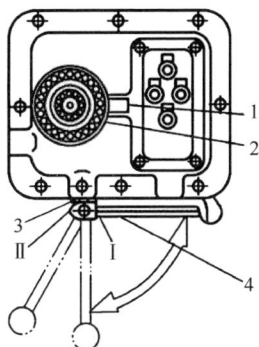

1—指针；2—转速盘；3—固定环；4—变速手柄。

图 3-11　主轴变速操作

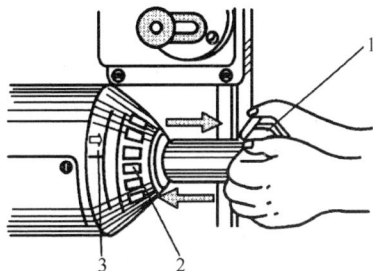

1—蘑菇形手柄；2—转速盘；3—指示箭头。

图 3-12　进给变速操作

4．铣床润滑和维护保养

1）铣床的润滑

每班工作完毕，要将机床擦干净。做到每天一小擦，每周一大擦。铣床在运转 500h 后，要进行一级保养。要定期对铣床进行润滑，常用的润滑方式有油泵、溅油、弹子油杯、黄油杯、浇油等。图 3-13 所示为 X5032 型立式万能铣床润滑示意图。

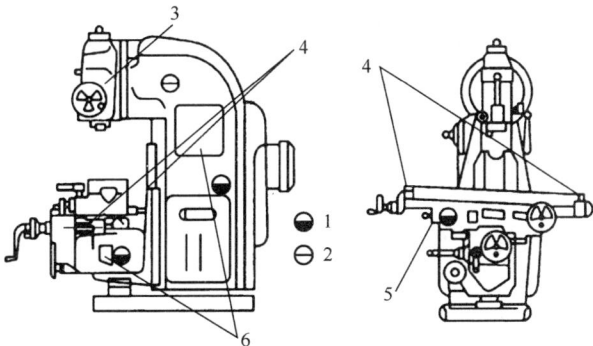

1—油窗；2—油标；3—6 个月补充润滑脂一次；4—每班注油一次；
5—两天注油一次；6—6 个月换油一次。

图 3-13　X5032 型立式万能铣床润滑示意图

2）铣床的日常保养要求

（1）平时要注意铣床的润滑，定期加油和调换润滑油。对于拉、手揿油泵和注油孔等部位，应每天按要求加注润滑油。

（2）开机之前，应先检查各部件，如操纵手柄、按钮等是否在正常位置和其灵敏度如何。

（3）操作者必须合理使用机床。操作铣床应掌握一定的基本知识，如合理选用铣削用量、铣削方法，不能让机床超负荷工作；安装夹具及装夹工件时，应轻放，工作台面不乱放物品等。

（4）在工作中有异常现象，应立即停机检查。

（5）工作完毕要清除铣床上及周围的切屑等杂物，关闭电源，擦净机床，在滑动部位加注润滑油，整理工、夹、量、刃具，做好清洁工作。

5. 铣工安全文明生产

1）铣工安全操作规程

（1）开机前，应检查铣床各部分机构是否完好；各开关及手柄位置是否正确；各进给方向自动停止挡铁是否紧固在最大行程以内。

（2）检查所有滑动部分并进行润滑。

（3）熟悉图样和工艺文件，明确技术要求。若有问题，应搞懂后上机，做到不盲目上机操作。

（4）检查毛坯是否合格，余量是否能铣削出合格工件。

（5）铣削时，应正确选用及检查在用刀具。不使用已损坏刀具，以防加重铣床负荷或发生事故。

（6）根据材质、硬度和铣削余量，合理选择切削速度、进给量和背吃刀量，以免发生事故。

（7）工作结束后，将所有使用过的物件揩净归位，并清除铣床上的切屑，擦净后按规定在加油部位加注润滑油。

2）铣工的安全技术

（1）操作前要穿好工作服，袖口应扎紧。长发应塞入帽内，禁止穿裙子、短裤及凉鞋上机操作。

（2）操作中严禁戴手套，高速铣削时须戴上护目镜。

（3）操作时，不要离工件太近，不要站立在切屑流出的方向，以防切屑飞入眼睛。

（4）工件及刀具必须装夹牢固，不得有松动现象。

（5）装卸工件时，应将工作台退到安全位置，使用扳手紧固工件时，用力方向应避开铣刀，以防扳手打滑时撞伤铣刀。

（6）不随意让铣床空转，不无故离开机床。离开机床时，要切断电源。

（7）进给中，禁止用手摸工件过渡表面或刀具，以免伤手。在铣刀旋转完全停止前，不能用手去制动。

（8）工作中，当装卸工件、更换刀具、测量工件尺寸及变换主轴转速时，必须先停机。

（9）清除切屑时，只允许用毛刷，禁止用手直接清理或用嘴吹。

（10）不准任意装拆电器设备。

（11）若发现铣床、铣刀等有异常现象或发生事故，则应立即停机，切断电源，保护现场并立即告知指导教师。

3）铣工的文明生产

（1）工作时所用的工、量、夹、刃具及铣削工件，应尽可能集中在操作者的周围。

（2）铣床的台面上，不允许放置工具、量具等物品。

（3）工具箱内应分类布置，保持清洁、整洁。

（4）加工图样、工艺卡片应夹放在规定位置，保持整洁和完整。

（5）机床周围应保持畅通、清洁。

（6）工、夹、刀具用毕后擦净归位，量具用完后擦净、涂油，放入盒内。

6. 铣工 6S 管理

1）整理

（1）现场摆放物品（如工具、量具、刀具、夹具、材料、毛刷、小铁铲等）定期整理。

（2）废刀、切屑、废料等要及时清理、处置，不占用空间。

（3）铣床工作台面每班清除切屑擦拭干净，工具箱定时整理。

2）整顿

（1）图纸、实习资料定位放置。

（2）刀具、材料、油桶、废料等定位摆放，定量管理。

（3）所有生产用工、量、夹、刀具和零件等定位摆放整齐。

（4）拖把、扫把和簸箕定位摆放。

（5）动力供电系统加设防护物和警告牌。

3）清扫

（1）下班前打扫地面和机床卫生，收拾所用物品。

（2）清理擦拭机器设备、工具箱、门窗等。

4）清洁

（1）工作环境随时保持整洁。

（2）机床及附件不用时加盖防尘罩。

（3）保持地面、门窗、墙壁的清洁。

（4）清除地面、作业区的油污，将地面拖干净。

5）素养

（1）遵守作息时间（不迟到、不早退、不无故旷工）。

（2）工作态度良好（无聊天说笑、离岗、呆坐、看小说、打瞌睡、玩手机、吃东西等）。

（3）使用公用物品时，能归位，并保持整洁。

（4）停工后打扫铣床床面和地面，整理工、量、夹、刀具。

（5）照章办事，不违反铣床操作规程。

（6）上班时一定要穿好工作服、工作鞋，戴好劳保镜，长发者需戴工作帽。

6）安全

（1）实训操作前五分钟进行安全教育。

（2）实行现场安全巡视，消除安全隐患。

（3）实训结束后，机床设备需切断电源，保持安全状态。

（4）定期检查机床电源线、电机绝缘情况。

（5）机油、煤油、柴油和废油等易燃品要按规定位置摆放。

3.1.2 任务实施：铣床基本操作

1. 铣床的操作

1）铣床停机状态下的手动进给操作练习

`01` 在教师指导下检查机床，对铣床注油润滑。

`02` 主轴箱变速手柄、进给箱手柄、工作台手柄和锁紧手柄操作。

`03` 熟悉各个进给方向刻度盘。使工作台在纵向、横向、垂直方向分别移动 7.8mm、4.8mm、2.8mm。

`04` 学会消除工作台丝杠和螺母间的传动间隙对移动尺寸的影响。

`05` 每分钟均匀地手动进给 20mm、50mm、80mm。

2）铣床主轴的空运转操作练习

`01` 将电源开关转至"通"。

`02` 练习变换主轴转速 1～3 次（控制在低速）。

`03` 按"启动"按钮，使主轴旋转 3～5min。

`04` 检查油窗是否甩油。

`05` 停止主轴旋转，重复以上练习。

3）铣床开机状态下工作台机动进给操作练习

`01` 检查各进给方向紧固手柄是否松开。

`02` 检查各进给方向机动进给停止挡铁是否在限位范围内。

`03` 使工作台在各进给方向处于中间位置。

`04` 变换进给速度（控制在低速）。

`05` 按主轴"启动"按钮，使主轴旋转。

`06` 使工作台作机动进给，先纵向后横向再垂向。

`07` 检查进给箱油窗是否甩油。

`08` 停止工作台进给，再停止主轴旋转。

`09` 重复以上练习。

2. 铣床的保养

`01` 检查各润滑处的油位或油量。

`02` 加注润滑油。

考核评价

实训任务完成后，进行总结评价。学生自检（查）、班组长互检（查）与教师过程评价和综合评价相结合。合计分公式及权重由教师拟定。铣床操作考核评分内容见表 3-1。

表 3-1 铣床操作考核评分表

序号	考核项目及要求	配分	自检（查）	互检（查）	评分
1	滑板进退操作	30			
2	转速的调整	20			

序号	考核项目及要求	配分	自检（查）	互检（查）	评分
3	进给量的调整	20			
4	操作时的姿势	15			
5	6S 现场管理	15			

合计：

总体评价：

任务 3.2 ···· 铣削加工基本参数设置及铣刀 ·········

☞ **工作任务**

1. 铣削用量的选择。
2. 铣刀装卸。

▌ 3.2.1 相关知识：铣削用量及铣刀

1. 铣削运动和铣削用量

1）铣削运动

铣削是利用铣刀旋转、工件相对铣刀作进给运动来进行切削的。刀具和工件之间的相对运动叫铣削运动。铣削运动通常分为主运动和进给运动。

（1）主运动：切下切屑所必需的运动为主运动。在铣削运动中，铣刀的旋转是主运动。

（2）进给运动：使新的切削层不断投入切削，以逐渐切出整个工件表面的运动称为进给运动。铣削运动中，工件的运动是进给运动。

2）铣削加工形成的表面

铣削加工形成的表面如图 3-14 所示，分为如下三个部分。

（1）待加工表面：工件上将要被铣去多余材料的面。

（2）已加工表面：工件上经铣刀铣削后产生的新表面。

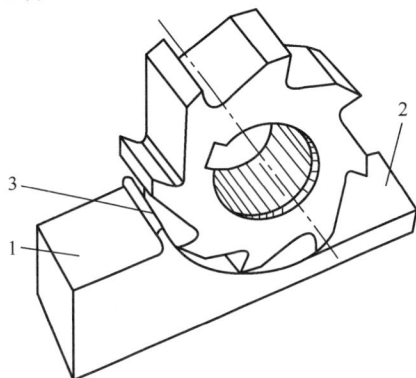

1—待加工表面；2—已加工表面；3—过渡表面。

图 3-14 铣削加工形成的表面

（3）过渡（加工）表面：工件上由切削刃正在切削的表面。

3）铣削用量

铣削用量包括吃刀量 a、铣削速度 v_c 和进给量 f。

（1）吃刀量 a。吃刀量一般指已加工表面和待加工表面间的垂直距离。吃刀量是刀具切入工件的深度，铣削中的吃刀量分为背吃刀量 a_p 和侧吃刀量 a_e。

① 背吃刀量 a_p。背吃刀量是指通过切削刃基点并在垂直于工作平面的方向上测量的吃刀量。它是平行于铣刀轴线方向测量的切削层尺寸，单位是 mm。例如，周铣中铣刀端面（轴线方向）的吃刀量如图 3-15（a）所示；端铣中铣刀端面（轴线方向）的吃刀量如图 3-15（b）所示。

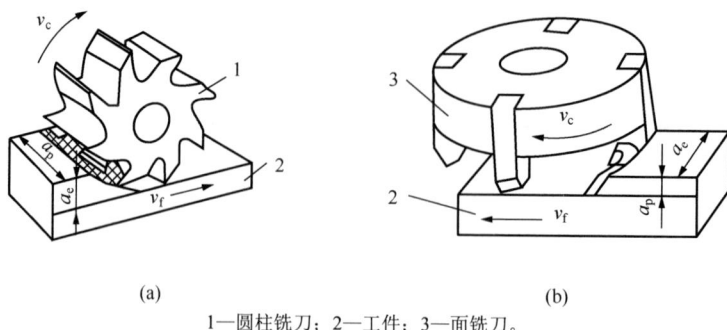

(a)　　　　　　　　　　　　　　　　　(b)

1—圆柱铣刀；2—工件；3—面铣刀。

图 3-15　周铣与端铣的吃刀量

② 侧吃刀量 a_e。侧吃刀量是指通过切削刃基点，在平行于工作平面并垂直于进给运动方向上测量的吃刀量，它是垂直于铣刀轴线测量方向的切削层尺寸，单位是 mm，如图 3-15 所示。

（2）铣削速度 v_c。铣刀刃上离中心最远的一点，在一分钟内所走过的距离称为铣削速度，用符号 v_c 表示，单位为 m/min。铣削速度和铣床主轴转速之间有如下关系：

$$v_c = \frac{\pi d_0 n}{1000} \tag{3-1}$$

式中：v_c——铣削速度（m/min）；

　　　d_0——铣刀直径（mm）；

　　　n——铣床主轴转速（r/min）。

（3）进给量 f。刀具在进给运动方向上相对工件的位移量，可用刀具或工件每转或每行程的位移量来表述和度量。进给量的表示方法有三种：

① 每齿进给量 f_z。多齿刀具每转或每行程中每齿相对工件在进给运动方向上的位移量，用符号 f_z 表示，单位为 mm/z。

② 每转进给量 f_r。铣刀每转一转，工件相对铣刀所移动的距离称为每转进给量，用符号 f_r 表示，单位为 mm/r。

③ 每分钟进给量 v_f。在一分钟内，工件相对铣刀所移动的距离称为每分钟进给量，用符号 v_f 表示，单位为 mm/min。每分钟进给量是调整机床进给速度的依据。

这三种进给量之间的关系为

$$v_f = f_r n = f_z z n \tag{3-2}$$

式中：z——铣刀齿数；

　　　n——铣刀转速（r/min）。

4）铣削用量的选择

在铣削过程中，影响刀具寿命最显著的因素是铣削速度，其次是进给量，吃刀量的影响最小。所以，为了提高生产率，粗加工时应优先采用较大的吃刀量，其次是选择较大的进给量，最后才是根据刀具寿命要求，选择适宜的铣削速度；半精铣加工的余量为 0.5～2mm，背吃刀量为 0.5～2mm，铣削速度选较大值，进给选较小值；精加工时应优先选择较高的铣削速度，兼顾刀具的寿命，其次选择较小的进给量，最后是留合理的精铣余量，以保证加工精度和表面粗糙度。

（1）背吃刀量 a_p 的选择。在铣削加工中，一般是根据工件切削层的尺寸来选择铣刀的背吃刀量 a_p。当加工余量不大时，应尽量一次进给铣去全部加工余量。只有当工件的加工精度要求较高时，才分粗铣和精铣进行。背吃刀量具体数值的选取可参考表 3-2。

表 3-2　背吃刀量的选取　　　　　　　　　　　　　单位：mm

工件材料	高速钢铣刀		硬质合金铣刀	
	粗铣	精铣	粗铣	精铣
铸铁	5～7	0.5～1	10～18	1～2
软钢	<5	0.5～1	<12	1～2
中硬钢	<4	0.5～1	<7	1～2
硬钢	<3	0.5～1	<4	1～2

（2）每齿进给量 f_z 的选择。粗加工时，在强度、刚度许可的条件下，进给量应尽量大些。精加工时，一般选取较小的进给量。每齿进给量的选取可参考表 3-3。

表 3-3　每齿进给量的选取　　　　　　　　　　　　单位：mm/z

刀具名	高速钢铣刀		硬质合金铣刀	
	铸铁	钢件	铸铁	钢件
圆柱铣刀	0.12～0.20	0.10～0.15	0.2～0.5	0.08～0.20
立铣刀	0.08～0.15	0.03～0.06	0.2～0.5	0.08～0.20
套式铣刀	0.15～0.20	0.06～0.10	0.2～0.5	0.08～0.20
三面刃刀	0.15～0.25	0.06～0.08	0.2～0.5	0.08～0.20

（3）铣削速度 v_c 的选择。吃刀量和每齿进给量确定后，在保证合理的刀具寿命的前提下确定铣削速度。粗铣时应适当降低铣削速度。精铣时应选用耐磨性较好的刀具材料，并尽可能使之在最佳铣削速度范围内工作。铣削速度可在表 3-4 推荐的范围内选取，并根据实际情况进行试切后加以调整。

表 3-4　铣削速度的选取　　　　　　　　　　　　　单位：m/min

工件材料	铣削速度		说明
	高速钢铣刀	硬质合金铣刀	
20	20～45	150～190	
45	20～35	120～150	
40Cr	15～25	60～90	（1）粗铣时取小值，精铣时取大值。
HT150	15～21	70～100	（2）工件材料强度和硬度较高时取小值，反之取大值。
黄铜	30～60	120～200	（3）刀具材料耐热性好时取大值，反之取小值
铝合金	112～300	400～600	
不锈钢	16～25	50～100	

2. 铣刀及其安装

1）铣刀的种类

（1）按铣刀刀齿齿背形状，铣刀可分尖齿铣刀和铲齿铣刀。尖齿铣刀的刀齿截面上，齿背是由直线或折线组成的，见图 3-16（a）。常用的有三面刃铣刀、圆柱铣刀等。铲齿铣刀的刀齿截面上，齿背是阿基米德螺线，见图 3-16（b），齿背必须在铲齿机床上铲出，常用的有成形铣刀。

(a) 尖齿铣刀刀齿截面   (b) 铲齿铣刀刀齿截面

图 3-16　铣刀刀齿的齿背形状

（2）按加工工件的表面形状，铣刀可分为平面铣刀、槽铣刀、角度铣刀、键槽铣刀、齿轮铣刀、成形面铣刀等，如图 3-17 所示。

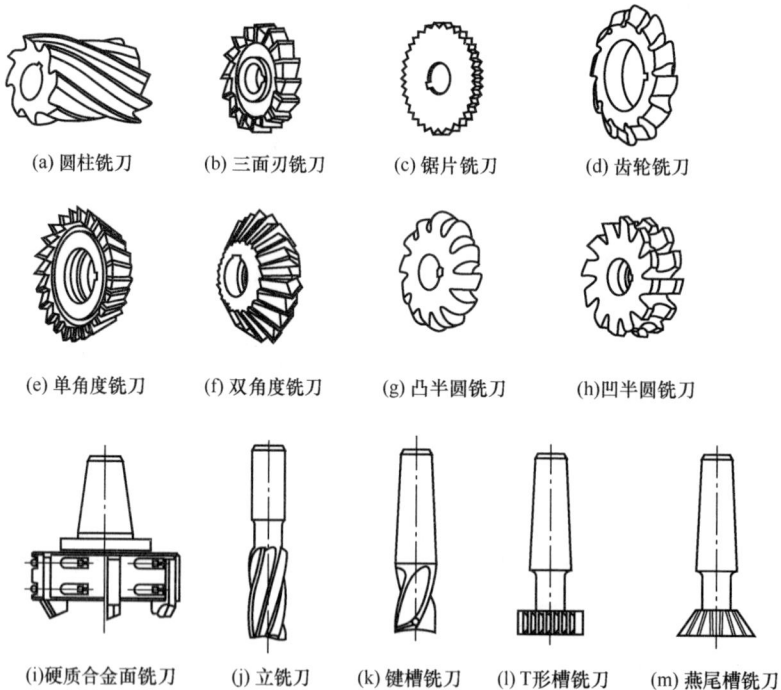

(a) 圆柱铣刀　　(b) 三面刃铣刀　　(c) 锯片铣刀　　(d) 齿轮铣刀

(e) 单角度铣刀　　(f) 双角度铣刀　　(g) 凸半圆铣刀　　(h) 凹半圆铣刀

(i) 硬质合金面铣刀　(j) 立铣刀　(k) 键槽铣刀　(l) T形槽铣刀　(m) 燕尾槽铣刀

图 3-17　常用铣刀

（3）按铣刀刀齿分布，铣刀可分为圆柱铣刀、面铣刀、角度铣刀、组合铣刀（立铣刀、三面刃铣刀）等，如图 3-17 所示。

2）铣刀各部分名称和作用

铣刀的切削部分由前面、主后面、副后面、主切削刃、副切削刃、刀尖组成，如图 3-18

所示。铣刀切削部分的几何角度如图 3-19 所示，作用如下：

（1）前角 γ_o：增大前角，刀刃锋利，切削省力；前角太小，切削费力。

（2）后角 α_o：增大后角，减少摩擦，过渡表面光洁，刀尖强度弱。

（3）楔角 β_o：楔角小，易切入金属，刀刃强度差；楔角大则情况相反。

（4）主偏角 k_r：影响铣削长度、散热、切削力。

（5）副偏角 k'_r：减小副偏角，减小表面粗糙度值。

（6）刃倾角 λ_s：控制切屑流出方向。

3）铣刀切削部分的材料

（1）高速钢。高速钢铣刀有整体和镶齿的两种，一般形状较复杂的都是整体高速钢铣刀。常用牌号有 W18Cr4V、W6Mo5Cr4V2、W14Cr4VMnRe、W6Mo5Cr4VSiNbAl、W9Cr4V2、W6Mo5Cr4V2Al。

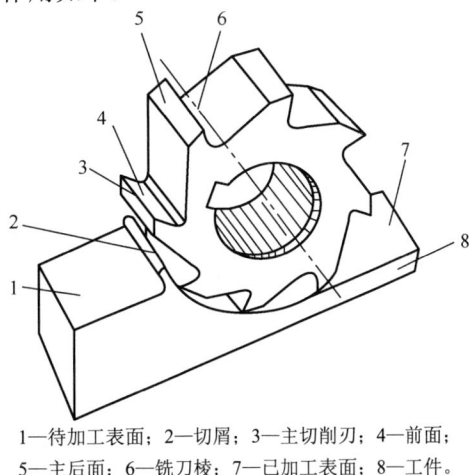

1—待加工表面；2—切屑；3—主切削刃；4—前面；
5—主后面；6—铣刀棱；7—已加工表面；8—工件。

图 3-18 铣刀各部分名称

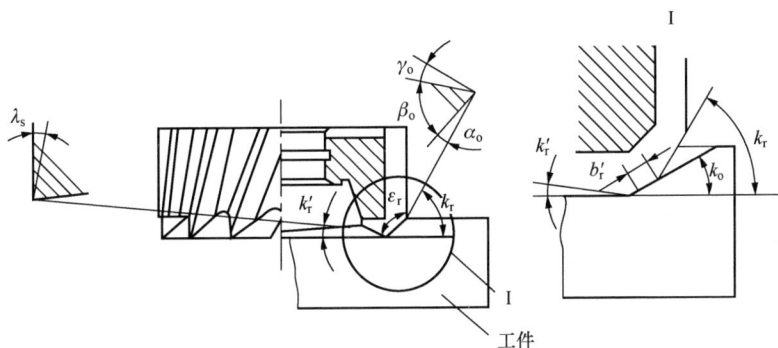

图 3-19 端面铣刀切削部分的几何角度

W2Mo9Cr4V2Co8 是引进的超硬高速钢，可铣削难加工材料，适用于较高的铣削速度。我国生产的超硬高速钢牌号是 W6Mo5Cr4V2Al，比 W2Mo9Cr4V2Co8 便宜得多，只是热处理工艺要求较高。

（2）硬质合金。《切削加工硬切削材料的分类和用途 大组和用途小组的分类代号》（GB/T 2075—2007）规定了 P、M、K、N、S、H 六个用途大组，依据不同的被加工工件材料进行划分，并分成若干用途小组。

其中，P 类硬质合金主要用于加工除不锈钢外所有带奥氏体的钢和铸钢，用蓝色标志，相当于旧国际（GB/T 2075—1998）的 YT 类，如牌号 YT5、YT15 和 YT30 等。

M 类主要用于加工不锈奥氏体钢或铁素体钢、铸钢，用黄色标志，相当于旧国际的 YW 类，如牌号 YW1、YW2 等。

K 类主要用于加工各类铸铁，用红色标志，相当于旧国际的 YG 类，如牌号 YG6、YG8 等。

同理，标准还规定 N（绿色）、S（褐色）、H（灰色）类，分别用于加工非铁合金、超级合金和钛、高硬度材料等。

一般硬质合金是用碳化钨（WC）、碳化钛（TiC）、碳化钽（TaC）、碳化铌（NbC）和黏结剂（钴、钼、镍）等材料，通过粉末冶金的方法制成，硬度 69～81HRC，耐热温度 800～1000℃。硬质合金刀具允许的切削速度比高钢刀具高 5～10 倍，但其冲击韧性和刃磨不如高速钢。

（3）涂层材料。涂层刀具是在一些韧性较好的硬质合金或高速钢刀具基体上，涂覆一层耐磨性高的难熔化金属化合物而获得的。常用的涂层材料有 TiC、TiN 和 Al_2O_3 等。它可大大提高切削速度，但涂层刀具不适宜加工高温合金、钛合金及非金属材料，也不适宜粗加工有夹砂、硬皮的锻铸件。

（4）超硬材料。金刚石刀具是目前高速切削（2500～5000m/min）铝合金较理想的刀具材料，但由于碳对铁的亲和作用，特别是在高温下，金刚石能与铁发生化学反应，因此它不宜切削铁及其合金工件。立方氮化硼（CBN）是纯人工合成的材料，它是 20 世纪 50 年代末用与制造金刚石相似的方法合成的第二种超硬材料——CBN 微粉，是高速切削黑色金属较理想的刀具材料。

4）铣刀的安装

（1）圆柱铣刀、三面刃铣刀等带孔铣刀安装。安装步骤如下：

第 1 步　松开横梁的紧固螺母，调整横梁伸出长度，如图 3-20 所示。

第 2 步　擦净铣床主轴锥孔和铣刀刀轴的锥柄，将刀轴安装在铣床主轴上，如图 3-21 所示。

图 3-20　调整横梁伸出长度　　　　　图 3-21　安装刀轴

第 3 步　在刀轴上装上垫圈和铣刀，旋紧紧刀螺母。安装时应注意刀轴配合轴颈，必须留出足够的长度以供支架轴承孔配合，如图 3-22 所示。

第 4 步　将挂架轴颈孔与刀轴配合轴颈擦干净，并注入适量的润滑油和调整挂架轴承。再将挂架装在横梁的导轨上，如图 3-23 所示，然后紧固挂架。

第 5 步　旋紧紧刀螺母，通过垫圈将铣刀夹紧在刀轴上，如图 3-24 所示。

图 3-22　安装垫圈、铣刀　　　　图 3-23　安装挂架　　　　图 3-24　紧固铣刀

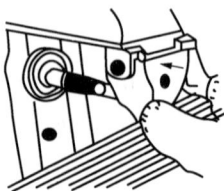

（2）套式面铣刀的安装。套式面铣刀分为内孔带键槽的套式铣刀和端面带键槽的套式

铣刀两种形式。

① 内孔带键槽的套式铣刀用带纵键的铣刀轴安装，如图3-25所示。安装步骤如下：

第1步 擦干净刀轴锥柄和铣床主轴锥孔。

第2步 将刀轴凸缘的槽对准铣床主轴端部的凸键，用拉紧螺杆拉紧刀杆。

第3步 擦干净铣刀内孔端面和刀轴外圆。

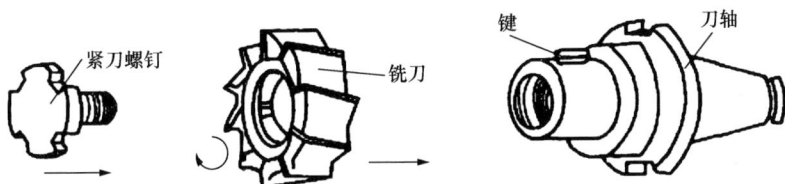

图 3-25 内孔带键槽的套式铣刀的安装

第4步 将铣刀上的键槽对准刀轴上的键，装入铣刀。

第5步 用叉形扳手旋紧螺钉，紧固铣刀。

② 端面带键槽的套式铣刀用带端键的刀轴安装，如图3-26所示。安装步骤如下：

第1步 擦干净刀轴锥面与主轴锥孔。

第2步 将刀轴拉紧到铣床主轴锻造孔内。

第3步 将凸缘装入刀轴上，并使凸缘上的槽对准铣床主轴端部的凸键。

第4步 安装铣刀，并使铣刀端面上的槽对准凸缘端面上的凸键，旋入紧刀螺钉。

第5步 用叉形扳手紧固铣刀。

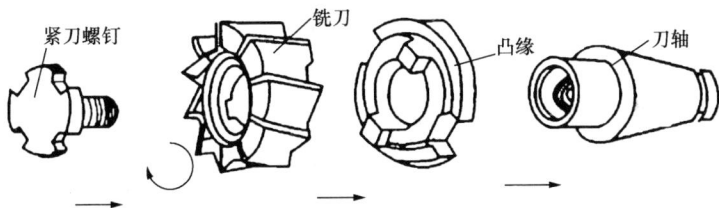

图 3-26 端面带键槽的套式铣刀的安装

（3）带柄立铣刀的安装。带柄立铣刀用钻夹头装夹后安装在铣床主轴锥孔内；锥柄立铣刀直接或用过渡套筒装夹后安装在铣床主轴内，如图3-27所示。

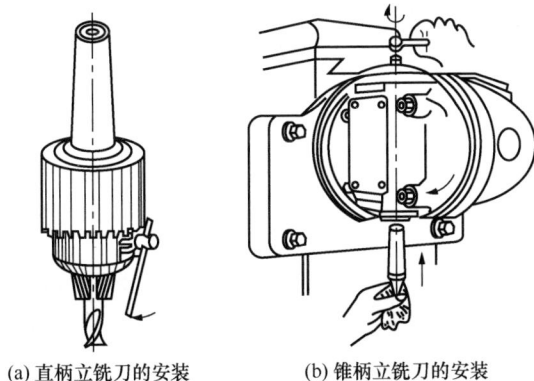

(a) 直柄立铣刀的安装　　(b) 锥柄立铣刀的安装

图 3-27 带柄立铣刀的安装

铣刀装卸时的注意事项

1. 圆柱铣刀和带孔铣刀安装时，应先紧固挂架，后紧固铣刀；拆卸铣刀时，应先松开铣刀，再松开挂架。

2. 装卸铣刀时，圆柱铣刀用双手拿两端，立铣刀应垫棉纱握圆周，防止刃口划伤手。

3. 铣刀安装时各配合表面应擦净，以免因脏物影响铣刀的安装精度。

4. 拉紧螺杆的螺纹部分应与铣刀或刀轴的螺孔有足够的配合长度。

5. 铣刀安装后，应检查安装情况。

3. 切削液

切削液具有冷却、润滑、防锈、清洗四种作用。铣床常用的有煤油、柴油和乳化液。在铣削铸铁等脆性金属和用硬质合金铣刀进行高速铣削时，一般不加切削液，在铣削钢件等塑性金属时加注切削液。

3.2.2 任务实施：铣削用量选择及铣刀装卸

1. 铣削用量的选择

在 X6132 卧式铣床上加工一直角沟槽，如图 3-28 所示，槽深为 21mm，槽宽为 24mm，表面粗糙度为 $Ra6.4\mu m$，工件材料是 45 号调质钢。工件装夹刚性较好，根据加工表面精度，采用粗铣加工，选用铣刀规格为 160mm×24mm×40mm、$z=16$ 的错齿镶片三面刃铣刀。现要求选择切削用量 a_p、a_e、n、v_f。

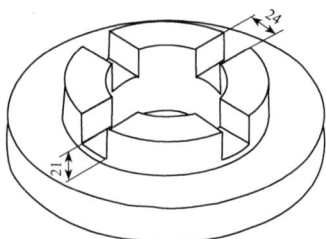

图 3-28　连续盘

根据粗铣加工的选择原则选择铣削用量。由于机床、夹具、刀轴的刚性较好，采用错齿镶片三面刃铣刀。铣削比较平稳，因而选择铣削用量如下：

（1）铣削背吃刀量 a_p：由沟槽宽度决定，一次铣出，即背吃刀量 $a_p=24mm$。

（2）铣削侧吃刀量 a_e：由于机床、夹具的刚性较好，刀齿强度也较高，在铣削沟槽时，因铣削宽度较小，侧吃刀量 a_e 还要适当提高，因此选择 $a_e=21mm$，将槽深一次铣出。

（3）铣削速度 v_c：粗铣加工的铣削速度较低值，尤其当 a_p 取较大值时，v_c 值更应当减小。查表，在 20～35m/min 选择铣削速度，取铣削速度 $v_c=28m/min$，将其换算成机床主轴转速：

$$n=\frac{1000v_c}{\pi D}=\frac{1000\times28}{3.14\times160}\approx55.7\ （r/min）$$

选取机床主轴转速 n 为 60r/min。

（4）每齿进给量 f_z：粗铣时，每齿进给量一般选最大值，钢材粗铣的每齿进给量 f_z 在 0.06mm 左右。由于背吃刀量 a_p 已选择很大值，是一般粗铣加工深度的 2 倍以上，因此选每齿进给量 $f_z=0.04mm/z$，换算成每分钟进给量 v_f 如下：

$$v_f=f_z zn=0.04\times16\times60=38.4\ （mm/min）$$

可取机床自动进给量为 37.5mm/min。

注意

当计算所得数值与铣床铭牌上所标数值不符时，可取与计算数值最接近的铭牌数值。若计算数值处在铭牌上两个数值中间时，应取小的数值。

2. 铣刀装卸练习

（1）圆柱铣刀、三面刃铣刀装卸练习。

（2）套式端铣刀的装卸练习。

（3）带柄立铣刀的装卸练习。

考核评价

实训任务完成后，进行总结评价。学生自检（查）、班组长互检（查）与教师过程评价和综合评价相结合。合计分公式及权重由教师拟定。刀具的装卸和铣削用量的选择考核评分内容见表 3-5。

表 3-5　刀具的装卸和铣削用量的选择考核评分表

序号	考核项目及要求	配分	自检（查）	互检（查）	评分
1	刀具装卸的速度	15			
2	刀具装卸的准确度	20			
3	操作时的姿势	7			
4	6S 现场管理	8			
5	背吃刀量	15			
6	侧吃刀量	8			
7	铣削速度	12			
8	进给量	15			

合计：

总体评价：

任务 3.3 ---- 铣削平面

☞ 工作任务

平面的铣削，图样如图 3-29 所示。

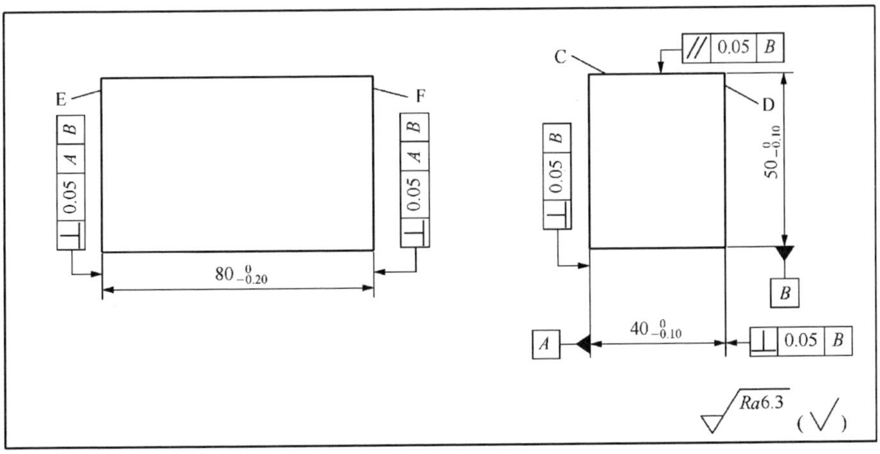

图 3-29　矩形工件

▌3.3.1　相关知识：平面铣削方式与方法

铣削平面是铣床加工的基本工作内容，也是进一步掌握铣削其他各种复杂表面的基础，其质量的好坏主要由平面度和表面粗糙度来衡量。

铣削平面是铣工最基本的操作技能。矩形工件是由垂直面和平行面组成的工件。首先要掌握垂直面与平行面加工的知识及实际操作，再逐渐掌握铣削矩形工件的操作方法。

1. 铣削方式

平面铣削分周铣和端铣两种方式。

1）周铣

用分布于铣刀圆柱面上的刀齿铣削工件表面，称为周铣。

周铣有两种铣削方式：顺铣和逆铣。铣削时，铣刀切入工件时的切削速度方向与工件进给方向相同，称为顺铣，如图 3-30（a）所示。铣削时，铣刀切入工件时的切削速度方向与工件进给方向相反，称为逆铣，如图 3-30（b）所示。

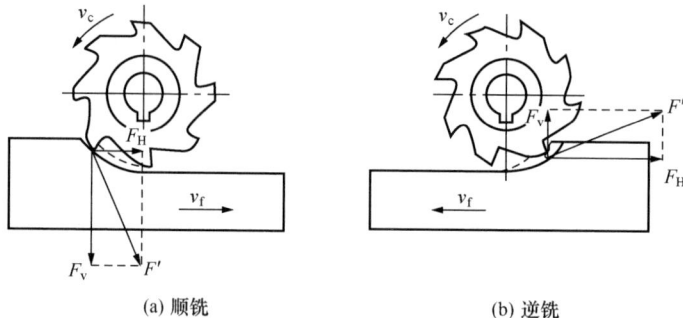

(a) 顺铣　　　　　　　　　　　(b) 逆铣

图 3-30　顺铣与逆铣

顺铣和逆铣相比，顺铣时刀齿每次都是从工作外表切入金属材料，所以不宜用来加工有硬皮的工件。顺铣有利于高速铣削，能提高工件表面的加工质量，并有助于工件夹持稳固，但它只能应用在装有能消除工作台进给丝杠与螺母之间间隙的铣床上，且是对没有硬皮的工件进行加工，因而在一般情况下都是采用逆铣法加工。

2）端铣

用位于铣刀端平面上的刀齿进行铣削的称为端铣。端铣有两种铣削方式：对称端铣和不对称端铣。目前，在平面铣削中，端铣基本上代替了周铣，但周铣可以加工成形表面和组合表面。

（1）对称端铣：用面铣刀铣平面时，铣刀处于工件铣削层宽度中间位置的铣削方式，称为对称端铣，如图 3-31（a）所示。

（2）不对称端铣：用面铣刀铣削平面时，工件铣削层宽度在铣刀中心两边不相等的铣削方式称为不对称端铣，如图 3-31（b）所示。

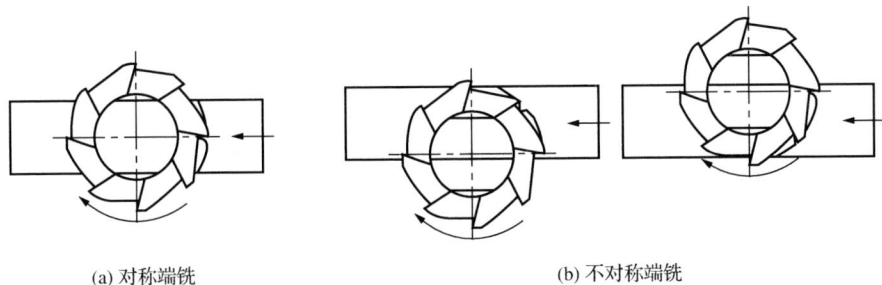

(a) 对称端铣　　　　　　　　　　　　(b) 不对称端铣

图 3-31　对称端铣与不对称端铣

2. 工件的装夹

铣床配有机用虎钳、回转工作盘、分度头等附件用来装夹工件。铣床上常用机用虎钳和压板来装夹工件。

1）用机用虎钳装夹工件

铣床所用的机用虎钳本身精度及其对底座底面的位置精度均要求较高，底座下面有两个定位键，以便安装时以工作台上的 T 形槽定位。机用虎钳有固定式和回转式两种，如图 3-32 所示。

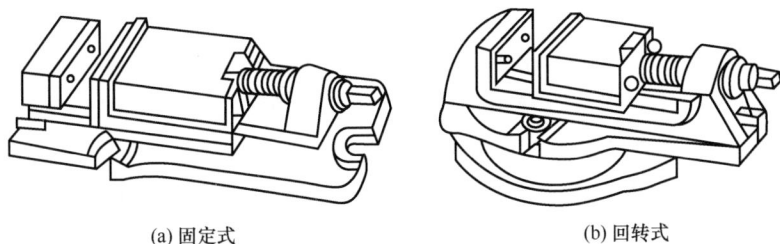

(a) 固定式　　　　　　　　　　　　(b) 回转式

图 3-32　机用虎钳

（1）机用虎钳的安装。使用机用虎钳前要先以固定钳口为基准找正并固定，通常要求固定钳口与机床导轨运动方向平行或垂直，常用直角尺和百分表来校正钳口，如图 3-33 所示。

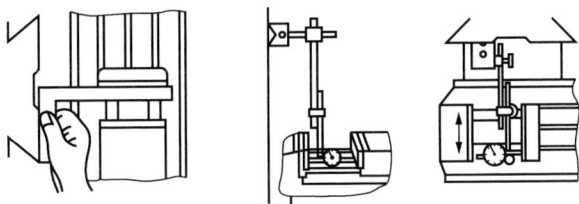

图 3-33　机用虎钳的校正

（2）工件在机用虎钳上的装夹。

① 选择毛坯件上一个大而平整的毛坯作粗基准，将其靠在固定钳口面上。用划针盘校正毛坯上的平面位置，符合要求后夹紧工件。校正时，工件不宜夹得太紧。在机用虎钳上装夹工件如图 3-34 所示。

② 以机用虎钳的固定钳口面作为定位粗基准时，将工件的基准面靠向固定钳口，并在

其活动钳口与工件之间放置一圆棒。圆棒要与钳口的上表面平行，其位置应在工件被夹持部分的中间偏上。通过圆棒夹紧工件，能保证工件基准面与固定钳口面的密合，如图 3-35 所示。

③ 以钳体导轨平面作为定位基准时，将工件的基准面靠向钳体导轨面，在工件与导轨面之间要加垫平行垫铁。为了使工件基准面与导轨面平行，可用手试移垫铁。当垫铁不再松动时表明垫铁与工件水平导轨面三者密合较好。敲击工件时，适当用力，并逐渐减小。用铜锤校正工件的操作如图 3-36 所示。

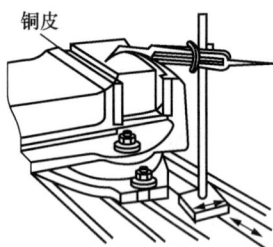

图 3-34　在机用虎钳上装夹工件图　　图 3-35　用圆棒装夹工件图　　图 3-36　用铜锤校正工件

用机用虎钳装夹工件时的注意事项

1. 在铣床上装夹工件时，应擦净钳口、钳体导轨面及工件表面。

2. 为使夹紧可靠，应尽量使工件与钳口工作面的接触面积大些。夹持短于钳口宽度的工件时应尽量应用中间均等部位。

3. 装夹工件时，工件待铣去的余量层应高出钳口上平面，高出的高度以铣削时铣刀不会碰到钳口上平面为准。

4. 在机用虎钳上用平行垫铁装夹工件时，所选用垫铁的平面度、平行度、相邻表面的垂直度应符合要求。

5. 要根据工件的材料、几何轮廓确定适当的夹紧力。不允许任意加长机用虎钳手柄。

6. 要铣削时，应尽量使水平铣削分力的方向指向固定钳口。

7. 夹持表面光洁的工件时，应在工件与钳口间加铜或铝等软垫片，以防止划伤工件表面。

8. 为提高回转式机用虎钳的刚性，增加切削稳定性，可将机用虎钳底座取下，把钳身直接固定在工作台上。

2）用压板装夹工件

装夹工件时压板的使用方法见表 3-6。

表 3-6　压板的使用方法

正确装夹方式	错误装夹方式
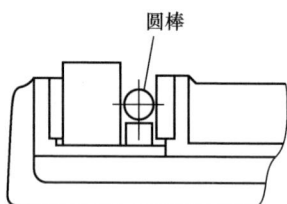	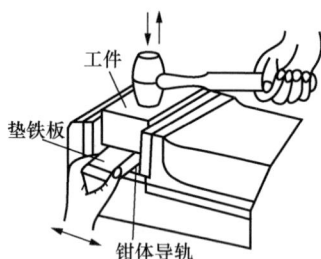

续表

正确装夹方式	错误装夹方式

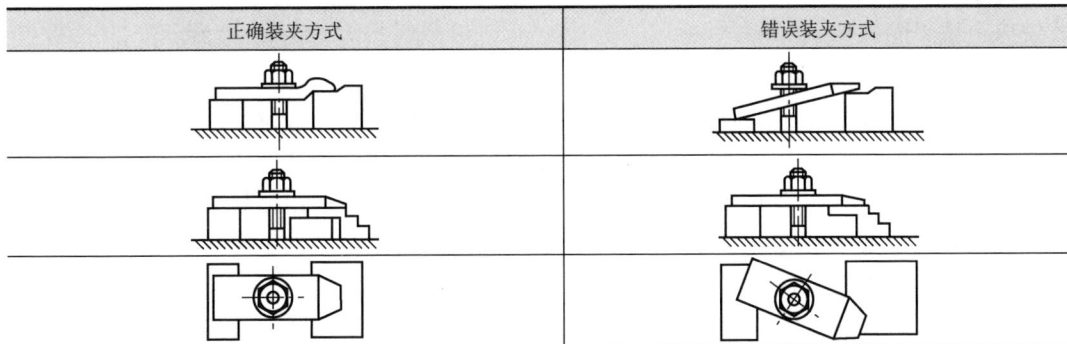

注：1—垫铁；2—压板；3—工件。

3）用角铁和 V 形块装夹工件

有些工件需要固定在角铁或 V 形块上进行铣削加工，这时工件的定位是利用百分表、划针或目测等方法校验工件的某些表面而实现的。校验后一般用压板、螺栓等将工件紧固。

（1）角铁。把两个加工面铣成相互垂直的面时，可用角铁装夹，如图 3-37 所示。

（2）V 形块。加工圆形工件时常用 V 形块定位。其装夹方法如图 3-38 所示。

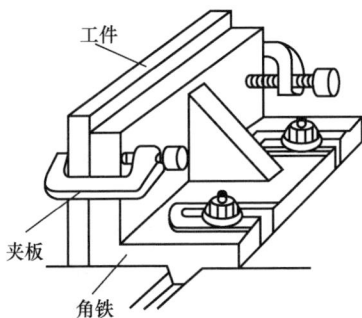

图 3-37 用角铁装夹工件

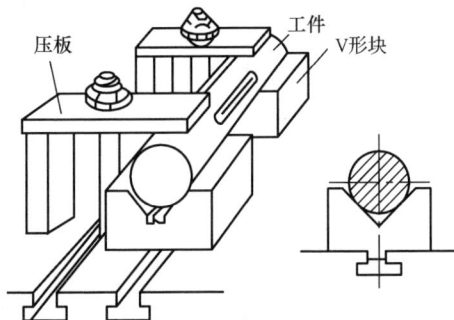

图 3-38 工件在 V 形块上的装夹

3. 铣削平面

1）铣削平面的方法

（1）用面铣刀铣削平面。面铣刀一般用于立式铣床铣平面，也可用在卧式铣床上铣侧面，如图 3-39 所示。

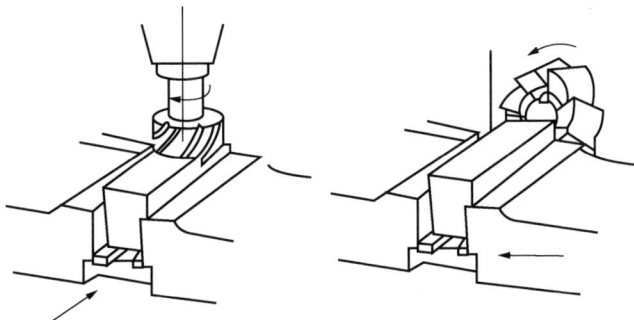

图 3-39 用面铣刀铣平面

（2）用立铣刀铣削平面。一般选用大直径的立铣刀在立式铣床上铣平面，也可用在卧式铣床上铣平面。

2）铣削平面的过程

（1）确定定位基准面。平面加工时，应选一个较大的平面为定位基准面，这个面必须是第一个需要安排加工的表面。加工其他各个表面时，都依这个基准面为基准进行加工，加工过程中，始终将这个定位基准面靠向机用虎钳的固定钳口或钳体导轨面，以保证其他各个表面和这个基准面的垂直度和平行度要求；否则，就不可能加工出合乎要求的矩形零件。选择设计基准面 A 作为定位基准面，如图 3-40 所示。

（2）对刀。移动工作台使工件位于铣刀下面开始对刀。对刀时，先启动主轴，再摇动升降台进给手柄，使工件慢慢上升，当铣刀微触工件后，在升降刻度盘上作记号，然后降下工作台，再纵向退出工件，按坯件实际尺寸，调整铣削层深度。余量小时可一次进给铣削至尺寸要求，否则可分粗铣和精铣。对刀后，应采用逆铣法加工至图样要求。

铣削对刀

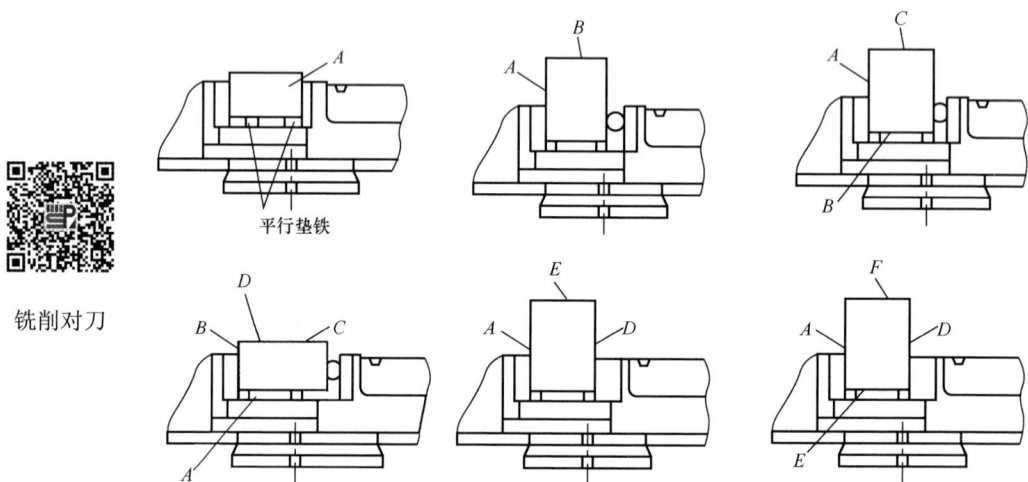

图 3-40　矩形工件的铣削顺序

（3）加工顺序如图 3-40 所示。

① 铣削基准面 A，选毛坯上面积最大的平面作为基准面。

② 铣削平面 B、C，在活动钳口上加垫圆棒以增加安装稳定性。

③ 用同样方法铣平面 D，在活动钳口上加垫圆棒以增加安装稳定性。

④ 铣削平面 E、F，用直角尺校正 B、C 面与工作台面的垂直度。

铣削平面时的注意事项

1. 铣削前先检查铣刀、工件装夹是否牢固，铣刀的安装位置是否正确。装夹工件时要注意在钳口与工件间垫铜皮。

2. 铣刀旋转后，应检查铣刀的旋转方向是否正确。

3. 调整切削深度时应开车对刀。

4. 进给中途，不准停止主轴旋转和工作台自动进给，遇有问题应先降落工作台，再停止主轴旋转和工作台自动进给。

5. 进给中途不准测量工件。

6. 切屑应飞向床身，以免烫伤人。

7. 对刀试切调整安装铣刀头时，注意不要损伤刀片刃口。

8. 调整切削深度时，若手柄摇过头，应注意消除丝杠和螺母间隙，以免铣错尺寸。

9. 若面铣刀采用多把铣刀头，可将刀头安装成阶台状切削工件。

3.3.2 任务实施：铣削矩形板

1. 工艺准备

01 图样分析。根据图样可知，矩形工件属于较典型的平面铣削工件，工件图形对称，加工时应选 A 面作为定位基准面，以保证其他各个表面和这个基准面的垂直度和平行度要求；否则，就不可能加工出合乎要求的矩形工件。

02 加工准备。

① 材料准备。材料 45 钢，尺寸 85mm×45mm×50mm。

② 工量刃具准备见表 3-7。

③ 确定切削用量。粗铣时，$n=475 \text{r/min}$，$v_f=475 \text{mm/min}$，$a_p=4\sim5\text{mm}$；精铣时，$n=750 \text{r/min}$，$v_f=300 \text{mm/min}$，$a_p=0.4\sim0.6\text{mm}$。

④ 选择铣床。选用 X5032 立式铣床。

表 3-7　铣削矩形工量刃具

序号	名称	规格	精度	数量
1	硬质合金面铣刀	直径 100mm，齿数 6	—	1 把
2	划规和划针	—	—	1 套
3	表架	—	—	1 套
4	游标卡尺	0～150mm	0.02mm	1 把
5	直角尺	125mm×80mm	0 级	1 把
6	百分表	0～10	0.01mm	1 只
7	杠杆百分表	0～0.8	0.01mm	1 只
8	铜锤	—	—	1 把

2. 铣削平面步骤

01 工件的装夹。采用机用虎钳装夹，找正并夹紧。

02 确定铣削方法。采用不对称逆铣，铣刀中心与工件中心的位移量取 $K\approx0.1D\approx10\text{mm}$，先依次粗铣六面，然后用同样的顺序精铣六面。

03 铣削六面。铣削六面采用图 3-40 所示的矩形工件的铣削顺序。

考核评价

实训任务完成后，进行总结评价，学生自检（查）、班组长互检（查）与教师过程评价和综合评价相结合。合计分公式及权重由教师拟定。铣削矩形工件考核评价内容见表 3-8。

表 3-8 铣削矩形工件考核评价表

序号	项目	检测内容	配分		自检（查）	互检(查)	评分
			IT	Ra			
1	尺寸精度	$80_{-0.20}^{0}$ mm	16	4			
2		$40_{-0.10}^{0}$ mm	16	4			
3		$50_{-0.10}^{0}$ mm	16	4			
4	几何公差	⊥ 0.05 B	16				
5		⊥ 0.05 A B	16				
6		∥ 0.05 B	8				
7	安全文明生产	按安全操作规程及 6S 现场管理要求有关规定	—		视实际情况扣 1～10 分		
合计：							
总体评价：							

任务 3.4 ---- 铣削斜面

☞ 工作任务

斜面的铣削，斜面工件图样如图 3-41 所示。

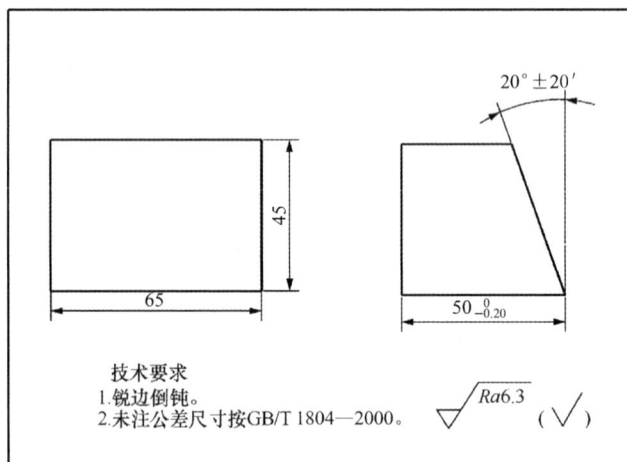

技术要求
1. 锐边倒钝。
2. 未注公差尺寸按GB/T 1804—2000。

图 3-41 斜面工件

3.4.1 相关知识：斜面铣削方法

1. 斜面的铣削方法

斜面的铣削方法有工件倾斜铣斜面、铣刀倾斜铣斜面和用角度铣刀铣斜面三种。

1）工件倾斜铣斜面

在立式或卧式铣床上，铣刀无法实现转动角度的情况下，可以将工件倾斜至所需角度装夹。常用的方法有以下几种：

（1）利用倾斜垫铁装夹工件加工斜面，如图3-42所示。

（2）利用万能分度头装夹工件加工斜面，如图3-43所示。

铣削斜面

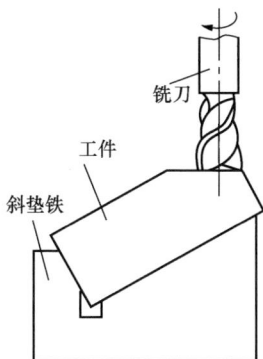

图3-42 用倾斜垫铁装夹工件

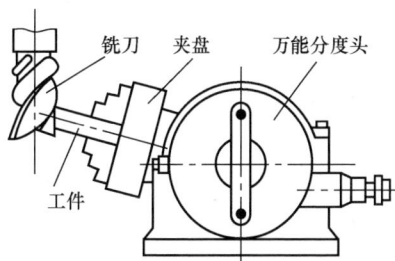

图3-43 用万能分度头装夹工件

（3）在单件生产中，常用划线校正工件的装夹方法来实现斜面的铣削。

（4）利用机用虎钳钳体调转所夹工件的角度也可实现斜面的铣削。安装机用虎钳时必须要校正固定钳口与主轴轴线的垂直度与平行度（卧式铣床），或校正固定钳口与工作台纵向进给方向的垂直度与平行度，然后按角度要求将钳体转到刻度盘上的相应位置，即可铣削斜面。

2）铣刀倾斜铣斜面

在立铣头可偏转的立式铣床、装有立铣头的卧式铣床、万能工具铣床上均可将面铣刀、立铣刀按要求偏转一定角度进行斜面的铣削，如图3-44所示。

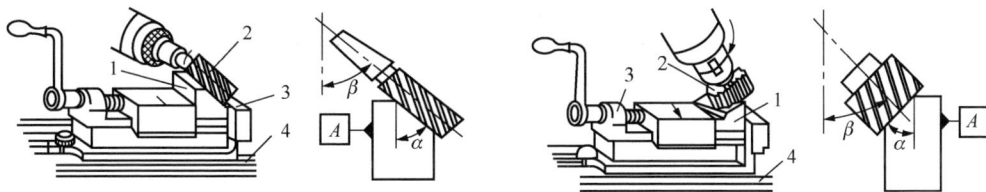

(a) 立铣刀倾斜铣斜面　　　　　　　　　　(b) 面铣刀倾斜铣斜面
1—工件；2—铣刀；3—机用虎钳；4—工作台。

图3-44 立铣刀和面铣刀倾斜铣斜面

3）用角度铣刀铣斜面

切削刃与轴线倾斜成某一角度的铣刀称为角度铣刀。斜面的倾斜角度由角度铣刀保证。用角度铣刀铣削斜面只适用于宽度不大的斜面，选择的铣削用量应比圆柱形铣刀小，尤其是每齿进给量更要适当减小。

2. 斜面的测量

测量斜面的角度：精度要求低的斜面用游标万能角度尺测量，精度要求较高的斜面可用正弦规测量。

铣削斜面时的注意事项

1. 铣削时注意铣刀的旋转方向是否正确。

2. 铣削时切削力应靠向机用虎钳的固定钳口。

3. 用面铣刀或立铣刀端面刃铣削时，注意顺逆铣，注意走刀方向，以免因顺铣或走刀方向搞错损坏铣刀。

4. 不使用的进给机构应紧固，工作完毕后应松开。

5. 装夹工件时注意不要夹伤已加工表面。

3.4.2 任务实施：斜面工件铣削

1. 工艺准备

01 图样分析。斜面工件尺寸精度为 65mm、$50 _{-0.20}^{\ 0}$ mm、45mm。斜面与端面的夹角为 20°±20′。加工中基准面尽可能用作定位面，铣削斜面时以同侧端面为基准。工件各表面粗糙度均为 $Ra6.3\mu m$，精度一般，铣削能达到要求。

02 加工准备。

① 材料 45 钢，尺寸 65mm×50mm×45mm。

② 铣削斜面工量刃具见表 3-9 所示。

③ 选择切削用量。粗铣时，n＝118r/ min，v_f＝118mm/ min，a_p＝4～5mm；精铣时，n＝150r/ min，v_f＝95mm/ min，a_p＝0.4～1mm。调节好铣床手柄的位置，并分粗、精铣加工。

④ 选择机床。X5032 立式铣床上采用端铣法加工。

表 3-9　铣削斜面工量刃具

序号	名称	规格	精度	数量
1	套式立铣刀	直径 63mm	—	1 把
2	划规和划针	—	—	1 套
3	游标卡尺	0～150mm	0.02mm	1 把
4	直角尺	125mm×80mm（0 级）	—	1 把
5	游标万能角度尺	0°～320°	2′	1 把
6	铜锤	—	—	1 把

2. 铣削斜面步骤

01 工件装夹与找正。选用机用虎钳，将工件横放装夹在钳口中，使工件的底面与机用虎钳导轨面平行。

02 主轴转角调整。调整时，将主轴回转盘上 20° 刻线与固定盘上的基准线对准后紧固。

03 对刀。操纵相关手柄，改变工作台及工件位置，目测套式立铣刀，使之处于工件的中间位置后，紧固纵向工作台。开动机床并横向、垂向移动工作台，使铣刀端齿与工件的最高点相接触，在垂向刻度盘上做好记号，然后下降工作台，退出工件。

04 粗铣斜面。根据刻度盘上的记号，分三次升高垂向工作台进行粗铣加工，每次约

5.1mm，留精铣余量约 1mm。

05 精铣斜面。一般在粗铣后，须经测量确定精铣加工的实际余量，然后精铣斜面，使工件符合图样要求。

考核评价

实训任务完成后，进行总结评价。学生自检（查）、班组长互检（查）与教师过程评价和综合评价相结合。合计分公式及权重由教师拟定。铣削斜面考核评价内容见表 3-10。

表 3-10　铣削斜面考核评价表

序号	项目	检测内容	配分		自检（查）	互检（查）	评分
			IT	Ra			
1	尺寸精度	$50_{-0.20}^{\ 0}$ mm	30	4			
2		65mm	14	2			
3		45mm	14	2			
4		20°±20′	30	4			
5	安全文明生产	按安全操作规程及 6S 现场管理要求有关规定	—		视实际情况扣 1～10 分		

合计：

总体评价：

任务 3.5 ---- 铣削台阶和直角沟槽

☞ 工作任务

铣削台阶和直角沟槽，台阶和直角沟槽图样如图 3-45 所示。

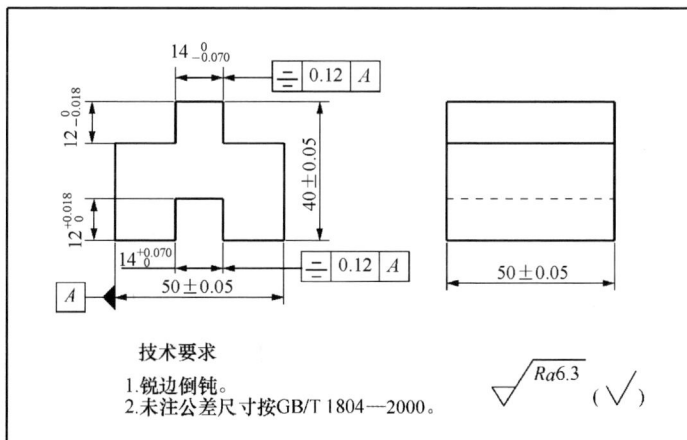

图 3-45　台阶和直角沟槽

▌3.5.1　相关知识：台阶和沟槽铣削方法

台阶面是指由两个相互垂直的平面所组成的组合平面，其特点是两个平面是用同一把铣刀的不同部位同时加工出来，两个平面用同一个定位基准。因此，两个加工平面垂直与否，主要取决于刀具。台阶面的铣削常用三面刃铣刀、立铣刀、面铣刀进行铣削。

直角沟槽有通槽、半通槽、封闭槽三种形式。窄小的通槽可用锯片铣刀或小尺寸立铣刀进行铣削。而半通槽和封闭槽则用立铣刀或键槽铣刀进行铣削。

1. 台阶的铣削方法

在机械加工中，台阶、直角沟槽零件主要应用在配合、定位、支撑与传动等场合，台阶零件的形式如图3-46所示。

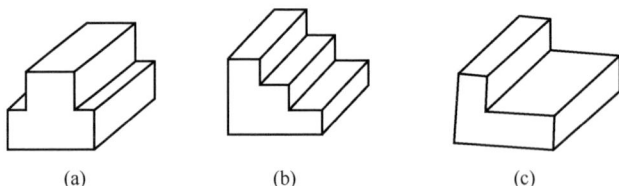

(a)　　　　　　　(b)　　　　　　　(c)

图3-46　台阶零件的形式

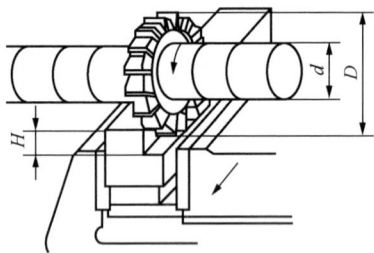

图3-47　三面刃铣刀铣台阶

零件上的台阶通常可在卧式铣床上采用一把三面刃铣刀或组合三面刃铣刀铣削，或在立式铣床上采用不同刃数的立铣刀铣削。

1）三面刃铣刀铣台阶

图3-47所示为三面刃铣刀铣台阶，这种方法适宜加工台阶面较小的零件。

（1）铣刀的选择。主要选择三面刃铣刀的宽度 L 和直径 D。铣刀的直径 D 按下式确定：

$$D > d + 2t \tag{3-3}$$

式中：D——铣刀的直径；

d——刀杆垫圈直径；

t——台阶深度。

在满足式（3-3）的条件下，应选用直径较小的错齿三面刃铣刀。

（2）校正铣床工作台零位。

（3）校正机用虎钳。机用虎钳的固定钳口一定要校正到与进给方向平行或垂直；否则，钳口歪斜将加工出与工件侧面不垂直的台阶来。

（4）铣削台阶方法。如图3-48（a）所示，工件装夹校正后，摇动各进给手柄，使铣刀擦着台阶侧面的贴纸，然后降落垂向工作台，如图3-48（b）所示。

如图3-48（c）所示，把横向工作台移动一个台阶宽度的距离，并将其紧固。上升工作台，使铣刀圆周刃擦着工件上表面贴纸。摇动纵向工作台手柄，使铣刀退出工件，上升一个台阶深度，摇动纵向工作台手柄，根据图样要求，进行所需台阶的铣削。如图3-48（d）所示，铣出台阶后，使工件与刀具完全分离。

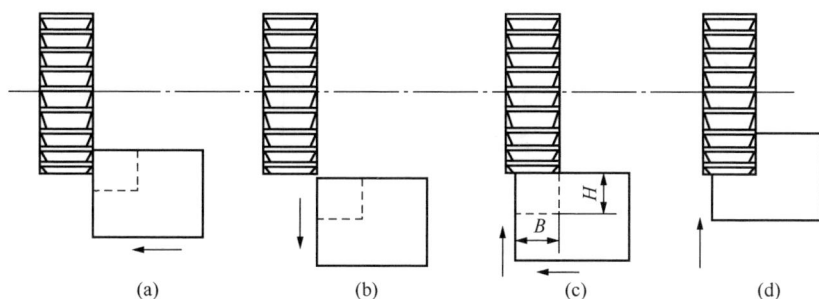

图 3-48 台阶的铣削方法

2）用面铣刀铣削台阶

宽度较宽、深度较浅的台阶可用面铣刀加工。

3）组合铣刀铣台阶

成批铣削双面台阶零件时，可用组合的三面刃铣刀，如图 3-49 所示。加工前应进行试铣，以免造成废品。

4）立铣刀铣台阶

如图 3-50 所示，铣削较深台阶或多级台阶时，可用立铣刀（主要有 2 齿、3 齿、4 齿）铣削。当台阶的加工尺寸及余量较大时，可采用分段铣削，即先分层粗铣掉大部分余量，并预留精加工余量，后精铣至最终尺寸。粗铣时，台阶底面和侧面的精铣余量选择范围通常为 0.5～1.0mm。精铣时，应首先精铣底面至尺寸要求，后精铣侧面至尺寸要求，这样可以减小铣削力，从而减小夹具、工件、刀具的变形和振动，提高尺寸精度和表面粗糙度。

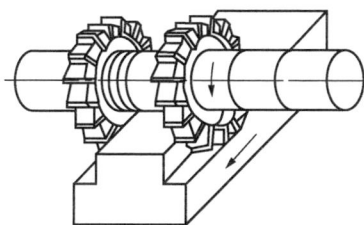

图 3-49 组合铣刀铣台阶

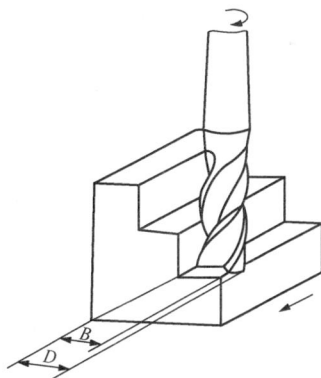

图 3-50 立铣刀铣台阶

2. 直角沟槽的铣削方法

直角沟槽有敞开式、半封闭式和封闭式三种，如图 3-51 所示。

（1）用三面刃铣刀铣直角通槽和半封闭式直角沟槽。敞开式直角沟槽又称直角通槽。当尺寸较小时，通常都用三面刃铣刀加工，成批生产时采用盘形槽铣刀加工。

用三面刃铣刀加工直角通槽的方法和步骤与加工台阶基本相同。三面刃铣刀特别适宜加工较窄和较深的敞开式或半封闭式直角沟槽。对于槽宽尺寸精度较高的沟槽，通常选择小于槽宽的铣刀，采用扩大法，分两次或两次以上铣削至尺寸要求。

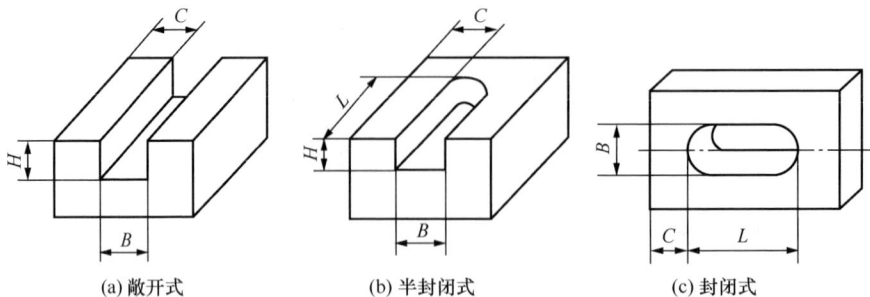

(a) 敞开式　　　　　　(b) 半封闭式　　　　　　(c) 封闭式

图 3-51　直角沟槽的种类

（2）用立铣刀铣半通槽和封闭槽。用立铣刀铣削半通槽。由于立铣刀刚性差，在加工较深的槽时，进给量要比三面刃铣刀小些，应分几次铣削，铣至要求深度后，再将槽扩铣至要求尺寸。用立铣刀铣封闭槽时，铣削前应先钻一个直径稍小于铣刀直径的落刀孔，再由此孔落刀开始铣削加工。立铣刀适宜加工槽宽精度要求较低的直角沟槽。

（3）用键槽铣刀铣半通槽和封闭槽。精度较高、深度较浅的半通槽和封闭槽，可用键槽铣刀铣削。键槽铣刀的端面刀刃通过刀具中心，因此铣削时不必预钻落刀孔。

┌─── **铣削台阶和沟槽时的注意事项** ───────────────────────┐

1. 开车前应先检查铣刀及工件安装位置是否正确，装夹是否牢固。
2. 对刀和调整背吃刀量应在铣刀旋转时进行。
3. 切削力应压向机用虎钳的固定钳口，人应避开切屑飞出的方向。
4. 铣削时应采用逆铣，注意进给方向，以免顺铣打刀或损坏工件。
5. 机床未停稳不得测量工件或触摸工件表面。
6. 铣削钢件时必须充分浇注切削液。
7. 使用直径较小的立铣刀加工工件，进给量不能过大，以免让刀造成废品。

└──┘

3.5.2　任务实施：凸凹槽铣削

1. 工艺准备

01 图样分析。台阶的宽度尺寸为 $14_{-0.070}^{0}$ mm，台阶高度尺寸为 $12_{-0.070}^{0}$ mm，台阶对外形宽度 50mm 的对称度为 0.12mm，台阶在全长贯通。直角槽的宽度尺寸为 $14_{0}^{+0.070}$ mm，深度尺寸为 $12_{0}^{+0.018}$ mm，直角槽对外形尺寸 50mm 的对称度为 0.12mm，直角沟槽在全长贯通。工件表面粗糙度均为 $Ra6.3\mu m$，铣削加工比较容易达到。

02 加工准备。

① 材料准备。材料 45 钢，尺寸 50mm×50mm×40mm。

② 工量刃具准备。铣削台阶和直角沟槽工量刃具见表 3-11。

表 3-11　铣削台阶和直角沟槽工量刃具

序号	名称	规格/mm	精度	数量
1	三面刃铣刀	80×12×27		1 把
2	划规和划针			1 套

续表

序号	名称	规格/mm	精度	数量
3	千分尺	0～25	0.01	1 把
4	千分尺	25～50	0.01	1 把
5	百分表	0～10	0.01	1 把
6	表座			1 个
7	游标卡尺	0～150	0.02mm	1 把
8	锤子			1 把

③ 选择切削用量。选取转速 $n=118 \text{r/min}$ ，进给量 $v_f=60 \text{mm/min}$ 。

④ 选择机床。X6132 卧式铣床。

2. 铣削台阶和直角沟槽步骤

01 安装机用虎钳，校正固定钳口与铣床主轴轴心线垂直。工件横放，A 面靠紧固定钳口夹紧。

02 选择并安装三面刃铣刀。

03 铣一侧的阶台至尺寸要求。

04 铣另一侧的阶台至尺寸要求。

05 对刀铣沟槽。

06 测量卸下工件。

考核评价

实训任务完成后，进行总结评价。学生自检（查）、班组长互检（查）与教师过程评价和综合评价相结合。合计分公式及权重由教师拟定。铣削台阶和直角沟槽考核评价内容见表 3-12。

表 3-12　铣削台阶和直角沟槽考核评价表

序号	项目	检测内容	配分		自检（查）	互检（查）	评分
			IT	Ra			
1	尺寸精度	$14_{-0.070}^{0}$ mm Ra6.3μm	20	4			
2		$14_{0}^{+0.070}$ mm Ra6.3μm	20	4			
3		$12_{-0.018}^{0}$ mm Ra6.3μm	16	4			
4		$12_{0}^{+0.018}$ mm Ra6.3μm	16	2			
5	几何公差	⏥ 0.12 A （2 处）	14				
6	安全文明生产	按安全操作规程及 6S 现场管理要求有关规定	—		视实际情况扣 1～10 分		

合计：

总体评价：

任务 3.6 ···· 铣削轴上键槽 ····

☞ **工作任务**

铣削轴上键槽，轴上键槽图样如图 3-52 所示。

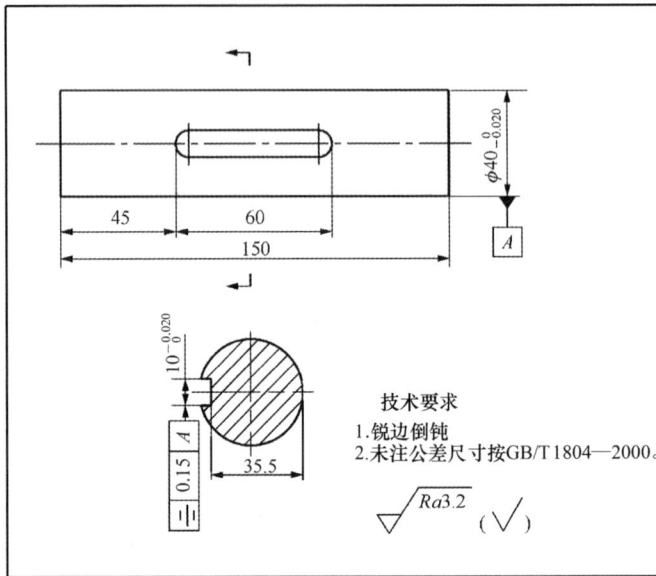

技术要求

1.锐边倒钝

2.未注公差尺寸按GB/T 1804—2000。

$\sqrt{Ra3.2}$ ($\sqrt{}$)

图 3-52　轴上键槽

▎3.6.1　相关知识：轴上键槽的铣削方法

轴上的键槽俗称轴槽，轴上零件（套类零件）的键槽俗称轮毂槽。平键联结中轴槽与轮毂槽都是直角沟槽。轴上槽多用铣削的方法加工。

轴上键槽的两侧面与平键两侧面相配合，用于传递转矩。它有通槽、半通槽和封闭槽三种，如图 3-53 所示。

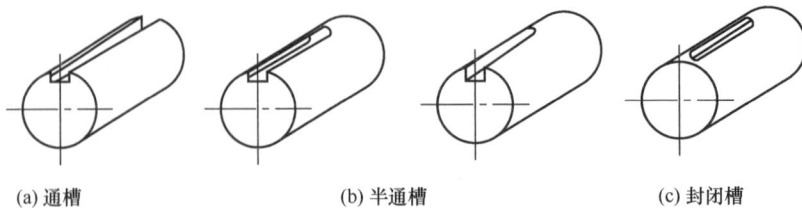

(a) 通槽　　　　　(b) 半通槽　　　　　(c) 封闭槽

图 3-53　轴上键槽的种类

1. 工件的装夹及校正

装夹工件时，要保证键槽中心线与轴心线重合。铣键槽的装夹方法一般有以下几种。

（1）用机用虎钳装夹。如图 3-54 所示，机用虎钳装夹适用于在中小短轴上铣键槽，适用于单件或批量生产。

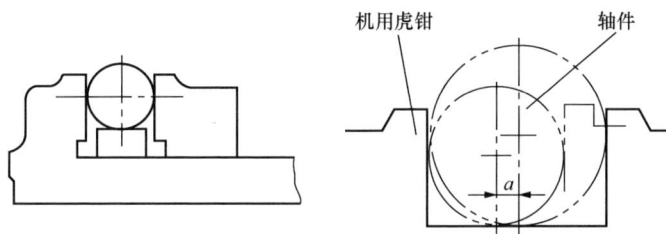

图 3-54 机用虎钳装夹轴类零件

（2）用 V 形块装夹。图 3-55 所示为 V 形块的装夹情况。V 形块装夹适用于长粗轴上的键槽铣削，采用 V 形块定位支撑的优点为夹持刚度好、操作方便，铣刀容易对中。

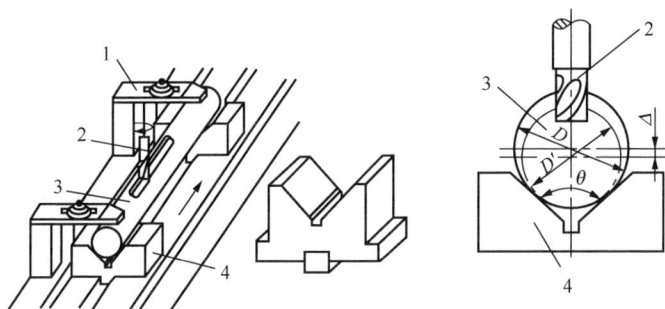

1—压板；2—键槽铣刀；3—轴件；4—V 形块。

图 3-55 V 形块装夹零件

（3）工作台上 T 形槽装夹。图 3-56 所示为将轴件直接装夹在铣床工作台 T 形槽上并使用压板将轴件夹紧的情况，T 形槽槽口处的倒角相当于 V 形块上的 V 形槽，能起到定位作用。当加工直径 20～60mm 的长轴时，可将其直接装夹在工作台的 T 形槽口上，而阶梯轴件和大直径轴件不适合采用这种方法。

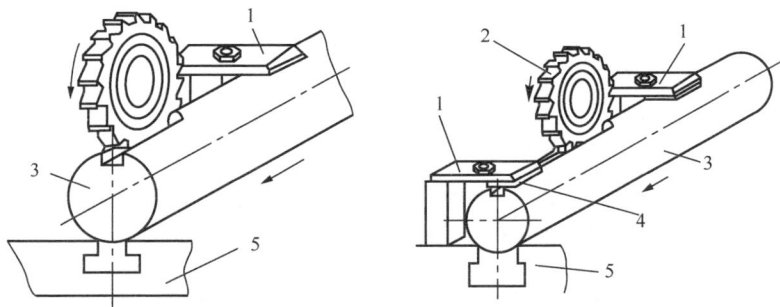

1—压板；2—铣刀；3—轴件；4—薄铜皮；5—工作台。

图 3-56 在 T 形槽上装夹轴件

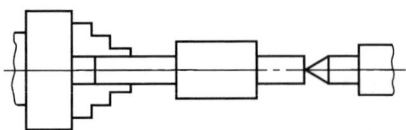

图 3-57　分度头装夹工件

（4）用分度头装夹。如图 3-57 所示，如果是对称键与多槽工件的装夹，为了使轴上的键槽位置分布准确，大都采用分度头或带有分度装置的夹具装夹。利用分度头的自定心卡盘和后顶尖装夹工件时，工件轴线必须在自定心卡盘和顶尖的轴心线上。

（5）工件的校正。如图 3-58 所示，要保证键槽两侧面和底面都平行于工件轴线，就必须使工件轴线既平行于工作台的纵向进给方向，又平行于工作台台面。用机用虎钳装夹工件时，可用百分表校正固定钳口与纵向进给方向平行，再校正工件上母线与工作台台面平行；用 V 形块和分度头装夹工件时，要校正工件母线与纵向进给方向平行，又要校正工件上母线与工作台台面平行。在装夹长轴时，最好用一对尺寸相等且底面有键的 V 形块，以节省校正时间。

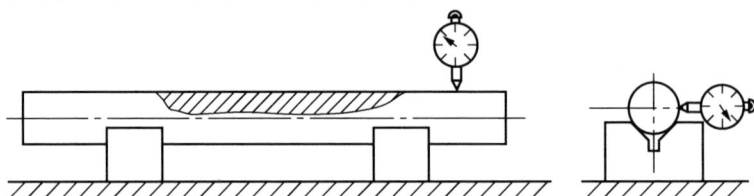

图 3-58　工件的校正

2. 铣削键槽的铣刀选择

铣削键槽的过程中，对铣刀的要求是较为严格的，它直接影响到键槽的精度和表面粗糙度。通常，铣削敞开式键槽是用三面刃盘形铣刀；铣削封闭式键槽是用立铣刀或键槽铣刀。

3. 调整铣刀切削位置

铣键槽时，调整铣刀与工件相对位置（对中心），使铣刀旋转轴线对准工件轴线，这是保证键槽对称性的关键。常用的对中心方法如下：

（1）擦边对中心。如图 3-59 所示，先在工件侧面贴张薄纸，用润滑脂作为黏液，开动铣床，当铣刀擦到薄纸后，向下退出工件，再横向移动铣刀。

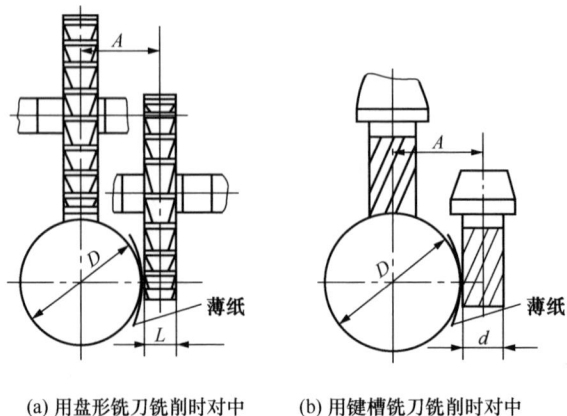

(a) 用盘形铣刀铣削时对中　　　　(b) 用键槽铣刀铣削时对中

图 3-59　擦边对中心法

当用三面刃盘形铣刀时，移动距离 A 为

$$A=\frac{D+L}{2}+\delta \qquad (3-4)$$

当用键槽铣刀或立铣刀时，移动距离 A 为

$$A=\frac{D+d}{2}+\delta \qquad (3-5)$$

式中：A——工作台移动距离（mm）；

　　　L——铣刀宽度（mm）；

　　　D——工件直径（mm）；

　　　d——铣刀直径（mm）；

　　　δ——纸厚（mm）。

（2）切痕对中心。切痕对中心方法使用简便，是最常用的对中心方法，但对中心精度不高。

① 盘形铣刀切痕对中心法。如图 3-60（a）所示，先把工件大致调整到铣刀的中心位置，开动铣床，在工件表面上切出一个接近铣刀宽度的椭圆形切痕，然后移动横向工作台，使铣刀落在椭圆的中间位置。

② 键槽铣刀切痕对中心法。如图 3-60（b）所示，键槽铣刀切痕对中心法的原理和盘形铣刀的切痕对中心法基本相同，只是键槽铣刀的切痕是个边长等于铣刀直径的正方形小平面。对中心时，使铣刀在旋转时落在小平面的中间位置。

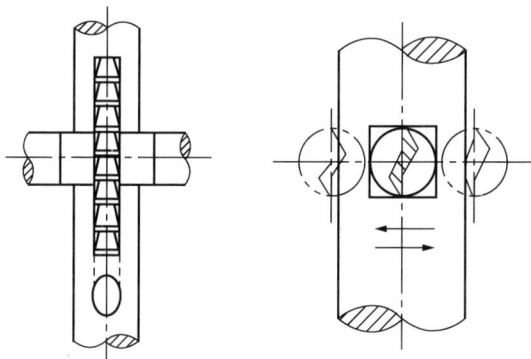

(a) 盘形铣刀切痕对中心法　　　(b) 键槽铣刀切痕对中心法

图 3-60　切痕对中心法

③ 百分表对中心。图 3-61（a）所示为工件装夹在机用虎钳内加工键槽。此时，可将杠杆百分表装在铣床主轴上，用手转动主轴，观察百分表在钳口两侧 a、b 两点的读数，若读数相等，则铣床主轴轴线对准了工件轴线。这种对中心法较精确。图 3-61（b）所示为工件装夹在 V 形块或分度头上铣削键槽。主轴转过 $180°$，使百分表在 a、b 两点的数值相等，即对准中心。

4. 键槽的铣削

轴上的通槽和槽底一端是圆弧形的半通槽，一般选用盘形槽铣刀铣削，轴槽的宽度由铣刀宽度保证，半通槽一端的槽底圆弧半径由铣刀半径保证。轴上的封闭槽和槽底一端是直角的半通槽，用键槽铣刀铣削，并按轴槽的宽度尺寸来确定键槽铣刀的直径。

（1）分层铣削法。图 3-62 所示为分层铣削法。用这种方法加工，每次铣削深度只有 0.5～1mm，以较大的进给速度往返进行铣削，直至达到深度尺寸要求。使用此加工方法的优点是铣刀用钝后，只需刃磨端面，磨短不到 1mm，铣刀直径不受影响；铣削时不会产生让刀现象；但在普通铣床上进行加工时，操作的灵活性差，生产效率低。

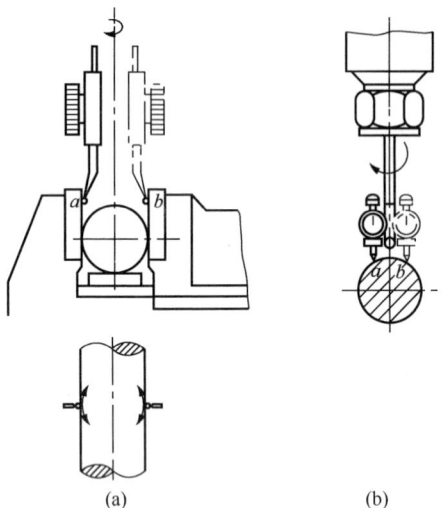

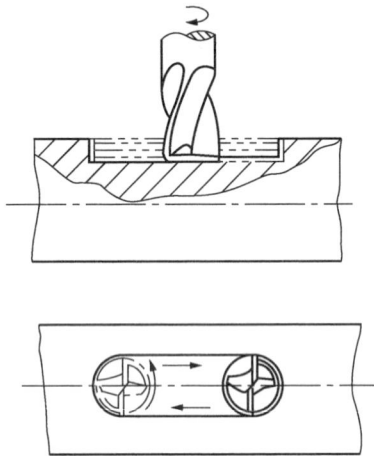

（2）扩刀铣削法。图 3-63 所示为分层铣削至深度尺寸再扩铣两侧。将选择好的键槽铣刀外径磨小 0.3～0.5mm（磨出的圆柱度要好）。铣削时，在键槽的两端各留 0.5mm 余量，分层往复走刀铣至深度尺寸，然后测量槽宽，确定宽度余量，用符合键槽尺寸的铣刀由键槽的中心对称扩铣槽的两侧至尺寸，并同时铣至键槽的长度。铣削时注意保证键槽两端圆弧的圆度。这种铣削方法容易产生让刀现象，使槽侧产生斜度。

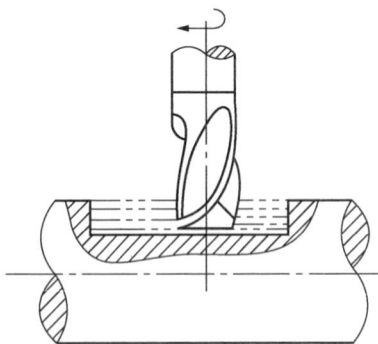

(a)   (b)

图 3-61　百分表对中心法

图 3-62　分层铣削法   图 3-63　分层铣削至深度尺寸再扩铣两侧

┌─ 铣槽操作时的注意事项 ─

1. 铣槽前，应认真检查铣刀尺寸，试铣合格后再加工工件。
2. 铣削用量要合适，避免产生让刀现象，以免将槽铣宽。
3. 铣削时不准测量工件，不准用手摸铣刀和工件。

3.6.2　任务实施：轴上键槽铣削

1. 工艺准备

01 图样分析。键槽的宽度尺寸为 $10^{+0.020}_{0}$ mm，深度尺寸标注为槽底至工件外圆的尺寸 35.5mm，槽深 4.5mm，键槽的长度为 60mm。键槽对工件轴线的对称度为 0.15mm。

毛坯件直径为ϕ40mm，长 150mm。键槽侧面表面粗糙度值为 Ra3.2μm，铣削加工能达到要求。

02 加工准备。

① 材料 45 钢，尺寸ϕ40mm×150mm。

② 铣削键槽工量刃具见表 3-13 所示。

表 3-13　铣削键槽工量刃具

序号	名称	规格/mm	精度	数量
1	键槽铣刀	ϕ10		1 把
2	千分尺	0～25	0.01	1 把
3	百分表	0～10	0.01	1 把
4	表架			1 套
5	游标卡尺	0～150	0.02	1 把
6	锤子			1 把

③ 选择铣削用量。按工件材料（45 钢）、表面粗糙度要求和铣刀参数，调整主轴转速 n=750r/ min（v_f=23.6m/ min），进给量 f=75mm/ min。

④ 选择机床。X5032 立式铣床。

2.　铣削轴上键槽步骤

01 安装机用虎钳，校正固定钳口与工作台纵向进给方向平行。

选择键槽铣刀，安装钻夹头和铣刀。铣刀的直径应为 10.00～10.01mm。

02 试铣检查铣刀尺寸。

03 装夹并校正工件。

04 在工件上划线。

05 中心铣削。

06 测量卸下工件。

┃ 考核评价 ┃

实训任务完成后，进行总结评价。学生自检（查）、班组长互检（查）与教师过程评价和综合评价相结合。合计分公式及权重由教师自行拟定。铣削轴上键槽考核评价内容见表 3-14。

表 3-14　铣削轴上键槽考核评价表

序号	项目	检测内容	配分		自检（查）	互检（查）	评分
			IT	Ra			
1	尺寸精度	$10^{+0.020}_{0}$ mm　Ra3.2μm	40	10			
2		35.5mm　Ra3.2μm	20	5			
3		60mm	10				
4	几何公差	$=$ 0.15 A	15				

续表

序号	项目	检测内容	配分		自检	互检	评分
			IT	*Ra*			
5	安全文明生产	按安全操作规程及 6S 现场管理要求有关规定	—		视实际情况扣 1～10 分		

合计：

总体评价：

任务 3.7 ···· 铣削等分零件 ·····

☞ 工作任务

铣削多边形。六方螺栓图样如图 3-64 所示。

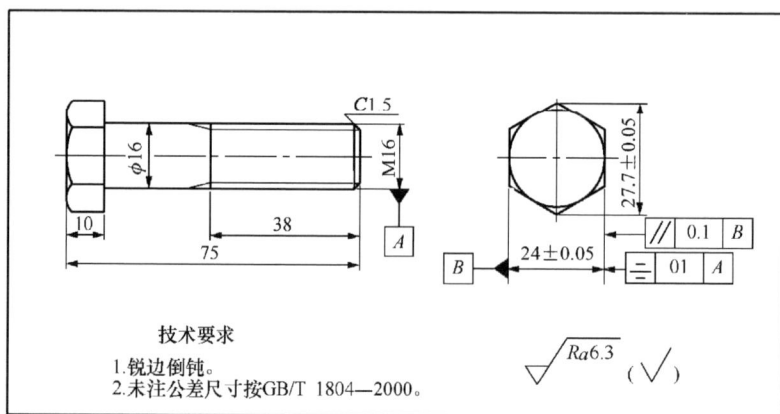

图 3-64　六方螺栓

3.7.1　相关知识：分度头使用及等分零件铣削方法

分度头是铣床的附件之一。许多机械零件（如花键、离合器、齿轮等）在铣削时，需要利用分度头进行圆周分度，才能铣削出等分的齿槽。

1. 万能分度头的分度方法

万能分度头的分度方法有直接分度法、简单分度法和角度分度法。

1）直接分度法

分度时，先将蜗杆脱开蜗轮，用手直接转动分度头主轴进行分度。分度头主轴的转角由装在分度头主轴上的刻度盘和固定在壳体上的游标读出。分度完毕后，应用锁紧装置将分度头主轴紧固，以免加工时转动。该方法往往适用于分度精度要求不高、分度数目较少（如等分数为 2、3、4、6）的场合。

2）简单分度法

（1）分度原理。在万能分度头内部，蜗杆是单线，蜗轮为 40 齿。分度中，当摇柄转动，蜗杆和蜗轮就旋转。当摇柄（蜗杆）转 40 周，蜗轮（工件）转一周，即传动比为 40：1，"40" 称为分度头的定数。各种常用的分度头都采用这个定数，则摇柄转数与工件等分数的关系式为

$$n=\frac{40}{z} \tag{3-6}$$

式中：n——分度摇柄转数（r）；

      40——分度头的定数；

      z——工件等分数（齿数或边数）。

由于工件有各种不同的等分数，因此，分度中摇柄转过的圈数不一定都是整圈数。所以在分度中，要按照计算出的圈数，先使摇柄转过整圈数，再在孔圈上转过一定的孔数（可以根据分度盘上的孔圈数，把分子、分母同时扩大或缩小）。

例 在 Fll-125 型万能分度头上铣削多齿槽，工件齿的等分数 $z=23$，求每铣一齿分度中摇柄相应转过的圈数。

解：利用式（3-6）按分数法计算，把 $z=34$ 代入，得

$$n=\frac{40}{z}=\frac{40}{34}\text{r}$$

$$n=\frac{40}{34}\text{r}=1\frac{6}{34}\text{r}$$

铣床分度头的操作

所以，每铣一齿，分度摇柄在 34 孔圈的分度盘上转过一整周后再转过六个孔。

（2）分度时的操作。分度前，应先将分度盘用锁紧螺钉固定，通过分度手柄的转动，蜗杆带动蜗轮旋转，从而带动主轴和工件转过一定的角度（转）。分度时一定要调整好插销所对应的分度盘圈孔。

分度叉两叉脚间的夹角可调，调整方法是使两个叉脚间的孔数比需摇的孔距多一个。如图 3-65 所示，两叉脚间有七个孔，但只包含六个孔距。在例题中，$n=\frac{40}{34}\text{r}=1\frac{6}{34}\text{r}$，如选择孔数为 34 的孔圈，分度叉两叉脚间应有七个分度孔。分度时，先拔出插销，转动分度手柄，经传动系统的一定传动比，可使主轴回转到所需位置，然后把插销插入所对应的孔盘上的孔圈中。分度手柄转动的转数，通过插销所对应的孔圈的孔数计算得到，插销可在分度手柄的长槽中沿分度盘径向调整位置，以使得插销能插入不同孔数的孔圈中。

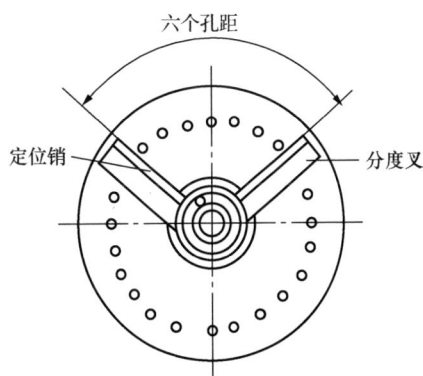

图 3-65 分度叉调整示意图

3）角度分度法

以工件所需要的角度 θ 为计算的依据来分度的方法叫角度分度法。万能分度头的传动比是 1：40，因此，摇柄转 1r，工件就转动 1/40r，也就是转动了 9°（360°/40），故得

$$1 : n = 9° : \theta \tag{3-7}$$

$$n = \frac{\theta}{9°} r \tag{3-8}$$

或

$$n = \frac{\theta}{540'} r \tag{3-9}$$

式中：n ——摇柄转数（r）；

θ ——工件所需转动的角度（°）。

2. 万能分度头的正确使用和维护

万能分度头是铣床上较精密的附件，使用时应注意以下几个方面：

（1）经常擦洗干净，定期加油润滑。

（2）万能分度头内的蜗轮和蜗杆间应该有一定的间隙，这个间隙保持在 0.02～0.04mm。

（3）在万能分度头装夹工件时，要先锁紧分度头主轴，但在分度前，要把锁紧主轴手柄松开。

（4）调整分度头主轴的角度时，应先检查基座上部靠近主轴前端的两个六角螺钉是否紧固，不然会使主轴的"零位"位置变动。

（5）分度时，摇柄上的插销应对正孔眼，慢慢地插入孔中，不能让插销自动弹入孔中；否则，孔眼周围会产生磨损，而加大分度误差。

（6）分度中，当摇柄转过预定孔的位置时，必须把摇柄向回摇多半圈，消除蜗轮和蜗杆间的配合间隙后，再使插销准确地落入预定孔中。

（7）分度头的转动体需要扳转角度时，要松开紧固螺钉，严禁任何情况下的敲击。

3. 在分度头上装夹工件

用分度头装夹工件的方法很多，可以充分利用分度头的附件，根据工件的不同特点来选择装夹方法。

1）用自定心卡盘装夹工件

操作方法：将分度头水平安放在工作台中间 T 形槽偏右端，用自定心卡盘装夹轴类零件，并校正零件轴线上素线与工作台面平行，轴侧素线与纵向工作台进给方向平行。这种方法适用于较短的轴类和套类工件的加工。

2）一夹一顶装夹工件

操作方法：将轴类工件一端装在自定心卡盘上，另一端用尾架上的后顶尖支承，以增加工件的安装刚性。这种方法适用于一端有中心孔的轴类工件的加工。

3）用两顶尖装夹工件工件

操作方法：两端用前、后顶尖支承，径向用鸡心夹固定，用拨叉和鸡心夹头带动工件旋转，工件与主轴的同轴度公差易于保证。这种方法适用于工件两面有中心孔的轴类工件的加工。

4）采用心轴装夹工件

心轴有锥度心轴和圆柱心轴两种。装夹前，应先校正心轴轴线与分度头主轴轴线的同轴度，并校正心轴的上素线和侧素线。采用心轴装夹工件适用于多件或较长的套类工件的加工。

4. 等分零件的铣削方法

1）组合铣刀加工多边形

在卧铣上装两把直径相等的三面刃铣刀，组成组合铣刀。先将两把铣刀的内侧距离调整为多边形对边的尺寸 s，使分度头的主轴轴心线与铣床工作台面平行或垂直。用目测法将试切件中心对正两铣刀中间，在试件端面上适量铣去一些后，退出试件，旋转 180° 再铣一刀，若其中一把刀切下了切屑，则说明对刀不准。测量第二次铣后试件的尺寸 s'，将试件未铣到一侧的铣刀移动一个距离 $e = \dfrac{s - s'}{2}$，对刀结束，锁紧工作台，换上工件开始正式铣削。当铣过一个对边，使工件转过一个角度 $\theta = \dfrac{360°}{n}$（n 为正多边形工件的边数）。这样可保证铣出的多边形侧面都对称于工件中心，且两把刀相邻端面距等于多边形的对边距。这种方法适用于铣削尺寸小的偶数正多边形，在成批加工中应用最多。

2）在万能分度头上铣削多边形工件

铣削较长工件时，工件装夹在万能分度头与尾座的两顶尖间，用立铣刀或面铣刀铣削；铣削短小的多边形工件时，一般采用在分度头上的自定心卡盘装夹，用三面刃铣刀或立铣刀铣削。每铣完一面后，都使工件转过一个角度 $\theta = \dfrac{360°}{n}$（n 为正多边形的边数）。这种方法适用于铣轴类工件上的正多边形。

3）靠胎铣多边形工件

在单件和少量生产中，对于偶数正多边形的工件，可使用靠胎定位法来加工，工件较薄时，可将数个工件夹在一起铣削。

4）使用 V 形钳口铣多边形工件

根据正多边形的边数制成带 V 形槽的特形钳口。例如，正六边形钳口角度为 120°，正八边形角度 135°，依次，换上相应的 V 形钳口。夹紧工件时，由于 V 形钳口斜边的作用，使工件自动定好装夹位置。

5. 铣削六边形容易产生的问题和注意事项

（1）记分度盘的孔数时，定位插销插的孔不计算在内。
（2）分度手柄一般应顺时针旋转，如果转过了，应回退多半圈消除分度间隙后再插入孔内。
（3）加工细长工件时，中间用千斤顶支承，千斤顶支承的力量应适当，防止工件变形。
（4）用尾座顶尖支顶工件时，夹持的力量要适当，防止工件弯曲。
（5）防止夹伤工件。

3.7.2 任务实施：铣削六方螺栓

1. 工艺准备

01 图样分析。

六边形对边宽度为（24±0.05）mm，六边形长度尺寸 10mm。预制件为阶梯轴，中部轴直径为 ϕ16mm，长度为 75mm−10mm=65mm；端部尺寸为 ϕ27.7mm×10mm。六边形工件表面粗糙度均为 $Ra6.3\mu m$，在铣床上加工能达到要求。中部光轴可用于装夹工件。

02）加工准备。

① 材料准备。材料 45 钢，端部尺寸 $\phi27.7mm\times10mm$、总长为 75mm 的螺栓。

② 工量刃具准备。铣削六边形工量刃具见表 3-15。

表 3-15　铣削六边形工量刃具

序号	名称	规格	精度	数量
1	高速钢锥柄立铣刀	$\phi16mm$		1 把
2	百分表	0～10mm	0.01mm	1 把
3	表座			1 套
4	千分尺	0～25mm	0.05mm	1 把
5	游标卡尺	0～150mm	0.02mm	1 把
6	游标万能角度尺	0°～320°	2′	1 把

③ 选择切削用量。根据工件材料 45 钢和铣刀参数，选择切削用量 $n=600r/min$，$v_f=118mm/min$。

④ 铣床选择。选用 X5032 立式铣床。

⑤ 确定工件装夹方式。采用分度头上自定心卡盘装夹工件。

⑥ 安装、找正分度头，装夹工件。校正分度头主轴轴线与铣床工作台台面的平行度。校正分度头主轴轴线与纵向进给方向的平行度。

⑦ 分度计算。

简单分度：由式（3-6）

$$n=\frac{40}{z}$$

得

$$n=\frac{40}{6}=6\frac{4}{6}=6\frac{44}{66}r$$

调整分度定位销，选用 66 孔圈的分度盘。铣完一面，分度手柄转过 6 圈又 44 孔。在分度时为了避免每分度一次都要记孔数，可利用分度叉来计数，如图 3-65 所示。

⑧ 安装铣刀。根据铣刀的柄部直径，选用弹性套和夹头体安装铣刀，刀伸出尽量短以增加刀的刚性。

⑨ 找正立铣头位置。检查立铣头与工件台面的垂直度。

2. 铣削等分零件步骤

01）粗铣六边形第一条边，宽度和长度各留 0.5mm 余量。

02）将分度头主轴转过 180°，粗铣六边形第一条边的对边，并测量。

03）按照测量数据，精铣六边形对边尺寸。升降台移动距离为预检尺寸余量的 1/2。

04）锁紧纵向和升降工作台，将其余 4 条边逐一铣出。

考核评价

实训任务完成后，进行总结评价。学生自检（查）、班组长互检（查）与教师过程评价和综合评价相结合。合计分公式及权重由教师拟定。铣削多边形考核评价内容见表3-16。

表 3-16 铣削多边形考核评价表

序号	项目	检测内容	配分		自检（查）	互检（查）	评分
			IT	Ra			
1	尺寸精度	（24±0.05）mm Ra6.3μm	40	12			
2		（27.7±0.05）mm	18				
3	几何公差	∥ 0.1 B （3处）	15				
4		⊟ 0.1 A （3处）	15				
5	安全文明生产	按安全操作规程及 6S 现场管理要求有关规定	—		视实际情况扣 1～10 分		

合计：

总体评价：

任务 3.8 ---- 铣削综合训练

☞ **工作任务**

弯头压板制作的图样如图 3-66 所示。

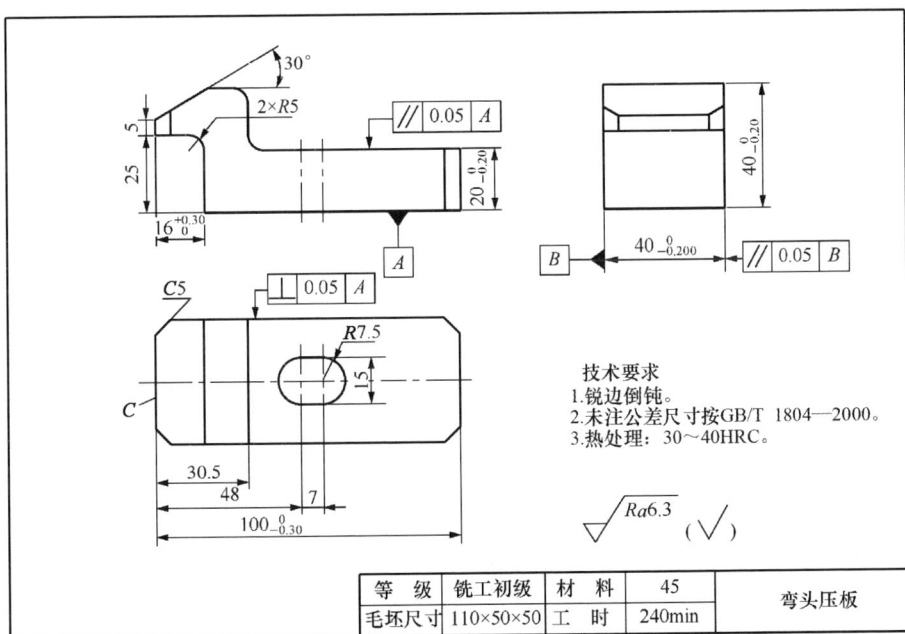

技术要求
1. 锐边倒钝。
2. 未注公差尺寸按GB/T 1804—2000。
3. 热处理：30～40HRC。

$$\sqrt{Ra6.3} \quad (\sqrt{\quad})$$

等级	铣工初级	材 料	45	弯头压板
毛坯尺寸	110×50×50	工 时	240min	

图 3-66 弯头压板

3.8.1　相关知识：铣工综合技能

通过弯头压板的铣削，学生巩固平面、斜面、台阶、直角沟槽的操作技能和工艺知识，能够综合运用并得到进一步提高。

相关知识请参照任务 3.1～任务 3.7 有关内容。

3.8.2　任务实施：弯头压板铣削

1. 工艺准备

1）加工图样的分析

01 尺寸精度分析。

① 斜面与侧面的夹角为 30°，斜面一侧的侧面高为 5mm。

② 压板下台阶尺寸：宽度尺寸为 $16^{+0.30}_{0}$ mm，深度为 25mm。

压板上台阶相关尺寸：宽度尺寸为 30.5mm，深度为 40mm－20mm＝20mm 。

③ 长槽中心距为 7mm，左侧面距长槽左孔中心线为 48mm，长槽宽为 15mm。

④ 压板四角倒角为 $5^{+0.30}_{0} \times 45°$，压板弯头部位圆弧为 2mm－R5mm 。

⑤ 外形尺寸为 $100^{0}_{-0.30}$ mm×$40^{0}_{-0.20}$ mm×$40^{0}_{-0.20}$ mm 。

02 几何公差分析。

① 压板上表面对基准 A 平行度允差为 0.05mm。

② 两侧面平行度允差为 0.10mm。

③ 两侧面对基准 A 垂直度允差为 0.05mm。

03 粗糙度分析。粗糙度值为 $Ra6.3\mu m$，铣削加工易达到。

04 材料分析。45 钢，切削性能好。

05 形体分析。零件是长方体，宜采用机用虎钳装夹。

2）加工准备

01 材料准备：材料 45 钢，110mm×50mm×50mm 板料，每人一块。

02 工量刃具准备：见表 3-17。

表 3-17　工量刃具清单

序号	名称	规格	精度	数量	备注
1	游标卡尺	0～150mm	0.02mm	1 把	
2	游标万能角度尺	0～320°	2′	1 把	
3	半径样板	R1～R7mm		1 副	
4	钢直尺	150mm		1 把	
5	杠杆百分表	0～0.8mm	0.01mm	1 只	
6	锥柄立铣刀	φ32mm 齿数为 6 齿		1 把	
7	硬质合金套式面铣刀	φ80mm 齿数为 6 齿		1 把	
8	直柄球头铣刀	φ10mm 齿数为 2		1 把	
9	锥柄立铣刀	φ14mm 齿数为 3		1 把	

03 设备准备：万能立式铣床 X5032 及铣床附件。

04 学生准备：领用材料并点清工具，事前预习教材；详细阅读实训指导书等。

2. 实训教学及管理

01 按实训要求提早 5min 进车间，检查考勤、检查穿戴。

02 发放实训工件毛坯，明确实训计划及当天应完成的工作任务。

03 分步讲解弯头压板制作工艺，课间小结。

04 教师现场巡视纠正不合理动作。

05 实训过程中和结束后，按车间按 6S 要求做好各项工作。

06 完成当天的工作任务并检查。

07 下班前，实训总结，肯定成绩、指出不足。

08 总结弯头压板制作，为下一个工作项目做准备。

09 根据学生制作结果打分，弯头压板成绩将计入学生技能成绩。

3. 弯头压板的制作

弯头压板的制作见表 3-18。

表 3-18　弯头压板的制作

序号	工序	加工内容	简图
1	铣六面体	（1）安装铣刀。 （2）找正台虎钳固定钳口与纵向平行。 （3）铣削六面体	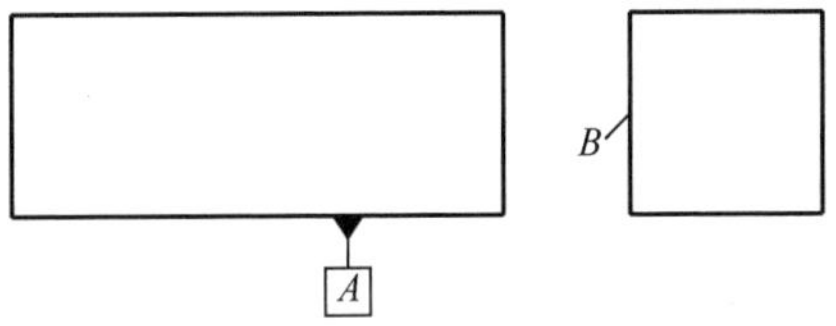
2	铣斜面	（1）工件以侧面 B 靠紧固定钳口、底面 A 定位装夹。 （2）立铣头转过 30°，粗铣斜面。 （3）用游标卡尺预检夹角精度，粗铣斜面	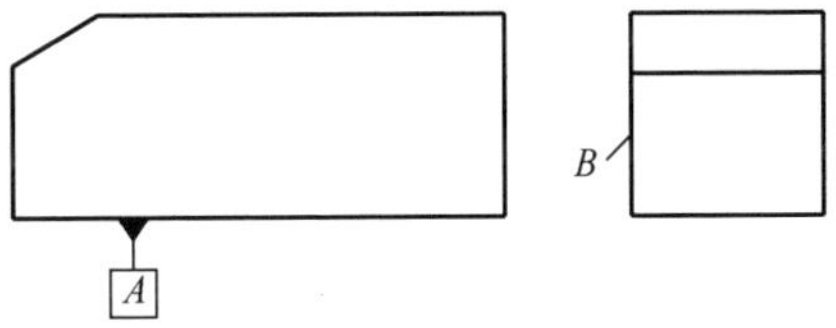
3	铣压板下台阶	（1）换上立铣刀。 （2）工件以侧面 B 的对面、上表面定位装夹，铣下台阶。换球头刀铣台阶处圆弧角	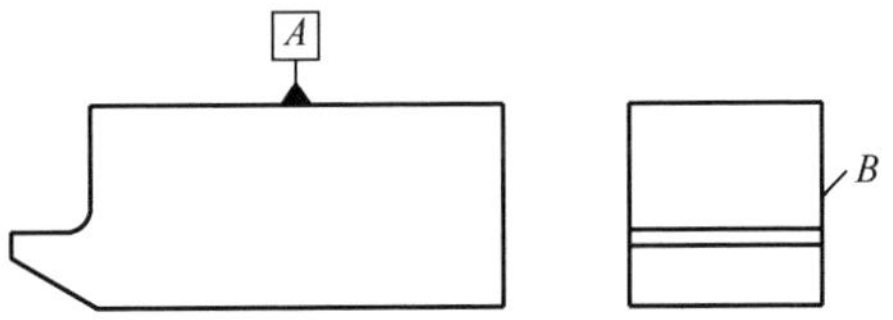
4	铣压板上台阶	工件以侧面 B、底面 A 定位装夹，铣上台阶。换球头刀铣台阶处圆弧角	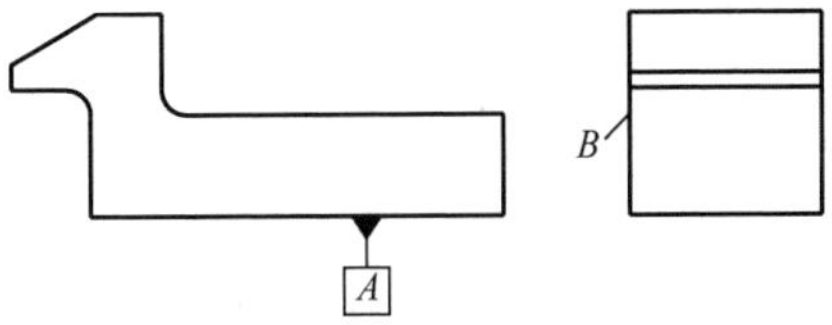

续表

序号	工序	加工内容	简图
5	铣长孔、倒角	换直径ϕ14mm、齿数为3的锥柄立铣刀铣长孔，并加工C5倒角	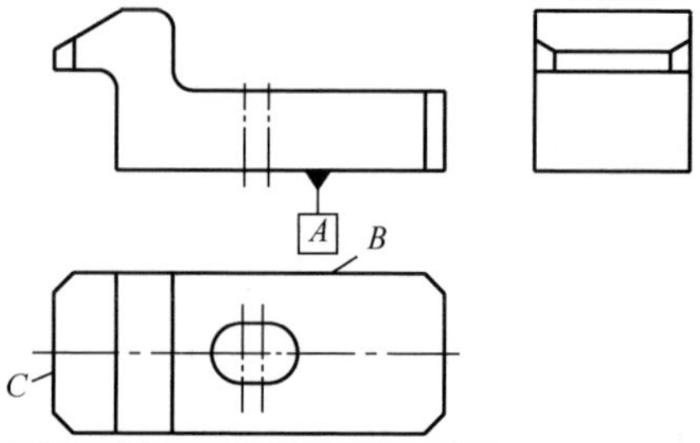

考核评价

实训任务完成后，进行总结评价。学生自检（查）、班组长互检（查）与教师过程评价和综合评价相结合。合计分公式及权重由教师拟定。铣削弯头压板考核评价内容见表3-19。

表 3-19　铣削弯头压板考核评价表

序号	项目	检测内容	配分 IT	配分 Ra	评分标准	自检（查）	互检（查）	评分
1	尺寸精度	$100_{-0.30}^{0}$ mm、$40_{-0.20}^{0}$ mm、Ra6.3μm	18	6	超差0.01mm扣1分，粗糙度达不到要求不得分			
2		$20_{-0.20}^{0}$ mm、$16_{0}^{+0.30}$ mm、Ra6.3μm	12	4				
3		30°	7		超差5°扣1分。			
4		48mm、7mm、15mm、25mm、5mm、30.5mm	18		超差0.02mm扣1			
5	几何公差	// 0.05 B	5		超差0.01mm扣1分			
6		⊥ 0.05 A	5					
7		// 0.05 A	5					
8	其他	C5（4处）、R7.5mm	20		未倒角不得分			
9	安全文明生产	按安全操作规程及6S现场管理要求有关规定	—		视实际情况扣1~10分			

合计：

总体评价：

铣工练习题

1. 槽铁

槽铁的加工图样如图3-67所示，检测项目和配分表见表3-20。

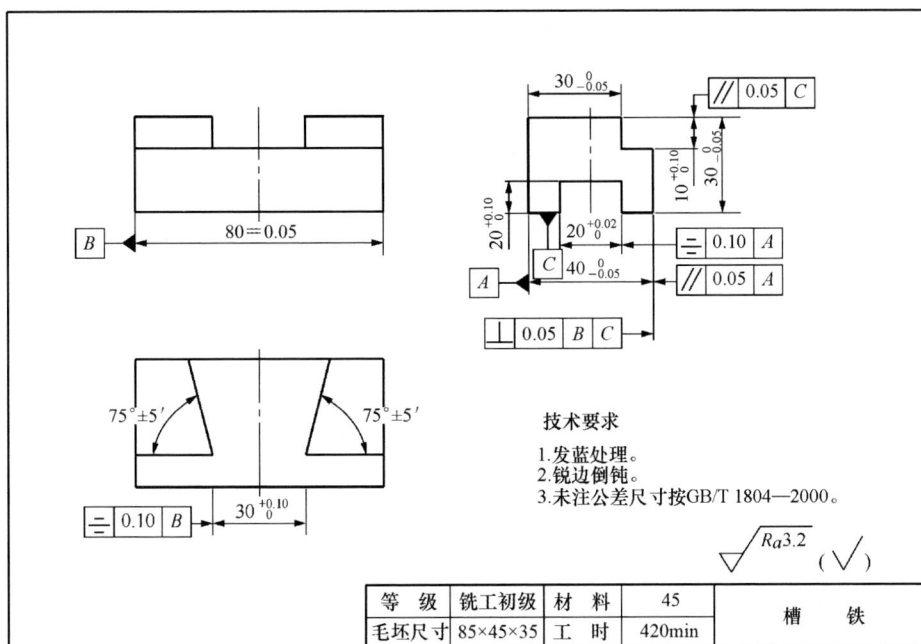

图 3-67 槽铁零件图

表 3-20 槽铁检测项目和配分表

序号	项目	检测内容	配分		评分标准	得分
			IT	Ra		
1	尺寸精度	（80±0.05）mm　40$_{-0.05}^{0}$ mm　Ra3.2μm	12	3	超差0.01mm扣1分，粗糙度达不到要求不得分	
2		30$_{-0.05}^{0}$ mm　10$_{0}^{+0.10}$ mm　Ra3.2μm	24	6		
3		20$_{0}^{+0.02}$ mm　30$_{0}^{+0.10}$ mm　Ra3.2μm	15	4		
4		75°±5′（2处）	12		超差1′扣1分	
5	几何公差	// 0.05 A　// 0.05 C	6		超差0.01mm扣1分	
6		⊥ 0.05 B C	6			
7		⚌ 0.10 A　⚌ 0.10 B	12		超差0.02mm扣1分	
8	安全文明生产	按安全操作规程及6S现场管理要求有关规定	—		视实际情况扣1～10分	

合计：

2. 锤子

锤子的加工图样如图 3-68 所示，检测项目和配分表见表 3-21。

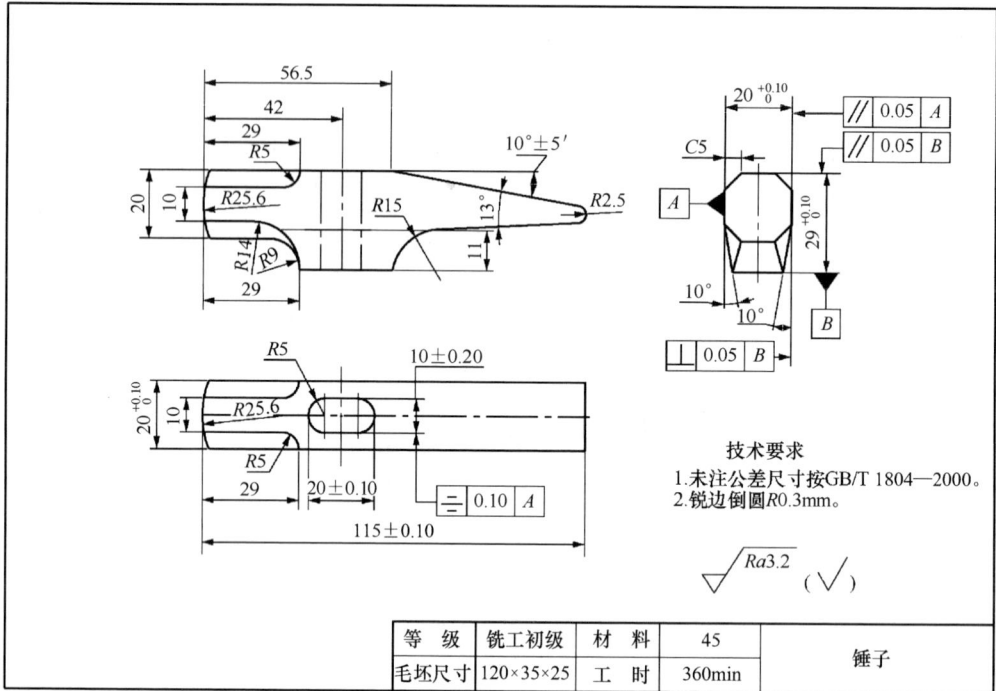

图 3-68　锤子零件图

表 3-21　锤子检测项目和配分表

序号	项目	检测内容	配分		评分标准	得分
			IT	Ra		
1	尺寸精度	（115±0.10）mm　Ra3.2μm	5	1	超差 0.02mm 扣 1 分，粗糙度达不到要求不得分	
2		$20^{+0.10}_{0}$ mm　$29^{+0.10}_{0}$ mm　Ra3.2 μm	10	4		
3		10°±5′　Ra3.2μm	8	2	超差 1′ 扣 1 分	
4		56.5mm　29mm×20mm　Ra3.2μm	9	6	酌情扣分，粗糙度达不到要求不得分	
5		（20±0.10）mm　（10±0.20）mm	10		超差 0.02mm 扣 1 分	
6	几何公差	⊥ 0.05 B　= 0.10 A	10		超差 0.01mm 扣 1 分	
7		// 0.05 A　// 0.05 B	5		超差 0.02mm 扣 1 分	
8	其他	C5、10°×10、铣 R15mm 弧 13°	18	12	酌情扣分，粗糙度达不到要求不得分	
9	安全文明生产	按安全操作规程及 6S 现场管理要求有关规定	—		视实际情况扣 1～10 分	

合计：

3．六棱锥体

六棱锥体的加工图样如图 3-69 所示，检测项目和配分表见表 3-22。

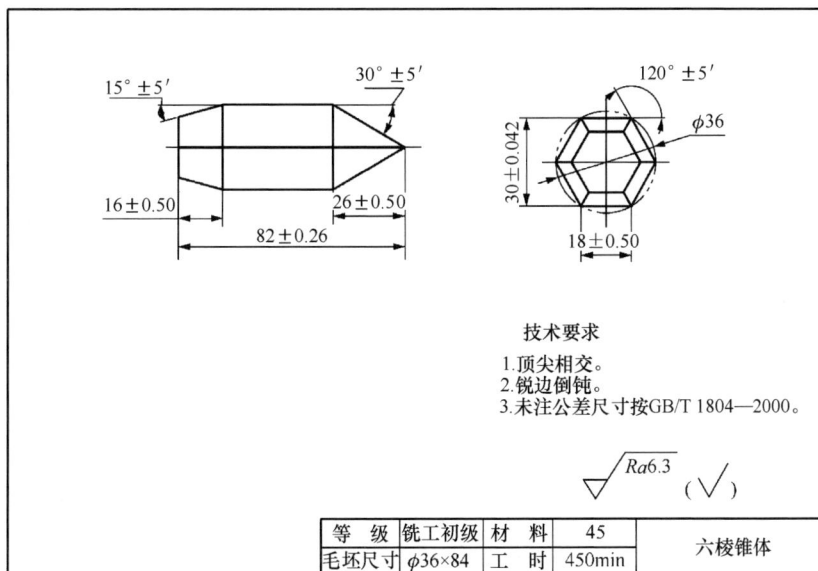

图 3-69　六棱锥体零件图

表 3-22　六棱锥体检测项目和配分表

序号	项目	检测内容	配分		评分标准	得分
			IT	Ra		
1	尺寸精度	（30±0.042）mm	12	6	超差 0.01mm 扣 1 分	
2		（18±0.50）mm	12		超差 0.05mm 扣 1 分	
3		（26±0.50）mm	12			
4		顶尖相交	12		酌情扣分	
5		（16±0.50）mm	7		超差 0.05mm 扣 1 分	
6		（82±0.26）mm	7			
7		15°±5′　30°±5′	14	12	超差 2′ 扣 1 分，粗糙度达不到要求不得分	
8		120°±5′	6		超差 2′ 扣 1 分	
9	安全文明生产	按安全操作规程及 6S 现场管理要求有关规定	—		视实际情况扣 1～10 分	

合计：

4. T形组合

T形组合的图样如图 3-70～图 3-73 所示，检测项目和配分表见表 3-23。

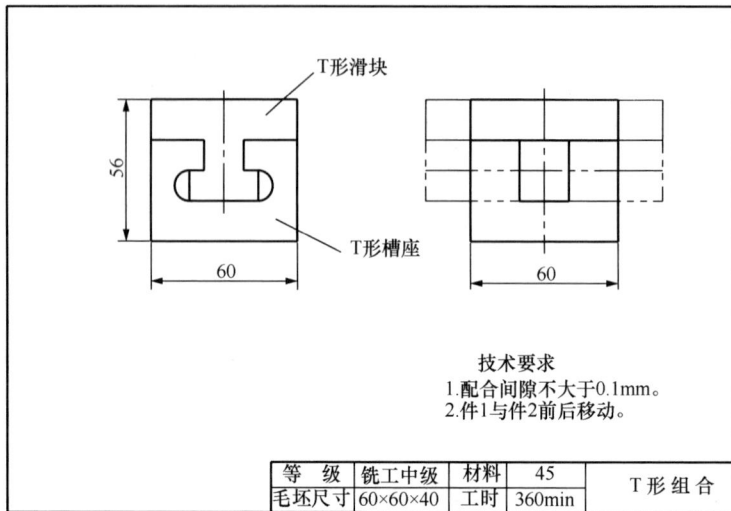

技术要求
1.配合间隙不大于0.1mm。
2.件1与件2前后移动。

等　级	铣工中级	材料	45	T 形 组 合
毛坯尺寸	60×60×40	工时	360min	

图 3-70　T 形组合装配图

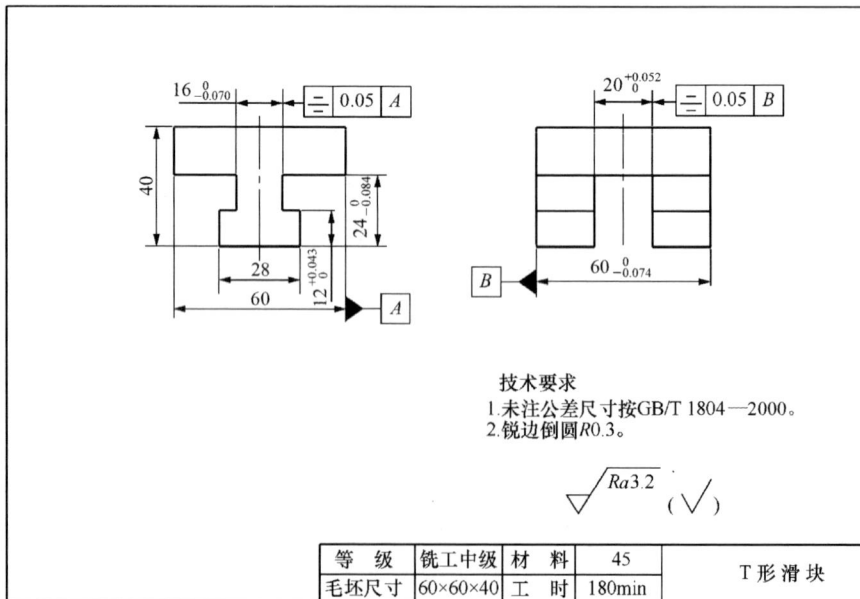

技术要求
1.未注公差尺寸按GB/T 1804—2000。
2.锐边倒圆R0.3。

$$\sqrt{}^{\displaystyle Ra3.2}\quad(\sqrt{})$$

等　级	铣工中级	材　料	45	T 形 滑 块
毛坯尺寸	60×60×40	工　时	180min	

图 3-71　T 形滑块零件图

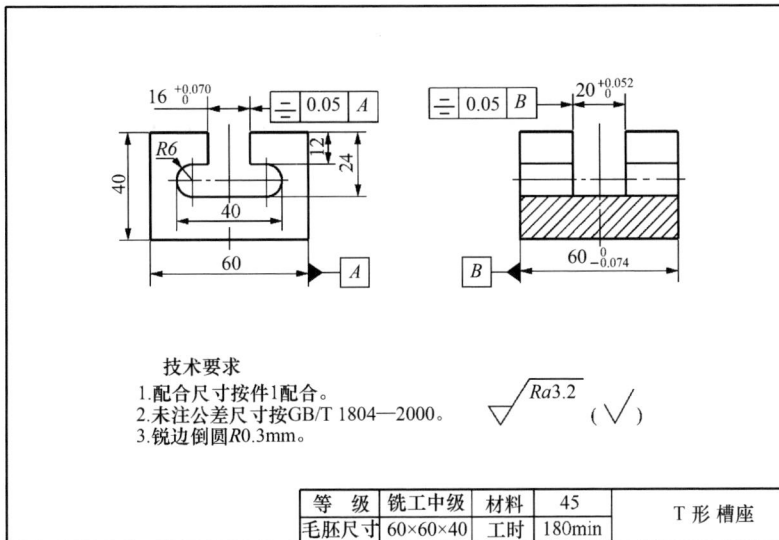

图 3-72 T 形槽座零件

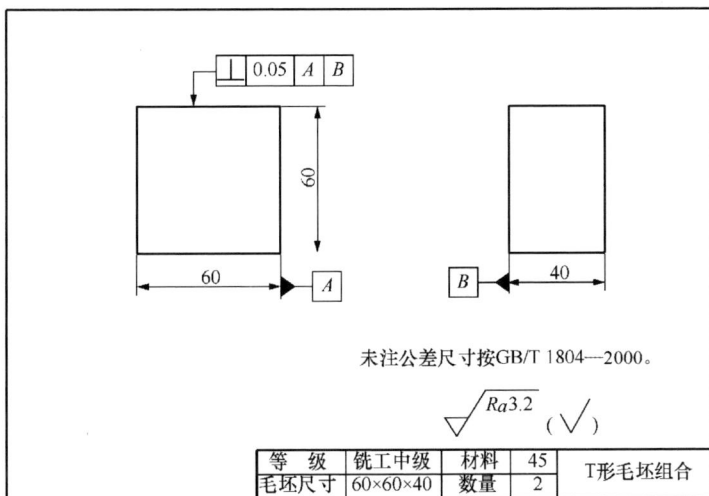

图 3-73 T 形毛坯组合图

表 3-23 T 形组合检测项目和配分表

序号	项目	检测内容	配分		评分标准	得分
			IT	Ra		
1		28mm	2		超差 0.1mm 扣 1 分	
2		$24_{-0.084}^{0}$ mm	6		超差 0.01mm 扣 1 分	
3	T 形滑块	$12_{0}^{+0.043}$ mm	6			
4		$16_{-0.070}^{0}$ mm $Ra3.2\mu m$	8	3	超差 0.01mm 扣 1 分, 粗糙度达不到要求不得分	
5		$20_{0}^{+0.052}$ mm $Ra3.2\mu m$	8	3		

续表

序号	项目	检测内容	配分 IT	配分 Ra	评分标准	得分
6	T形滑块	⟂ 0.05 A	4		超差0.01mm扣1分	
7		⟂ 0.05 B	4			
8	T形槽座	40mm，$R6mm$	4		超差0.02mm扣1分	
9		24mm	4			
10		12mm（配作）	4		超差0.01mm扣1分	
11		$16^{+0.070}_{0}$ mm　$Ra3.2\mu m$	6	3	超差0.01mm扣1分，粗糙度达不到要求不得分	
12		$20^{+0.052}_{0}$ mm　$Ra3.2\mu m$	8	3		
13		⟂ 0.05 A	4		超差0.01mm扣1分	
14		⟂ 0.05 B	4			
15	T形毛坯组合	技术条件1	12		毛刺一处扣0.5分	
16		技术条件2（纵横）	4		不按要求扣相应项全分	
17	安全文明生产	按安全操作规程及6S现场管理要求有关规定	—		视实际情况扣1～10分	

合计：

4

项 目

焊 工 实 训

>>>>

◎ **项目导读**

目前焊条电弧焊已广泛应用在许多行业和领域，如汽车制造、石油化工、压力容器、矿山机械、船舶制造、起重设备、航空航天、建筑结构、核动力设备等。随着焊接技术向机械化、自动化方向的发展，焊接的应用领域将日益扩大。

手工电弧焊是焊条电弧焊的一种，其主要工作是利用焊接设备和焊条将两个或两个以上的零件，按一定形状和位置连接起来，并保证有足够的连接强度。手工电弧焊方法可用于金属焊接和非金属焊接，目前应用较多的是金属焊接。

气焊与气割是利用可燃气体与助燃气体混合燃烧所释放出的热量作为热源进行金属材料的焊接或切割，是金属材料热加工常用的工艺方法之一。

◎ **知识目标**

1. 掌握焊条电弧焊和气焊（割）定义。
2. 掌握焊条电弧焊的常用设备及气焊与气割设备的使用方法。
3. 掌握车间的 6S 现场管理知识，培养良好的职业道德。
4. 掌握手工电弧焊和气割基本操作方法。
5. 掌握手工电弧焊和气焊（割）安全、文明生产知识。

◎ **能力目标**

1. 会焊条电弧焊的焊件外观评分。
2. 具备一定的 6S 现场管理能力。
3. 会手工电弧焊平焊和气割的基本操作方法。
4. 会手工电弧焊平焊和气焊气割安全文明生产。
5. 能正确使用气焊与气割设备工具。

任务 4.1 ···· 焊条电弧焊认知与安全文明生产

☞ **工作任务**

1. 认识焊条电弧设备、工具，学习其使用方法。
2. 根据给定的焊件进行外观评分，焊件如图4-1所示。

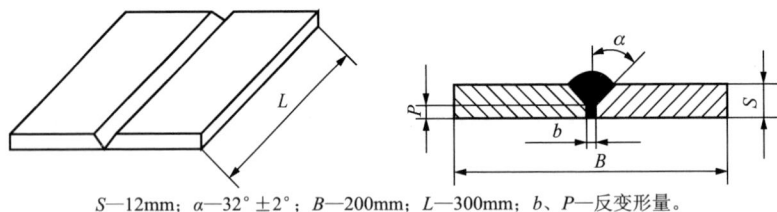

S—12mm；α—32°±2°；B—200mm；L—300mm；b、P—反变形量。

图 4-1　焊件

▌4.1.1　相关知识：焊条电弧焊

1. **焊条电弧焊概述**

焊接是通过加热或加压，或两者并用，用或不用填充材料，使焊件达到原子间结合的一种加工方法。

焊条电弧焊一般是指用手工操作焊条进行焊接的电弧焊方法，是指利用电弧作为热源的熔焊方法。焊条电弧焊是目前生产中应用最多、最普遍的一种金属焊接方法，如图4-2所示。

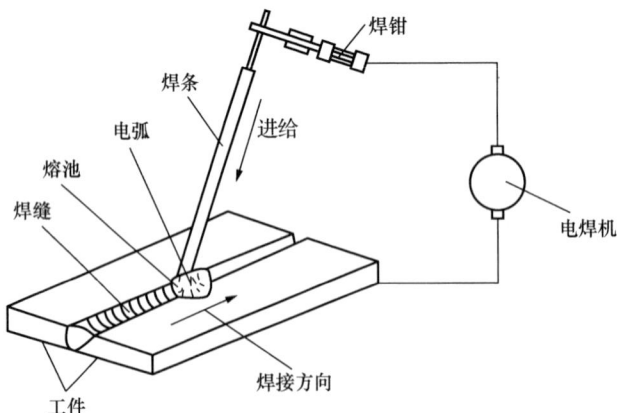

图 4-2　焊条电弧焊

焊条电弧焊优缺点如下：

（1）焊条电弧焊的优点。设备简单，维护方便；操作灵活，在空间任意位置的焊缝，凡焊条能够达到的地方都能进行焊接；应用范围广。

（2）焊条电弧焊的缺点。对焊工的操作水平要求高；劳动条件差；生产效率低。

2. 常见焊条电弧焊设备

常用的焊条电弧焊机（也称电焊机）有直流弧焊机、交流弧焊机和逆变电源等。

1）直流弧焊机

直流弧焊机（图 4-3）由交流电动机和直流发电机组成，电动机带动发电机旋转，发出满足焊接要求的直流电。直流弧焊机焊接时电弧稳定，焊接质量较好，但结构复杂，噪声大，价格高，不易维修，因此，只应用在对电流有要求的场合。另外，因耗材多，耗电大，故我国已不再生产这种电焊机。

2）交流弧焊机

交流弧焊机（图 4-4）实际上是一种特殊的降压变压器。它将 220V 或 380V 的电源电压降为 60～80V（即焊机的空载电压）以满足引弧的需要。焊接时电压会自动下降到电弧正常工作所需的电压（30～40V）。输出电流从几十安到几百安，可根据需要调节电流的大小。

3）逆变电源（焊机）

逆变电源是新一代焊机（图 4-5），其基本原理是将输入的三相 380V 交流电经整流滤波成直流，再经逆变器变成频率为 2000～30 000Hz 的交流电，再经单相全波整流和滤波输出。

逆变电源及其
参数调节

图 4-3　直流弧焊机　　　　图 4-4　交流弧焊机　　　　图 4-5　逆变电源

3. 焊条

焊条由药皮和焊芯两部分组成，如图 4-6 所示。焊条的直径和长度是指焊芯的直径和长度。常用的直径有 1.6mm、2.0mm、2.5mm、3.2mm、4.0mm、5.0mm、6.0mm 七种，长度为 200～550mm。

按熔渣的化学性质不同焊条可分为酸性焊条和碱性焊条两大类。焊条电弧焊常用的酸性焊条型号是 E4303，牌号是 J422；常用的碱性焊条型号是 E5015，牌号是 J507。焊缝有特殊要求时，焊条在使用前应烘干，如焊接压力容器、钢结构桥梁等。

1）焊芯的作用

焊芯是一根具有一定直径和长度的金属丝。焊接时焊芯的作用：一是作为电极，产生

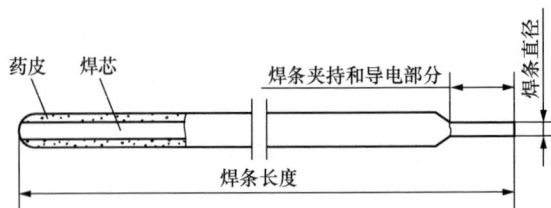

图 4-6　焊条

电弧；二是熔化后作为填充金属，与熔化的母材一起形成焊缝。

2）药皮的作用

压涂在焊芯表面上的涂料层叫药皮，药皮具有下列作用。

（1）提高焊接电弧的稳定性。药皮中含有钾和钠成分的"稳弧剂"能提高电弧的稳定性，使焊条在交流电或直流电的情况下都能容易引弧、稳定燃烧以及熄灭后的再引弧。

（2）保护熔化金属不受外界空气的影响。药皮熔化后产生的"造气剂"使熔化金属与外界空气隔离，防止空气侵入，熔化后形成的熔渣覆盖在焊缝表面，使焊缝金属缓慢冷却，有利于焊缝中气体的逸出。

（3）过渡合金元素使焊缝获得所要求的性能。焊条药皮中含有合适的造渣、稀渣成分，焊接时可形成流动性良好的熔渣，不仅便于施焊，还可使焊缝金属合金化，有利于提高焊缝的金属力学性能。

4. 焊条电弧焊的工艺

焊接工艺主要包括焊接的接头形式、焊缝的空间位置、焊接参数。

1）焊接的接头形式

接头形式是指焊件连接处所采用的结构方式。在焊接中，常用的焊接接头形式有对接接头、角接接头、T 形接头和搭接接头，如图 4-7 所示。

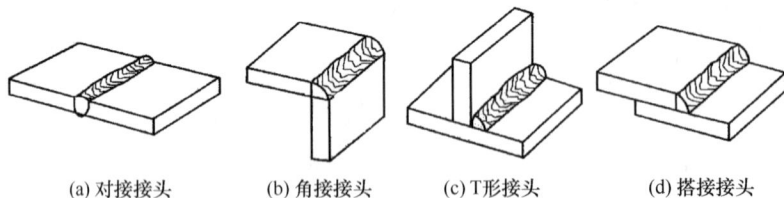

(a) 对接接头　　(b) 角接接头　　(c) T形接头　　(d) 搭接接头

图 4-7　焊接接头

当焊接厚度大于 6mm 的较厚钢板时，要在钢板的焊接部位开坡口。坡口是根据设计或工艺需要，在焊接的待焊部位加工并装配成一定几何形状的沟槽。坡口的作用是确保焊件焊透，从而保证焊缝质量。常用的坡口形式有 I 形、V 形、X 形、U 形等，如图 4-8 所示。

2）焊缝的空间位置

焊缝的空间位置按焊缝在空间的位置不同，可分为平焊、立焊、横焊和仰焊，如图 4-9 所示。

（1）平焊。平焊是在水平面上任何方向进行焊接的一种操作方法。由于焊缝处在水平位置，熔滴主要靠自重过渡，操作技术比较容易掌握，可以选用较大直径焊条和较大

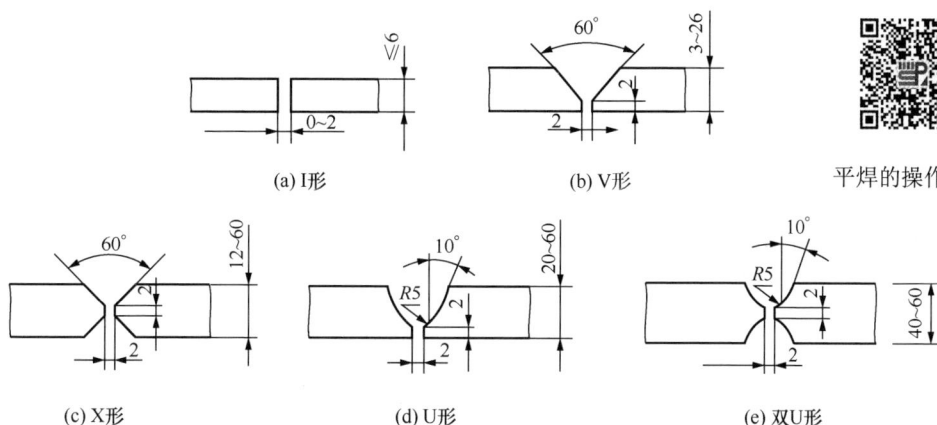

(a) I形 (b) V形 平焊的操作示范

(c) X形 (d) U形 (e) 双U形

图 4-8 坡口的形式

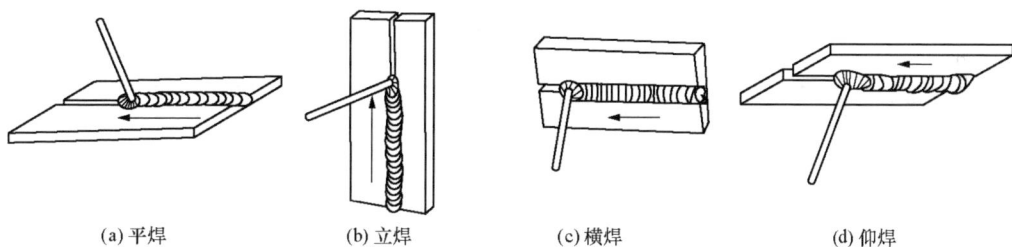

(a) 平焊 (b) 立焊 (c) 横焊 (d) 仰焊

图 4-9 焊缝的空间位置

焊接电流,生产效率高,因此平焊在生产中应用较为普遍。但如果焊接参数选择不当或操作不当,打底时容易造成根部焊瘤或未焊透,也容易出现熔渣与熔化金属混杂不清或熔渣超前而引起的夹渣。常用的平焊方法有对接平焊、T形接头平焊和搭接接头平焊。

(2)立焊。立焊是在垂直方向进行焊接的一种操作方法,由于受重力作用,焊条熔化所形成的溶滴及熔池中的金属易下淌,造成焊缝形成困难,质量受影响。因此,立焊时选用的焊条直径和焊接电流均小于平焊,并采用短弧、断弧焊接。

(3)横焊。横焊是在水平方向焊接水平焊缝的一种操作方法。由于熔化金属受重力作用,容易下淌而产生各种缺陷,因此应采用短弧焊接,并选用较小直径焊条和较小焊接电流,以及适当的运条方法。

(4)仰焊。焊缝位于燃烧电弧的上方,焊工在仰视位置进行焊接的方法称为仰焊。仰焊劳动强度大,是最难操作的一种焊接方法。仰焊时,熔化金属在重力作用下较易下淌,熔池形状和大小不易控制,容易出现夹渣、未焊透、凹陷现象,运条困难,表面不易被焊得平整。焊接时,必须正确选用焊条直径和焊接电流,以减少熔池的面积。尽量使用厚药皮焊条和维持最短的电弧,有利于熔滴在很短的时间内过渡到熔池中,促进焊缝成形。

3)焊接参数

焊接参数对焊接质量和焊接生产率有直接的影响,它包括焊条直径、焊接电流等。

(1)焊条直径。焊条直径的选择主要取决于焊件的厚度,其次是考虑焊件的接头形式、位置与热输入量等。焊件厚度不大于 4mm 时,焊条直径一般不超过焊件厚度;大于 4mm 时,焊条直径取 3.2~6mm。平焊、平角焊时,直径可取大些;横焊、立焊时应取较小的直径。

（2）手工电弧焊电流。增大焊接电流，增加了熔深，但易造成焊件母材部位产生沟槽和凹陷，增加飞溅，使焊条药皮脱落。减小电流，则电弧不稳定，易造成未焊透等质量缺陷。焊接电流的大小取决于焊条直径，焊条直径越大，焊接电流越大，一般按式（4-1）选用，即

$$I = Kd \tag{4-1}$$

式中：I——焊接电流（A）；

　　　K——系数，其值按表 4-1 选取；

　　　d——焊条直径（mm）。

表 4-1　系数 K 与焊条直径的关系

焊条直径 d/mm	1.6	2~2.5	3.2	4~6
系数 K	15~25	20~30	30~40	40~50

（3）焊接参数选择。焊接参数选择可参考表 4-2。

表 4-2　焊接参数推荐表

焊条直径/mm	推荐焊接电流/A	推荐焊接电压/V
1.0	20~60	20.8~22.4
1.6	44~84	21.76~23.36
2.0	60~100	22.4~24.0
2.5	80~120	23.2~24.8
3.2	108~148	24.32~24.92
4.0	140~180	24.6~27.2
5.0	180~220	27.2~28.8
6.0	220~260	28.8~30.4

5. 焊条电弧焊安全文明生产

1）物品摆放要求

（1）工作时所用的工具和工件等物件，应尽可能地靠近和集中在操作者周围，但不能因此妨碍操作者自由活动。工具应放在固定位置，常用的工具应放近一些，不常用的工具放远一些。

（2）工件图样、工艺卡片等应放在便于阅读和使用的位置。

（3）工具使用后应放回原处。

（4）工作位置周围应整齐清洁。

2）生产之前的准备工作

（1）电焊工必须按规定穿着工作服和使用防护用品（包括绝热手套、绝缘胶靴、面罩），工作场所电压符合安全要求。

（2）准备好辅助工具，如敲渣锤子、扁錾、钢丝刷等。

（3）工作前要检查焊机是否正常，绝缘是否良好，焊机的外壳必须有良好的接地。

3）在工作时应注意的事项

（1）引弧前应告诉辅助人员避开弧光。

（2）在清除铁锈、焊渣时，应戴防护眼镜。

（3）移动电焊机时，应先切断电源。

（4）焊接时，工件要放稳，并有防止歪倒和坠落的措施。

（5）焊钳切不可放置在工作台上。

（6）停止焊接时，应关闭电源。

4）工作结束后的注意事项

（1）关闭电源，整理好焊机电缆线。

（2）清理工作场地，关好门窗。

5）焊条电弧焊安全操作规程

（1）学生实训时必须在指导教师监护下进行操作。

（2）学生必须穿着工作服和使用防护用品（包括绝热手套、绝缘胶靴、面罩），工作场所电压符合安全要求。

（3）工作前要详细检查电焊机是否正常，电源线绝缘是否良好，电焊机的外壳必须有良好的接地。

（4）焊钳必须绝缘良好，接线要牢固且包好，避免松脱引起触电。

（5）接线或电气设备发生故障时，应报告指导教师，学生禁止乱动。

（6）引弧前应告诉其他同学避开弧光。

（7）在清除铁锈、焊渣时，应戴防护眼镜。

（8）移动电焊机时，应先切断电源。

6. 6S 管理

1）整理

现场摆放物品（如氧气、乙炔、焊机、面罩、焊条、钢丝刷等）。

2）整顿

（1）图样、实训资料定位放置。

（2）消耗品（如手套、焊条等）定位摆放，定量管理。

（3）氧气、乙炔按安全操作规程摆放。

3）清扫

（1）下班前打扫地面、收拾工位及焊接辅助器具。

（2）清扫焊条头、焊渣。

（3）清理焊机、门窗。

（4）垃圾箱、桶内外清扫干净。

4）清洁

（1）工作环境随时保持整齐干净。

（2）焊机加盖防尘。

（3）保持地上、门窗、墙壁的清洁。

5）素养

（1）遵守作息时间（不迟到、早退、无故缺席）。

（2）使用公物时，能归位，并保持清洁。

（3）停工后打扫和整理。

（4）遵照规定做事，不违反规章制度。

（5）实训时一定要穿戴好工作服等防护用品。

6）安全

（1）实训操作前五分钟进行安全教育。

（2）实行现场安全巡视。

（3）实训结束后，电器设备需切断电源，保持安全状态。

（4）定期检查焊机电源线、焊钳绝缘情况。

（5）氧气与乙炔瓶之间的距离不得少于 5m，并且与动火点的距离不得少于 10m。

（6）放假前检查门窗、锁，并贴好封条。

4.1.2 任务实施：平板对焊

1. 准备工作

01 工件编号，学生每人随机领取一件。

02 实训指导书、图纸、量具及考核评分表。

03 看图样、外观评分考核表，了解评分内容及要求。

2. 外观评分练习

01 按焊件图技术要求测量各尺寸并记录。

02 根据自检与互检结果判定成绩。

考核评价

实训任务完成后，进行总结评价，学生自检（查）、班组长互检（查）与教师过程评价和综合评价相结合。合计分公式及权重由教师拟定。焊件外观考核评分内容见表 4-3。

表 4-3 焊件外观考核评分表

检查项目	评判标准及得分	评判等级				自检（查）	互检（查）	评分
		I	II	III	IV			
焊缝余高	尺寸标准/mm	0~2	>2~3	>3~4	<0，>4			
	得分标准	4 分	3 分	2 分	0 分			
焊缝高度差	尺寸标准/mm	≤1	>1~2	>2~3	>3			
	得分标准	6 分	4 分	2 分	0 分			
焊缝宽度	尺寸标准/mm	17~19	≥16，≤20	≥15，≤22	<15，>22			
	得分标准	4 分	2 分	1 分	0 分			
焊缝宽度差	尺寸标准/mm	≤1.5	>1.5~2	>2~3	>3			
	得分标准	6 分	4 分	2 分	0 分			
咬边	尺寸标准	无咬边	深度≤0.5mm		深度>0.5mm			
	得分标准	10 分	每超差 1mm 扣 1 分		0 分			

检查项目	评判标准及得分	评判等级				自检（查）	互检（查）	评分
		I	II	III	IV			
正面成形	标准	优	良	中	差			
	得分标准	6分	4分	2分	0分			
背面成形	标准	优	良	中	差			
	得分标准	4分	2分	1分	0分			
背面凹	尺寸标准/mm	0～0.5	>0.5～1	>1～2				
	得分标准	3分	2分	0分				
背面凸	尺寸标准/mm	0.5～1	>1～2	>2				
	得分标准	3分	2分	0分				
角变形	尺寸标准/mm	0～1	>1～2	>2～3	>3			
	得分标准	4分	3分	1分	0分			
外观缺陷记录								

优	良	中	差
成形美观，焊缝均匀、细密，高低宽窄一致	成形较好，焊缝均匀、平整	成形尚可，焊缝平直	焊缝弯曲，高低、宽窄明显

任务 4.2 ··· 手工电弧焊

☞ 工作任务

手工电弧焊平焊练习，工程图如图 4-10 所示。

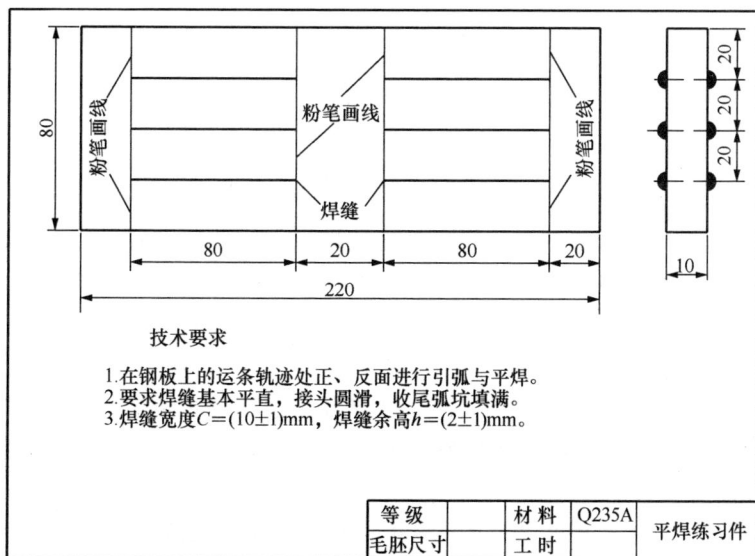

技术要求

1. 在钢板上的运条轨迹处正、反面进行引弧与平焊。
2. 要求焊缝基本平直，接头圆滑，收尾弧坑填满。
3. 焊缝宽度 $C=(10\pm1)$mm，焊缝余高 $h=(2\pm1)$mm。

等级		材料	Q235A	平焊练习件
毛胚尺寸		工时		

图 4-10 手工电弧焊平焊练习图

4.2.1 相关知识：手工电弧焊工具及操作

1. 手工电弧焊概述

1）手工电弧焊

手工电弧焊（简称手弧焊）是手工控制焊条，利用焊条与焊件之间的电弧热，使焊条与焊件熔化形成焊缝的一种焊接方法。焊接时，焊件为一电极，焊条为另一电极。手工电弧焊因设备简单、操作方便、适应环境能力强，所以被广泛应用于各行各业的焊接作业中。

2）手工电弧焊工具

手工电弧焊必备的焊接工具有焊接电缆、焊钳、面罩和辅助器具等。

图4-11　焊接电缆

（1）电缆。手工电弧焊电缆如图4-11所示，它是用于实现焊钳、焊件对焊接电流的连接，以传导焊接电流。电缆外表应具有良好的绝缘层，不允许导线裸露。外皮如有破损，应用绝缘胶布包好，以防破损处引起短路和发生触电事故。焊接电缆导线截面面积与焊接电流、导线长度的关系见表4-4。

表4-4　手工电弧焊电缆导线截面面积与焊接电流、导线长度的关系

焊接电流/A	导线长/m								
	20	30	40	50	60	70	80	90	100
	导线截面面积/mm²								
100	25	25	25	25	25	25	25	28	35
150	35	35	35	35	20	50	60	70	70
200	35	35	35	50	60	70	70	70	70
300	35	50	60	60	70	70	70	85	85
400	35	50	60	70	85	85	85	95	95
500	50	60	70	85	95	95	95	120	120
600	60	70	85	85	90	95	120	120	120

手工电弧焊电缆的两端可通过接线夹头连接焊机和焊件，也减小了连接的电阻；操作时要防止焊件压伤和折断电缆；电缆不能与刚焊完的焊件接触，以免烧坏。

（2）焊钳。焊钳如图4-12所示，它是用来夹持焊条并传导电流以进行焊接的工具。焊钳必须严格绝缘。

（3）面罩。面罩是防止焊接时的飞溅、弧光及其他辐射对操作者面部和颈部损伤的一种遮盖工具。面罩有头盔式和手持式两种，如图4-13所示。面罩不能受潮，安放时应正面朝上，以防变形。

（4）辅助器具。常用的辅助器具如图4-14所示，有敲渣尖锤、扁錾、钢丝刷等，用于清除焊件上的铁锈和熔渣。此外，还有焊工手套、脚盖等劳保用品。

图 4-12 焊钳

(a) 头盔式

(b) 手持式

图 4-13 面罩

(a) 敲渣尖锤

(b) 扁錾

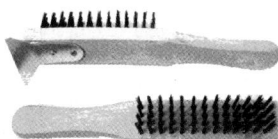
(c) 钢丝刷

图 4-14 辅助器具

2. 手工电弧焊基本操作

以手工电弧焊平焊为例，操作时，左手持面罩，右手拿焊钳，焊钳上夹持焊条，平焊可采用蹲式操作，蹲姿要自然，两脚夹角为 70°～85°，两脚距离为 240～260mm。持焊钳的胳膊可半伸开，悬空无依托地操作，如图 4-15 所示。

(a) 蹲式操作

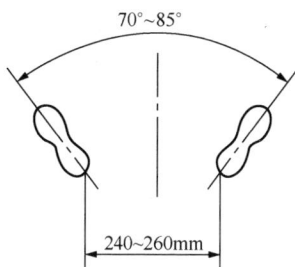
70°~85°
240~260mm
(b) 两脚的位置

图 4-15 平焊操作姿势

具体过程包括如下四步：

第 1 步 引弧。

焊接时，引燃焊接电弧的过程叫作引弧。焊接前将焊条和焊件分别接到焊机输出端的两极，调好焊接参数，用焊钳夹持好焊条。常用的引弧方法有如下两种。

（1）直击引弧法（敲击法）。先将焊条前端对准焊件，然后将手腕下弯，使焊条轻微碰击焊件，再迅速将焊条提起离开焊件 2～4mm，即能产生电弧。引弧后，手腕放平，使弧长保持在与所用焊条直径相适应的范围内，如图 4-16（a）所示。

（2）划擦引弧法。先将焊条前端对准焊件，然后扭转一下手腕，使焊条在焊件表面上轻微划擦一下，再将焊条提起 2～4mm 的距离，即在空气中产生电弧。引弧后，使电弧长度不超过焊条直径，如图 4-16（b）所示。

第 2 步　运条。

电弧引燃后，即可进行焊接，为了保持电弧燃烧稳定和获得良好的焊缝成形，焊条要作三个方向的运动，即三个基本动作：沿焊条中心向熔池送进、沿焊接方向移动和横向摆动，如图 4-17 所示。运条是整个焊接过程中最重要的环节，它会直接影响到焊缝的外表成形，是衡量焊工操作技术水平的重要标志之一。

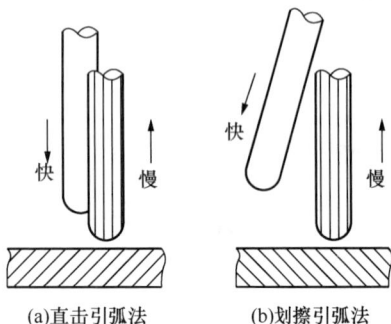

图 4-16　引弧方法

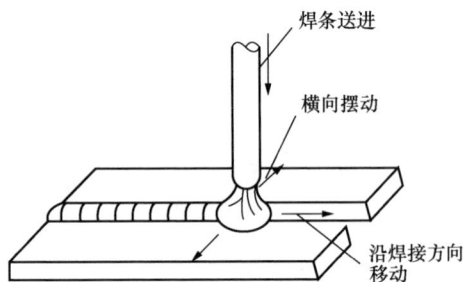

图 4-17　运条的动作

（1）焊条向熔池送进，维持所需电弧长度。随着焊条连续被电弧熔化，弧长拉长。为了维持电弧长度，焊条送进速度应与焊条的熔化速度相适应。如果焊条送进速度太慢，则电弧长度增长，会发生断弧现象；如果焊条送进速度太快，则电弧长度减短，焊条会和熔池接触，形成短路现象，同样导致电弧熄灭。

（2）焊条沿接缝方向前进，形成线状焊缝。焊条沿焊接方向前进的快慢就是焊接速度，它对焊缝质量有很大的影响。随着焊条的不断熔化，逐渐形成一条焊道（焊缝）。前进速度太快，电弧热量来不及熔化足够的焊条和基本金属，造成焊缝断面太小及容易形成未焊透等缺陷；前进速度太慢，形成大断面的焊缝，同时金属会过热而造成焊件烧穿。焊条移动时，应与前进方向成 70°～80° 的夹角，如图 4-18 所示，以使熔化金属和熔渣推向后方，如果熔渣流向电弧的前方，则会造成夹渣等缺陷。运条的这两个动作不能机械地分开，而应融合在一起，才能焊出外形美观的焊缝。

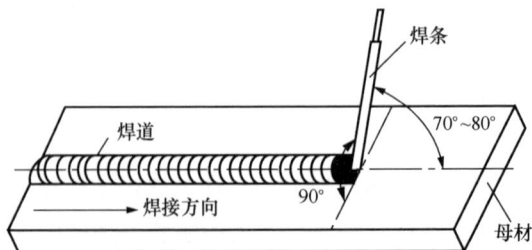

图 4-18　焊条角度

（3）焊条横向摆动，获得一定宽度的焊缝。有时为了增加焊缝的宽度，保证焊缝正确成形，焊条可作横向摆动；同时焊条的横向摆动也可延缓熔池金属的冷却结晶时间，有利于熔渣和气体的浮出。常见的运条方式有直线往复形、月牙形、锯齿形，如图 4-19 所示。

第 3 步　焊道连接。

由于受焊条长度的限制，一根焊条不能焊完整条焊道，焊接长焊道时需要将焊缝逐段连接起来。为了保证焊道的连续性，要求每根焊条所焊的焊道互相连接，此连接处就称为焊道的接头。

焊道的连接形式有四种，如图 4-20 所示。无论采用哪种形式，都需要焊缝保持高低、宽窄一致。

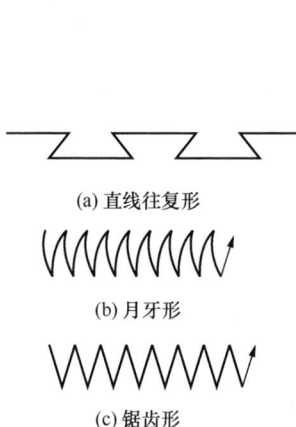

(a) 直线往复形

运条的方式

(b) 月牙形

(c) 锯齿形

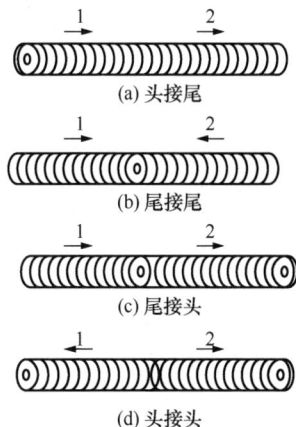

图 4-19　常见的运条方式

(a) 头接尾

(b) 尾接尾

(c) 尾接头

(d) 头接头

图 4-20　焊道的连接形式

（1）头接尾。连接的方法是在先焊焊道焊尾前面约 10mm 处引弧，弧长比正常焊接稍长些，然后将电弧移到原弧坑的 2/3 处，填满弧坑后，即可进行正常焊接。如果电弧后移过多，则可能造成接头过高；后移太少，将造成接头脱节，弧坑填不满。

（2）尾接尾。后焊焊道从接头的另一端引弧，焊到前焊道的结尾处，焊接速度略慢些，以填满焊道的焊坑，然后以较快的焊接速度再略向前，熄弧。

（3）尾接头。后焊焊道结尾与先焊焊道起头相连接，再利用结尾时的高温复熔化先焊焊道的起头处，将焊道焊平后快速结尾。

（4）头接头。要求先焊焊道的起头处略低些，连接时在先焊焊道的起头较前处引弧、并稍微拉长电弧，将电弧引向先焊焊道的起头处，并覆盖其端头，待起头处焊道焊平后向与先焊焊道相反的方向移动。

第 4 步　焊道收尾。

焊条是有长度的，焊条熔化到无药皮前 10mm 处要收弧。焊道的收尾是指一根焊条焊完后如何熄弧。焊接过程中由于电弧的吹力，熔池呈凹坑状，并且低于已凝固的焊道。如果收尾时立即断弧会使弧坑低于母材表面，造成弧坑未填满缺陷。弧坑低处截面积减小，强度降低，甚至在弧坑处产生裂缝。碱性焊条会因熄弧不当引起弧坑而出现气孔。在金属结构焊接中是不允许有弧坑存在的。

为避免出现弧坑，焊道收尾可采用以下三种方法，如图 4-21 所示。

（1）画圈收尾法。焊条移至焊道终点时，焊条压短电弧不向前行，利用手腕（臂不动）作画圈动作，待填满弧坑后拉断电弧。此法适用于厚板焊接，用于薄板有烧穿的危险。

（2）回焊收尾法。电弧在焊段收尾处停住，同时改变焊条的方向，由位置 1 移至位置 2，等弧坑填满后，再稍稍后移至位置 3，然后慢慢拉断电弧。此法宜用低氢型焊条。

（3）反复断弧收尾法。在焊段收尾处，于较短时间内，熄灭电弧和引燃电弧并重复数次，直到弧坑填满。此法多用于薄板、大电流焊接或打底层焊缝。碱性焊条不宜用此法，因为容易在弧坑处产生气孔。

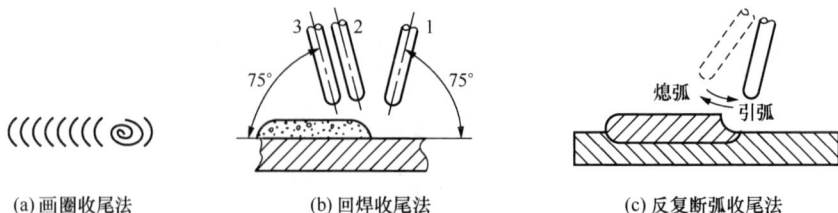

(a)画圈收尾法   (b)回焊收尾法   (c)反复断弧收尾法

图 4-21　焊道的收尾形式

4.2.2　任务实施：手工电弧焊平焊

1. 操作准备

01　材料准备。材料 Q235A 的 220mm×80mm×10mm 板料一块，实训指导书、手工电弧焊平焊操作图样等。

02　工具准备。电焊面罩、焊条、錾子、钢丝刷。

03　选择设备。电焊机 ZX7-400。

2. 焊接操作

01　在焊件上，以 20mm 的间距用粉笔画出焊缝位置线。

02　使用直径 2.5mm 的焊条，在 100～200A 范围内调节适合的焊接电流。

03　进行起头、接头、收尾的操作训练。

04　每条焊缝焊完后，清理熔渣，分析焊接中的问题，再进行另外一条焊缝的焊接。

3. 实训管理

01　按实训要求提早 5min 进实训室，检查考勤，检查穿戴。

02　明确实训计划及当天应完成的工作任务。

03　教师讲解平焊操作工艺，并现场示范。

04　按实训指导书操作，现场纠正不合理动作。

05　完成当天的工作任务并检查。

06　实训结束，车间按 6S 要求做好卫生清洁工作。

07　根据学生操作结果打分，平焊操作成绩将计入学生技能成绩。

------- 手工电弧焊平焊的操作注意事项 -------

1. 通过手工电弧焊平焊的技能训练，区分熔渣和熔化的金属。
2. 引弧时手法要稳，否则容易将焊条粘在焊件上。
3. 焊条向熔池输送时电弧长度控制应合适，否则易出现电弧不稳。
4. 焊缝形成过程中应分清熔池和熔渣以免产生夹渣缺陷。
5. 焊条向熔池输送时运条速度应均匀、焊接电流调节恰当，以保证焊缝的成形。

考核评价

实训任务完成后，进行总结评价，学生自检（查）、班组长互检（查）与教师过程评价和综合评价相结合。合计分公式及权重由教师拟定。手工电弧焊平焊考核评分内容见表4-5。

表 4-5　手工电弧焊平焊考核评分表

| 手工电弧焊平焊 | 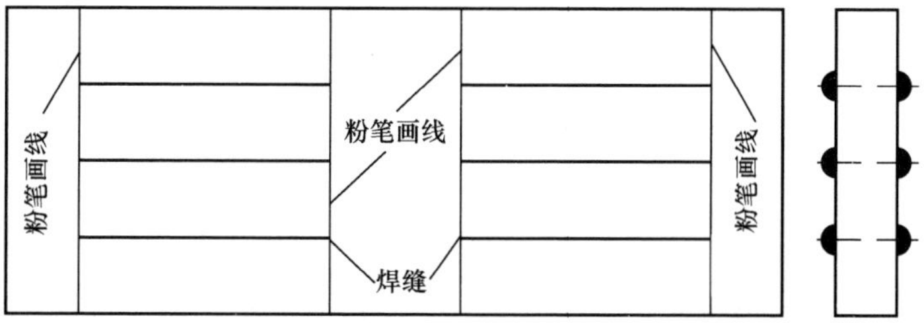 粉笔画线　　粉笔画线　　焊缝　　粉笔画线 | | | | |

考核项目	考核内容及要求	配分	自检（查）	互检（查）	评分
外观检查	平焊道波纹均匀	8			
	焊道起头圆滑	8			
	焊道接头平整	8			
	收尾无弧坑	8			
	焊缝平直	5			
操作技能	操作姿势正确	8			
	引弧方法正确	10			
	定点引弧方法正确	10			
	平焊方法正确	5			
	工艺执行情况	10			
安全生产	6S 管理	20			

合计：

总体评价：

任务 4.3　气焊与气割

☞ 工作任务

通过学习本任务，学生了解气割的基本操作技术，熟悉气割原理、过程及操作方法。图 4-22 所示为气割练习件。

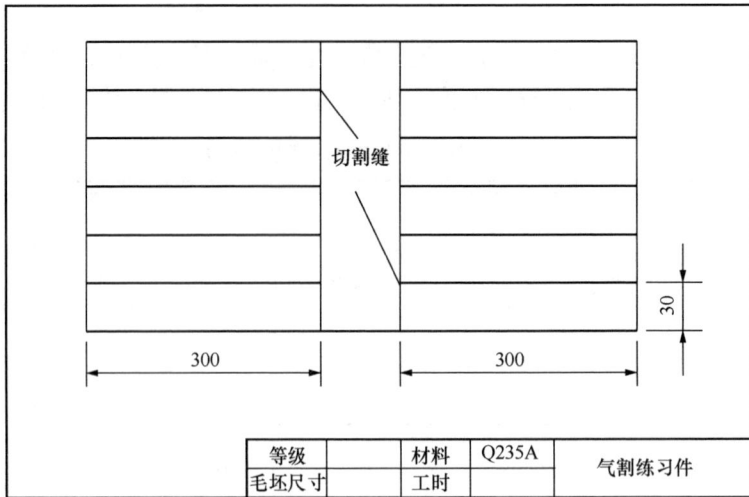

切割缝

300   300

30

等级		材料	Q235A	气割练习件
毛坯尺寸		工时		

图 4-22　气割练习件

4.3.1　相关知识：气焊与气割

气焊是利用气体火焰作热源的焊接方法。气割是利用气体火焰的热能将工件切割处预热到一定温度，然后喷出高速切割氧流，使其燃烧并放出热量，从而实现切割的方法。

1. 气焊与气割所用设备工具

1）氧气瓶

氧气瓶如图 4-23 所示，它由瓶底、瓶体、瓶箍、瓶阀、瓶帽和瓶头组成，是用来储存和运输氧气的高压容器，其工作压力为 15MPa，容积为 40L。

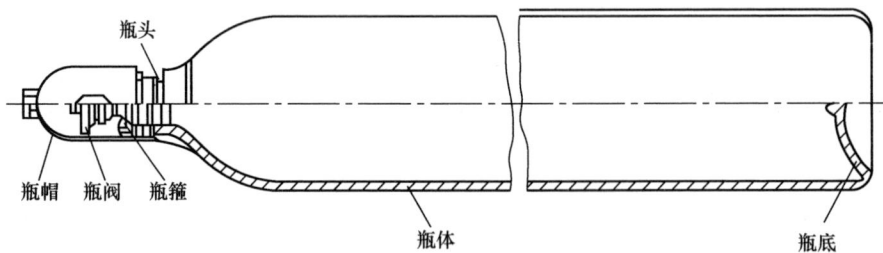

瓶头

瓶帽　瓶阀　瓶箍

瓶体

瓶底

图 4-23　氧气瓶

开启氧气瓶时应站在出气口的侧面，不能对着出气口，同时要逆时针方向旋转手轮，不要用力过猛。另外，氧气瓶内的氧气也不应全部用完，至少要剩余 0.1～0.2MPa 的压力。

2）减压器

减压器是将储存在气瓶内的高压气体减压为工件需要的低压气体的调节装置，以供给焊接、气割时使用，同时减压器还有稳压的作用，使气体工作压力不会随气瓶内的压力减小而减小。

减压器的形式较多，有单级式减压器和双级式减压器，经常使用 QD-1 型单级反作用式，其外形如图 4-24 所示。

3）乙炔瓶

乙炔瓶是一种储存和运输乙炔（C_2H_2）的容器，其外形与氧气瓶相似，但它的构造比氧气瓶复杂，如图 4-25 所示。

气焊设备的认知

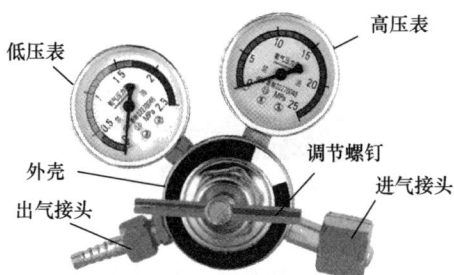

图 4-24　QD-1 型单级反作用减压器　　　　图 4-25　乙炔瓶

乙炔瓶的主要部分是用优质碳素钢或低合金钢轧制而成的圆柱形无缝瓶体，外表漆成白色，并用红漆漆有"乙炔"字样。在瓶体内装有浸满丙酮的多孔性填料，能使乙炔稳定而安全地储存在瓶内。使用时，溶解在丙酮内的乙炔就分解出来，通过乙炔瓶阀流出，而丙酮仍留在瓶内，以便再次压入乙炔。乙炔瓶阀下面的填料中心部分的长孔内放着石棉，其作用是帮助乙炔从多孔填料中分解出来。

通常乙炔瓶内的多孔性填料是采用质轻而多孔的活性炭、木屑、浮石及硅藻土等合制而成的。

4）乙炔减压器

乙炔减压器的作用是把储存在乙炔瓶内的高压乙炔气体减压至气焊或气割时所需的乙炔压力，并保持压力稳定，气焊或气割时，保证焊接和切割质量，并保证设备和人身安全，如图 4-26 所示。

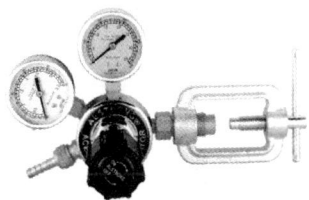

图 4-26　乙炔减压器

5）焊炬

焊炬是使可燃气体和氧气按一定比例混合，并喷出燃烧而形成稳定火焰的工具。图 4-27

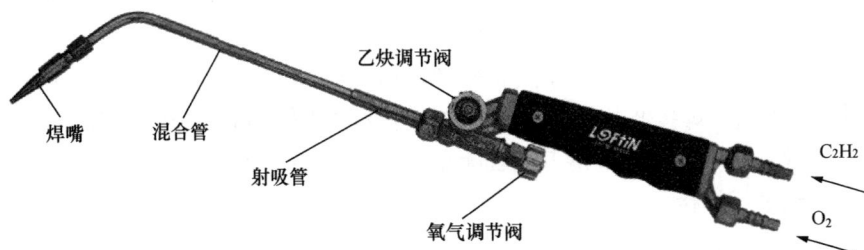

图 4-27　射吸式焊炬

所示是常用的射吸式焊炬。使用时，开启氧气调节阀和乙炔调节阀，此时具有一定压力的氧气由喷嘴高速喷出，使喷嘴周围形成负压，把喷嘴四周的低压乙炔气吸入射吸管，经混合管混合后从焊嘴喷出，点燃后形成火焰。焊嘴可根据焊件厚度进行选择和更换。

6）割炬

割炬是手工气割的主要工具，可以安装和更换割嘴，以及调节预热火焰气体和控制切割氧流量。图4-28所示为常用的射吸式割炬，它与焊炬的原理相同，混合气体由割嘴喷出，点燃后形成预热火焰，乙炔气流量的大小由乙炔调节阀控制；不同的是，其另有切割氧调节阀，专用于控制切割氧气流量。射吸式割炬可在不同的乙炔压力下工作，既能使用低压乙炔，又能使用中压乙炔。

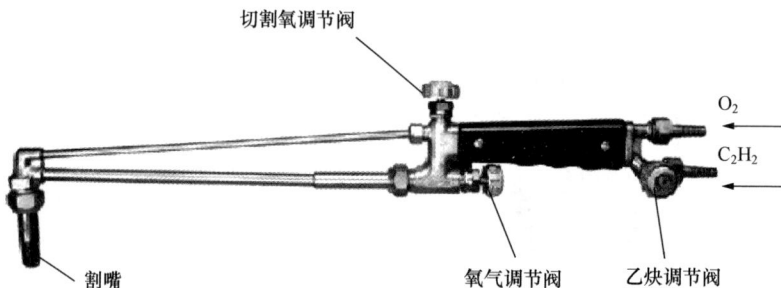

图4-28　射吸式割炬

2. 气焊基本操作

1）气焊的基本原理

气焊是利用可燃性气体和氧气混合燃烧所产生的火焰，来熔化工件与焊丝进行焊接的一种焊接方法。

气焊通常使用的可燃性气体是乙炔。氧气是气焊中的助燃气体。乙炔用纯氧助燃，与在空气中燃烧相比，能大大提高火焰的温度。乙炔和氧气在焊炬中混合均匀后，从焊嘴喷出燃烧，将工件和焊丝熔化形成熔池。冷凝后形成焊缝。

气焊主要用于焊接厚度在3mm以下的薄钢板，铜、铝等有色金属及其合金，以及铸铁的补焊等。

气焊的主要优点是设备简单，操作灵活方便，不需要电源。但气焊火焰的温度（最高约3150℃）比电弧低，热量比较分散，生产效率低，工件变形严重，所以应用不如电弧焊广泛。

2）气焊的操作

（1）焊前准备：

① 气焊前应彻底清除焊件接头处的锈蚀、油污等。

② 正确选择焊丝：焊丝是气焊时起填充作用的金属丝。其化学成分直接影响焊缝的质量和焊缝的力学性能。焊接低碳钢时，常用的气焊丝牌号有H08、H08A、H08Mn、H08MnA等。另外，焊丝在使用前，应清除其表面上的油脂，每卷焊丝都应有商标牌号，不准使用不明牌号的焊丝进行焊接。

（2）火焰的点燃、调节：

① 焊炬的握法。右手持焊炬，将大拇指置于乙炔开关处，食指置于氧气开关处，以便于

随时调节气体流量。用其他三指握住焊炬手柄。

② 火焰的点燃。逆时针方向旋转乙炔开关放出乙炔，再逆时针方向微旋氧气开关，然后将焊嘴靠近火源点火。注意点火时，拿火源的手不要正对焊嘴，如图 4-29 所示，以防烧伤。

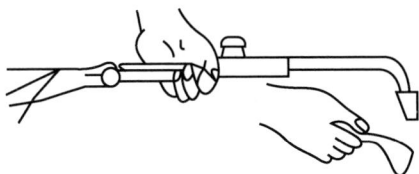

图 4-29　点火的姿势

③ 火焰的调节。气焊的火焰即氧乙炔焰，是乙炔与氧气混合燃烧所形成的火焰。气焊时，氧气与乙炔按一定比例混合后燃烧所形成的氧乙炔焰有中性焰、碳化焰和氧化焰三种，其形状如图 4-30 所示。

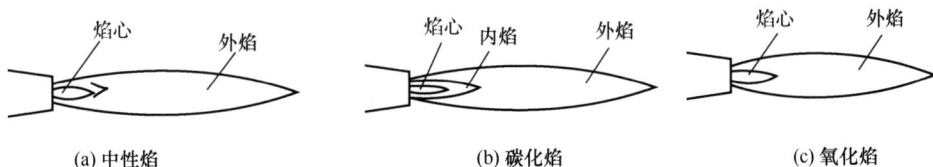

(a) 中性焰　　　　　　　　　(b) 碳化焰　　　　　　　　　(c) 氧化焰

图 4-30　氧乙炔焰

中性焰是氧气与乙炔的混合比例大于 1.1 且小于等于 1.2 时的燃烧火焰形式，适用于焊接一般碳钢和有色金属；碳化焰是氧气与乙炔的混合比例为 1.1 时的燃烧火焰形式，适用于焊接高碳钢、铸铁和硬质合金等；氧化焰是氧气与乙炔的混合比例大于 1.2 时的燃烧火焰形式，适用于焊接黄铜、锰钢等。

开始点燃的火焰多为碳化焰，如要调成中性焰，则应逐渐增加氧气的供给量，直至火焰的内焰与外焰没有明显的界线时，就变为中性焰。如果继续增加氧化流量，就变为氧化焰。

（3）焊接过程：采用中性焰，左向焊法，即将焊炬由右向左移动，使火焰指向待焊部分，填充焊丝的端头，位于火焰的前下方，距焰心 3mm 左右，如图 4-31 所示。

为得到优质的焊缝和控制熔池的热量，焊接时，焊炬与焊丝应作均匀协调的摆动。焊炬与焊丝在操作时的摆动方法和幅度，要根据焊件的材料、焊缝位置、接头形式与板材的厚度等情况进行选择。焊炬与焊丝的摆动方法如图 4-32 所示。

图 4-31　左向焊法时焊炬与焊丝端头的位置

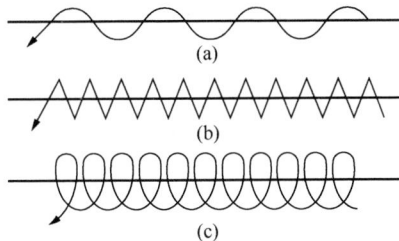

图 4-32　焊炬与焊丝的摆动方法

（4）火焰的熄灭：焊接结束或中途停止时，必须熄灭火焰。正确的方法应为先顺时针旋转关闭乙炔开关阀门，再顺时针旋转关闭氧气开关阀门。

3. 气割基本操作

1）气割的基本原理

气割是利用预热火焰将被切割的金属预热到燃烧点（即该金属在氧气中能剧烈燃烧的

温度），再向此处喷射高纯度、高速度的氧气流，使金属燃烧形成金属氧化物——熔渣。金属燃烧时放出大量的热能使熔渣熔化，且由高速氧气流吹掉，与此同时，燃烧热和预热火焰又进一步加热下层金属，使之达到燃烧点，并自行燃烧。这种预热—燃烧—去渣的过程重复进行，即形成切口，移动割炬就把金属逐渐割开，这就是气割过程的基本原理。由此可见，金属的气割过程实质上是金属在纯氧中燃烧的过程。值得注意的是，并不是所有的金属都能气割，只有具备以下条件才能实现气割。

（1）能同氧发生剧烈的氧化反应，并放出足够的热量，以保证把切口前缘的金属层迅速地加热到燃烧点。

（2）金属的热导率不能太高，即导热性应较差，否则气割过程的热量将迅速散失，使切割不能开始或被中断。

（3）金属的燃烧点应低于熔点，否则金属的切割将成为熔割过程。

（4）金属的熔点应高于燃烧生成氧化物的熔点，否则高熔点的氧化物膜会使金属和气割氧隔开，造成燃烧过程中断。

（5）生成的氧化物应该易于流动，否则切割时生成的氧化物熔渣本身不被氧气流吹走，而妨碍切割进行。

普通碳钢和低合金钢符合上述条件，气割性能较好；高碳钢及含有易淬硬元素（如铬、钼、钨、锰等）的中合金和高合金钢，气割性较差。不锈钢含有较多的铬和镍，易形成高熔点的氧化膜（如 Cr_2O_3），铸铁的熔点低，铜和铝的导热性好（铝的氧化物熔点高），它们属于难以气割或不能气割的金属材料。

2）气割的操作

（1）点火。点火前先检查割炬的射吸能力。若割炬的射吸力不正常，应查明原因并修复，或者更换新的割炬。

点火后应将火焰调节为中性焰，也可是轻微的氧化焰，禁止使用碳化焰。火焰调整好后，打开割炬上的切割氧开关，并增大氧气流量。观察切割氧流的形状（即风线形状）。风线应为笔直而清晰的圆柱体，并有适当的长度。如果风线形状不规则，应关闭所有阀门，用锥形通针或其他工具修整切割氧喷嘴或割嘴内嘴。预热火焰和风线调整好后，关闭切割氧开关，并准备起割。

（2）起割。双脚呈"八"字形蹲在割件的一旁；右臂靠右膝盖，左臂悬空在两脚中间，右手握住割炬手把，并以右手的拇指和食指握住预热氧阀门，以便于调整预热火焰和发生回火时及时切断预热气源。左手的大拇指和食指握住切割氧阀门，同时还起掌握方向的作用。左手的其余三指平稳地托住混合气管。上身不要弯得太低，眼睛注视割嘴和割线。起割点应在割件的边缘。待边缘预热到呈现亮红色时，将火焰略微移动至边缘以外，同时，慢慢打开切割氧开关。当看到预热的红点在氧流中被吹掉时，再进一步加大切割氧阀门。随着氧流的加大，从割件的背面飞出鲜红的氧化铁渣，此时，证明割件已被割透，割炬即可根据割件的厚度以适当的速度开始移动。

如果割件在起割处的一侧有余量，则可以从有余量的地方起割，然后按一定的速度移至割线上。如果割线两侧没有余量，则起割时要特别小心。在慢慢加大切割氧的同时，把割嘴往前移动；若停止不动，氧流将被返回的气流扰乱，在该处周围形成较深的沟槽。

（3）正常气割过程。起割后，割炬移动的速度要均匀，割嘴到割件的表面应保持一定的距离。

在气割过程中，有时因割嘴过热或氧化铁渣的飞溅，使割嘴堵塞或乙炔供应不足时，出现鸣爆和回火现象。此时，必须迅速地关闭预热氧和切割氧阀门，及时切断氧气，以防止氧气倒流入乙炔管内，出现回火。如果仍然听到割炬内有"嘶嘶"的响声，则说明火焰没有熄灭，应迅速关闭乙炔阀门，或者拔下割炬上的乙炔管子，使回火的火焰排出。当一切处理正常后，还要重新检查割炬的射吸力，然后才允许重新点燃割炬。

（4）停割。气割过程中快到终点停割时，割嘴应沿气割方向的反向倾斜一个角度，以便使钢板的下部提前割透，使割缝在收尾处较整齐。停割后要仔细清除割缝周边上的挂渣，以便于下一道工序的加工。

4. 气焊、气割安全文明生产

气焊、气割安全技术操作规程：

（1）乙炔瓶必须立放，并应使用托架，以防歪倒。

（2）瓶身、瓶嘴严禁接触油脂。

（3）氧气瓶和乙炔瓶不准混放在一起，与明火距离不得小于 10m。

（4）氧气瓶内气体不准用净，应存有 0.1～0.2MPa 的压力。

（5）安装减压器前，应先打开气阀门，先清扫瓶嘴后再装，装时须拧紧，开气阀时应站在侧面，头部闪开。

（6）气焊、气割工作场所 10m 以内，禁放易燃易爆品。

（7）严禁焊接或切割带有压力的容器及完全密封的容器。

（8）焊割工作暂停时，必须关闭焊枪、割枪和气源。

（9）焊炬、割炬或橡胶软管发生漏气时，必须及时修理或更换。

（10）严禁用火烘烤氧气瓶或乙炔瓶。

4.3.2　任务实施：平板气割

1. 操作准备

01　材料准备：材料 Q235A，尺寸 700mm×180mm×5mm 板料一块，实训指导书、气割操作图样等。

02　工具准备：电焊手套、护目镜。

03　选择设备：射吸式割炬。

2. 气割操作步骤

01　教师示范火焰的点燃、调节和熄灭操作。

02　学生进行火焰的点燃、调节和熄灭操作练习。

03　教师示范切割厚度 5mm 钢板，割缝 300mm 长。

04　学生轮流练习切割。

平板气割的操作注意事项

1. 检查工作场所，禁放易燃易爆品。
2. 点火时注意火焰方向，不能伤到自己和其他同学。
3. 气割工作完成时，必须关闭割炬和气源。
4. 实训结束清理工作场所，关好门窗。

考核评价

实训任务完成后，进行总结评价，学生自检（查）、班组长互检（查）与教师过程评价和综合评价相结合。合计分公式及权重由教师拟定。气割考核评分内容见表4-6。

表4-6　气割考核评分表

| 气割 | | | | | |

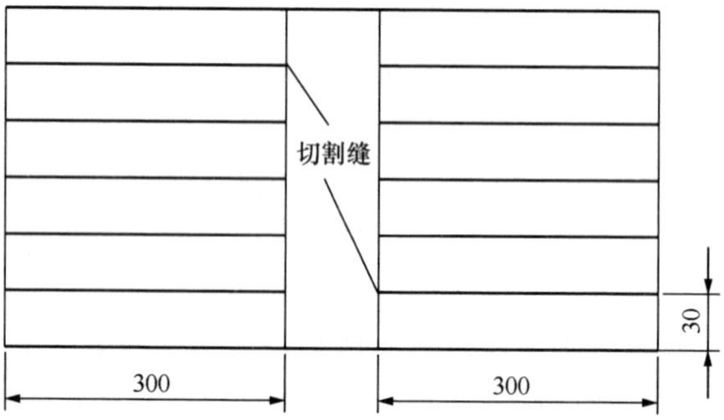

考核项目	考核内容及要求	配分	自检(查)	互检(查)	评分
割炬安全检查	气瓶的检查	9			
	割炬的检查	9			
	减压器的装卸、开启、关闭操作正确	10			
	开启、关闭割炬顺序正确	10			
	正确使用防护用品	8			
操作技能	点火方法正确	9			
	操作姿势正确	9			
	割缝外观检查	8			
	正确使用辅助工具	8			
安全生产	6S 管理	20			

合计：

总体评价：

焊工练习题

1. Q235A 钢管板骑座式垂直俯位手工电弧焊

Q235A 钢管板骑座式垂直俯位手工电弧焊图样如图4-33所示。考核评分表见表4-7。

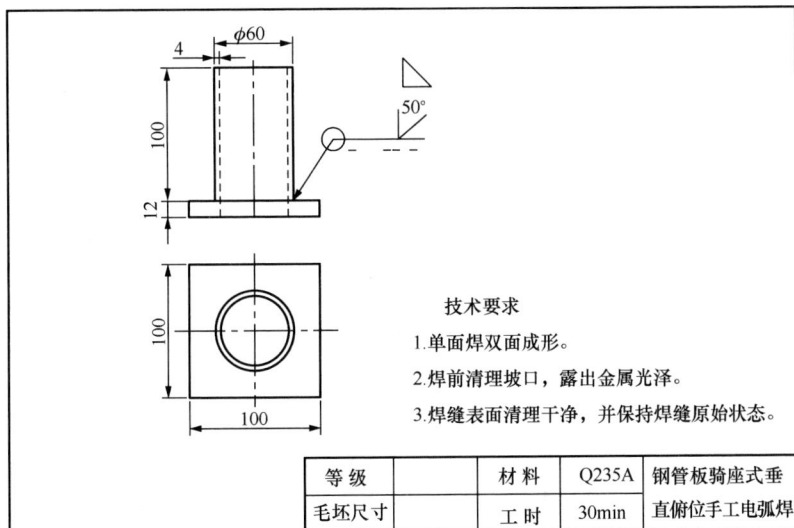

技术要求

1. 单面焊双面成形。
2. 焊前清理坡口，露出金属光泽。
3. 焊缝表面清理干净，并保持焊缝原始状态。

等级		材料	Q235A	钢管板骑座式垂
毛坯尺寸		工时	30min	直俯位手工电弧焊

图 4-33 Q235A 钢管板骑座式垂直俯位手工电弧焊

表 4-7 Q235A 钢管板骑座式垂直俯位手工电弧焊评分表

序号	考核内容	考核要点	配分	评分标准	检测结果	扣分	得分
1	焊前准备	劳保着装及工具准备齐全，参数设置、设备调试正确	5	工具及劳保着装、参数设置、设备调试不正确或不符合标准各扣 1 分			
2	焊接操作	试件空间位置符合要求	5	试件空间位置超出范围扣 5 分			
3	焊缝外观	焊缝表面不允许有焊瘤、气孔、烧穿等缺陷	10	出现任何一项缺陷该项不得分			
		焊缝咬边深度≤0.5mm，两侧咬边总长度不超过焊缝有效长度的 15%	10	(1) 咬边深度≤0.5mm 时，咬边累计长度每 5mm 扣 1 分，累计长度超过焊缝有效长度的 15% 时扣 10 分。 (2) 咬边深度>0.5mm 时扣 10 分			
		焊缝凹凸度差≤1.5mm	10	(1) 凹凸度差>1.5mm 时扣 10 分。 (2) 凹凸度差≤1.5mm 时不扣分			
		焊脚尺寸 $K=\delta+$ (3~6) mm	10	每超差一处扣 5 分			
		通球直径为管内径的 85%	10	通球不合格不得分			
		管板之间夹角为 90°±2°	10	超差扣 5 分			
4	宏观金相检验	未焊透深度≤15%δ	10	(1) 未焊透深度≤15%δ 时，每 5mm 扣 1 分。 (2) 未焊透深度>15%δ 时扣 10 分			
		条状缺陷	10	(1) 最大尺寸≤1.5mm 且数量不多于 1 个时，不扣分。 (2) 最大尺寸>1.5mm 或数量多于 1 个时，扣 10 分			
5	安全	安全操作及现场 6S 管理	10	视实际情况扣 1~10 分			

合计：

注：δ表示板料厚度。

2. Q235A 钢板搭接平位手工电弧焊

Q235A 钢板搭接平位手工电弧焊图样如图 4-34 所示。考核评分表见表 4-8。

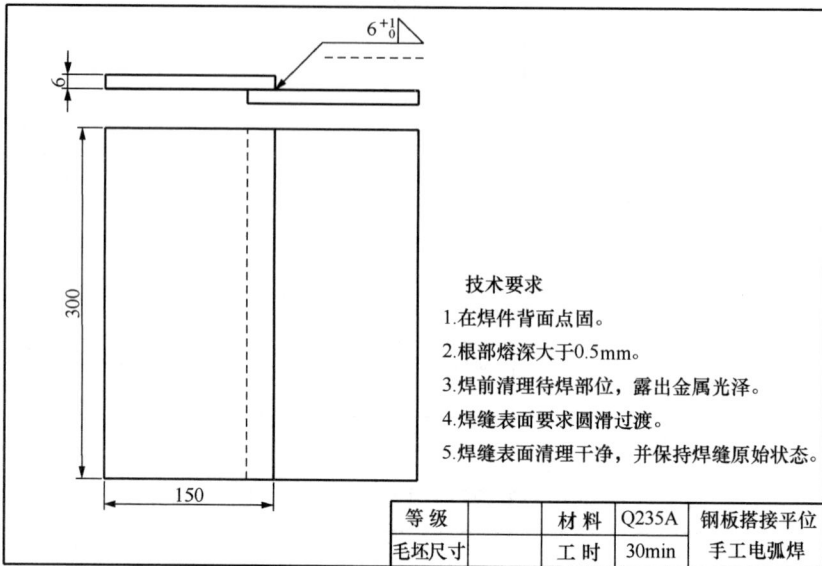

技术要求

1. 在焊件背面点固。
2. 根部熔深大于 0.5mm。
3. 焊前清理待焊部位，露出金属光泽。
4. 焊缝表面要求圆滑过渡。
5. 焊缝表面清理干净，并保持焊缝原始状态。

等级		材料	Q235A	钢板搭接平位
毛坯尺寸		工时	30min	手工电弧焊

图 4-34 Q235A 钢板搭接平位手工电弧焊

表 4-8 Q235A 钢板搭接平位手工电弧焊评分表

序号	考核内容	考核要点	配分	评分标准	检测结果	扣分	得分
1	焊前准备	劳保着装及工具准备齐全，参数设置、设备调试正确	10	工具及劳保着装、参数设置、设备调试不正确，有一项扣 1 分			
2	焊接操作	试件空间位置符合要求	10	试件空间位置超出范围扣 10 分			
3	焊缝外观	焊缝表面不允许有焊瘤、气孔、烧穿等缺陷	10	出现任何一项缺陷该项不得分			
		焊缝咬边深度≤0.5mm，两侧咬边总长度不超过焊缝有效长度的 15%	10	咬边深度≤0.5mm，咬边累计长度每 5mm 扣 1 分，累计长度超过焊缝有效长度的 15%扣 8 分			
		未焊透深度 ≤15%δ 且 ≤1.5mm，总长度不超过焊缝有效长度的 10%（氩弧焊打底的焊件不允许未焊透）	10	（1）未焊透深度≤15%δ，且≤1.5mm 时累计长度超过焊缝有效长度的 10%时扣 8 分。 （2）未焊透深度>1.5mm 时扣 8 分			
		板厚≤6mm，背面凹坑深度≤25%δ 且≤1mm；板厚>6mm 时深度≤20%δ 且≤2mm，总长度不超过焊缝有效长度的 10%	10	（1）板厚≤6mm 时： ① 背面凹坑深度≤25%δ 且≤1mm 时总长度超过焊缝有效长度的 10%时扣 4 分。 ② 深度>1mm 时扣 4 分。 （2）板厚>6mm 时： ① 深度≤20%δ 且≤2mm 时总长度超过焊缝有效长度的 10%时扣 4 分。 ② 深度>2mm 时扣 4 分			

序号	考核内容	考核要点	配分	评分标准	检测结果	扣分	得分
3	焊缝外观	双面焊缝余高 0～3mm，焊缝宽度比坡口每侧增宽 0.5～2.5mm，宽度误差≤3mm	20	尺寸超差一处扣 2 分，扣满 20 分为止			
		错边≤10%δ	5	超差扣 5 分			
		焊后角变形误差≤3°	5	超差扣 5 分			
4	安全	安全操作及现场 6S 管理	10	视实际情况扣 1～10 分			
合计：							

注：δ 表示板料厚度。

3. 薄壁管焊接

薄壁管焊接图样如图 4-35 所示。考核评分表见表 4-9。

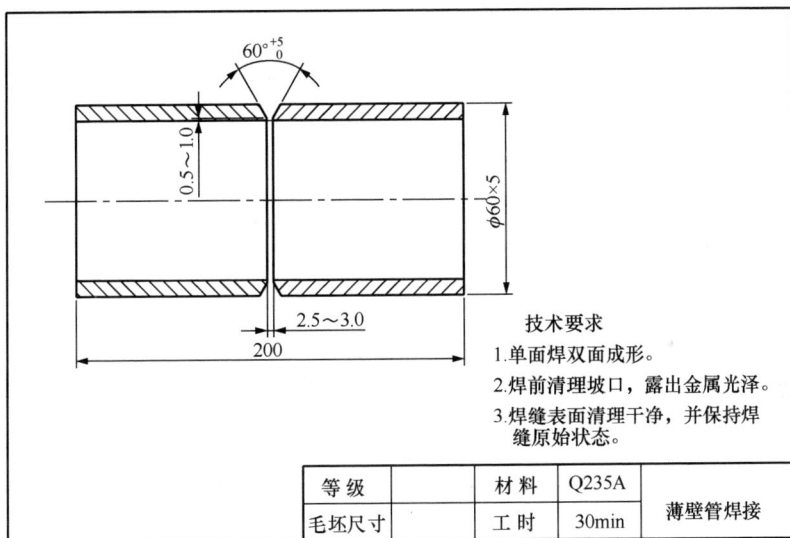

图 4-35　薄壁管焊接

技术要求

1. 单面焊双面成形。
2. 焊前清理坡口，露出金属光泽。
3. 焊缝表面清理干净，并保持焊缝原始状态。

等级		材料	Q235A	薄壁管焊接
毛坯尺寸		工时	30min	

表 4-9　薄壁管焊接评分表

序号	考核内容	考核要点	配分	评分标准	检测结果	扣分	得分
1	焊前准备	劳保着装及工具准备齐全，参数设置、设备调试正确	5	工具及劳保着装、参数设置、设备调试不正确，有一项扣 1 分			
2	焊接操作	试件空间位置符合要求	10	试件空间位置超出范围扣 10 分			

序号	考核内容	考核要点	配分	评分标准	检测结果	扣分	得分
3	焊缝外观	焊缝表面不允许有焊瘤、气孔、烧穿等缺陷	10	出现任何一项缺陷该项不得分			
		焊缝咬边深度≤0.5mm，两侧咬边总长度不超过焊缝有效长度的15%	15	咬边深度≤0.5mm时，咬边累计长度每5mm扣2分，累计长度超过焊缝有效长度的15%时扣15分			
		用直径等于0.85倍管内径的钢球进行通球试验	10	通球不合格不得分			
		焊缝余高0～3mm，焊缝宽度比坡口每侧宽0.5～2.5mm，宽度误差≤3mm	10	每种尺寸超差一处扣2分，扣满10分为止			
4	断口试验	未焊透深度≤15%δ，总长度≤周长的10%	10	（1）未焊透深度≤15%δ，总长度≤周长的10%时每5mm扣1分。 （2）未焊透深度>15%δ或总长度>周长的10%，扣8分			
		单个气孔沿径向≤30%δ，且≤1.5mm，沿周向或轴向≤2mm	4	有气孔但在考核要求范围内扣2分，不符合本要求者，扣3分			
		单个夹渣沿径向≤25%δ，沿周向或轴向≤30%δ	4	有夹渣但在考核要求范围内扣2分，不符合本要求者，扣3分			
		在任何10mm焊缝长度内，气孔和夹渣≤3个	6	在任何10mm焊缝长度内，气孔或夹渣只有一个时得3分，有2～3个时得2分，3个以上时不得分			
		背面凹坑深度≤25%δ且≤1mm	6	背面凹坑深度>25%δ或>1mm时扣6分			
5	安全	安全操作及现场6S管理	10	视实际情况扣1～10分			
合计：							

注：δ表示板料厚度。

5

项目

数 控 加 工

>>>>

◎ **项目导读**

随着科学技术的飞速发展，产品的更新换代越来越快、生产批量越来越小、生产周期越来越短，但是对产品精度的要求越来越高。为了满足以上要求，数控加工设备在当今的各种机械制造、模具生产等行业中得到了广泛应用。数控加工就是将零件图形和工艺参数、加工步骤以数字信息的形式，编成程序代码输入数控机床的控制系统中，再由其进行运算处理并转换成驱动伺服机构的指令信号，从而控制数控机床各执行部件协调动作，自动加工出零件。

本项目主要内容为数控机床认知与基本操作、数控车床编程与加工。

◎ **知识目标**

1. 熟悉常见的数控机床的应用与特点。
2. 熟悉华中世纪星系统数控车床的控制面板与安全操作规程。
3. 掌握数控编程基础知识。
4. 掌握基本编程指令：G00、G01、G02、G03 等。
5. 掌握数控加工工艺知识。

◎ **能力目标**

1. 会数控机床的面板基本操作。
2. 会数控机床的日常维护。
3. 能看懂图形及技术要求。
4. 能编制加工工艺。
5. 能独立完成曲面型芯零件的数控加工。

任务 5.1 ···· 数控机床认知与基本操作 ······

☞ 工作任务

1. 按操作规程启动及停止数控机床。
2. 正确说出各按键的名称与作用。
3. 根据操作规程正确使用各功能键。
4. 完成回零、手动、MDI 运行、进给率修调等工作。
5. 完成数控机床的日常维护。

▌5.1.1 相关知识：数控机床应用及功能特点

1. 常用数控机床及应用

1）数控车床

数控车床包括主轴、溜板、刀架等。数控系统包括显示器、控制面板、强电控制等。数控车床一般具有两轴联动功能，Z 轴是与主轴平行的运动轴，X 轴是在水平面内与主轴垂直的运动轴，其中远离工件方向为轴的正向。数控车床主要用来加工轴类零件的内外圆柱面、圆锥面、螺纹表面、成形面等，对于盘类零件可以进行钻孔、扩孔、铰孔、镗孔等加工，另外，还可以完成车端面、切槽、倒角等加工。数控车床如图 5-1 所示。

2）数控铣床

数控铣床适用于加工三维复杂曲面，在汽车、航空航天、模具等行业被广泛采用，如图 5-2 所示，其可分为数控立式铣床、数控卧式铣床、数控仿形铣床等。

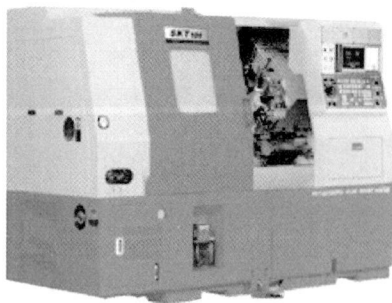

图 5-1　数控车床

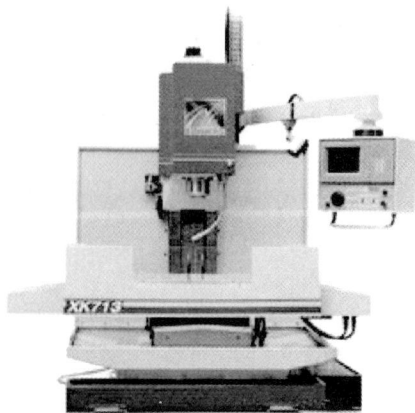

图 5-2　数控铣床

3）加工中心

一般把带有自动换刀装置（automatic tool changer，ATC）的数控铣床称为加工中心，如图 5-3 所示。加工中心可以进行铣、镗、钻、扩、铰、攻丝等多种工序加工，但它不包括磨削功能，因为微细的磨粒可能会进入机床导轨，从而破坏机床的精度（注意磨床上有特殊的保护措施）。加工中心可分为立式加工中心和卧式加工中心，其中，立式加工中心的主轴是垂直方向的，卧式加工中心的主轴是水平方向的。

2. 数控车床控制面板认识

下面以华中世纪星-21T 系统数控车床为例。

图 5-3 加工中心

1）数控系统面板（图 5-4）

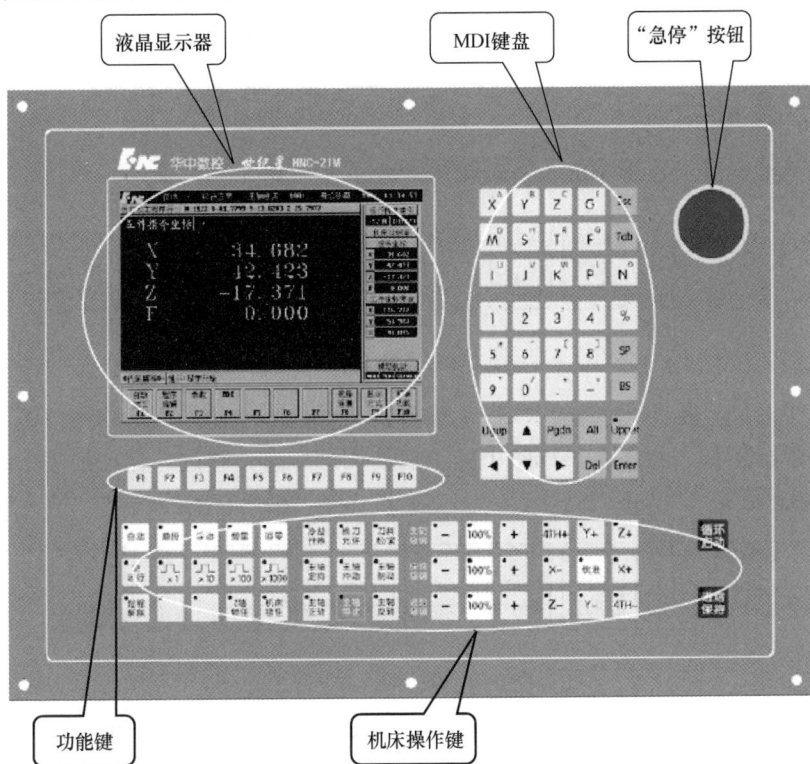

图 5-4 华中世纪星-21T 系统数控车床控制面板

华中世纪星-21T
系统数控车床控
制面板的介绍

2）MDI 键盘说明（表 5-1）

表 5-1 华中世纪星-21T 系统控制面板 MDI 键盘说明

名称	功能说明
地址和数字键 X[A] 2[C]	按下这些键可以输入字母、数字或其他字符
*Upper Enter Alt	切换键、输入键、替换键

续表

名称	功能说明
Del　PgUp　PgDn	删除键、翻页键
光标移动键　▲　◄　▼　►	有四种不同的光标移动键。 ► : 用于将光标向右或者向前移动。 ◄ : 用于将光标向左或者往回移动。 ▼ : 用于将光标向下或者向前移动。 ▲ : 用于将光标向上或者往回移动。

3）菜单命令条说明

数控系统液晶显示器屏幕的下方是菜单命令条，如图5-5所示。

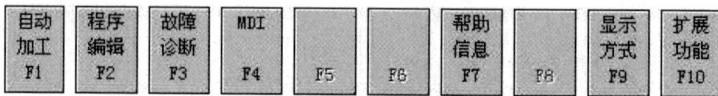

图5-5　菜单命令条

由于每个功能包括不同的操作，在主菜单条上选择一个功能项后，菜单条会显示该功能下的子菜单。例如，按下主菜单条中的"自动加工"后，就进入自动加工下面的子菜单条，如图5-6所示。

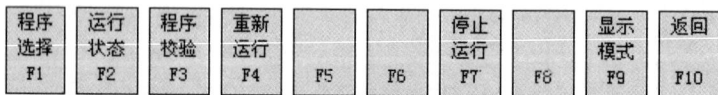

图5-6　自动加工子菜单

每个子菜单条的最后一项都是"返回"项，按该键就能返回上一级菜单。

4）功能键说明

图5-7所示是功能键，这些键的作用和菜单命令条是一样的。

图5-7　功能键

在菜单命令条及弹出菜单中，每一个功能项的按键上都标注了F1、F2等字样，表明要执行该项操作也可以通过按下相应的功能键来执行。

5）机床操作键说明（表 5-2）

表 5-2　华中世纪星-21T 系统控制面板机床操作键说明

名称	功能说明
急停键	用于锁住机床。按下急停键时，机床立即停止运动
循环启动/保持	在自动和 MDI 运行方式下，用来启动和暂停程序
方式选择键	用来选择系统的运行方式。 自动：按下该键，进入自动运行方式。 单段：按下该键，进入单段运行方式。 手动：按下该键，进入手动连续进给运行方式。 增量：按下该键，进入增量运行方式。 回参考点：按下该键，进入返回机床参考点运行方式。 方式选择键互锁，当按下其中一个时（该键左上方的指示灯亮），其余各键失效（指示灯灭）
进给轴和方向选择及开关键	在手动连续进给、增量进给和返回机床参考点运行方式下，用来选择机床欲移动的轴和方向。 其中的 快进 为快进开关。当按下该键后，该键左上方的指示灯亮，表明快进功能开启；再按一下该键，指示灯灭，表明快进功能关闭
主轴修调	在自动或 MDI 方式下，当 S 代码的主轴速度偏高或偏低时，可用主轴修调右侧的 100% 和 +、− 键，修调程序中编制的主轴速度。 按 100%（指示灯亮），主轴修调倍率被置为 100%，按一下 +，主轴修调倍率递增 5%；按一下 −，主轴修调倍率递减 5%
快速修调	在自动或 MDI 方式下，可用快速修调右侧的 100% 和 +、− 键，修调 G00 快速移动时系统参数"最高快速度"设置的速度。 按 100%（指示灯亮），快速修调倍率被置为 100%，按一下 +，快速修调倍率递增 10%；按一下 −，快速修调倍率递减 10%
进给修调	在自动或 MDI 方式下，当 F 代码的进给速度偏高或偏低时，可用进给修调右侧的 100% 和 +、− 键，修调程序中编制的进给速度。 按 100%（指示灯亮），进给修调倍率被置为 100%，按一下 +，进给修调倍率递增 10%；按一下 −，进给修调倍率递减 10%

续表

名称	功能说明
增量值选择键 ×1 ×10 ×100 ×1000	在增量运行方式下，用来选择增量进给的增量值。×1 为 0.001mm；×10 为 0.01mm；×100 为 0.1mm；×1000 为 1mm。 各键互锁，当按下其中一个时（该键左上方的指示灯亮），其余各键失效（指示灯灭）
主轴正转/停止/反转键 主轴正转 主轴停止 主轴反转	用来开启和关闭主轴。 主轴正转：按下该键，主轴正转。 主轴停止：按下该键，主轴停转。 主轴反转：按下该键，主轴反转
刀位转换键 刀位转换	在手动方式下，按一下该键，刀架转动一个刀位
超程解除键 超程解除	当机床运动到达行程极限时，会出现超程，系统会发出警告音，同时紧急停止。要退出超程状态，可按下 超程解除 键（指示灯亮），再按与刚才相反方向的坐标轴键
空运行键 空运行	在自动方式下，按下该键（指示灯亮），程序中编制的进给速率被忽略，坐标轴以最大快移速度移动
程序跳段键 程序跳段	自动加工时，系统可跳过某些指定的程序段。如在某程序段首加上"/"，且面板上按下该键，则在自动加工时，该程序段被跳过不执行；而当释放此键时，"/"不起作用，该段程序被执行
机床锁住键 机床锁住	用来禁止机床坐标轴移动。显示屏上的坐标轴仍会发生变化，但机床停止不动

3. 数控车床控制面板基本操作

下面以华中世纪星-21T 系统数控车床为例。

1）返回机床参考点

在进入系统后，首先应将机床各轴返回参考点。操作方法如下：

（1）按下"回参考点"键 回参考点 （指示灯亮）。

（2）按下"+X"键，X 轴立即回到参考点。

（3）按下"+Z"键，使 Z 轴返回参考点。

华中世纪星-21T 系统车床对刀

2）手动移动机床坐标轴

（1）点动进给。

第 1 步 按下"手动"键（指示灯亮），系统处于点动运行方式。

第 2 步 选择进给速度。

第 3 步 按住"+X"或"−X"键（指示灯亮），X 轴产生正向或负向连续移动；松开"+X"或"−X"按键（指示灯灭），X 轴减速停止。

按照同样方法，按下"＋Z"或"－Z"键，使 Z 轴产生正向或负向连续移动。

（2）点动快速移动。在点动进给时，先按下"快进"按键，然后再按坐标轴按键，则该轴将产生快速运动。

（3）点动进给速度选择。进给速率为系统参数"最高快移速度"的 1/3 乘以进给修调选择的进给倍率。快速移动的进给速率为系统参数"最高快移速度"乘以快速修调选择的快移倍率。进给速度选择的方法为：

① 按下进给修调或快速修调右侧的"100%"键（指示灯亮），进给修调或快速修调倍率被置为 100%。

② 按下"＋"键，修调倍率增加 10%，按下"－"键，修调倍率递减 10%。

（4）增量进给。

① 按下"增量"键（指示灯亮），系统处于增量进给运行方式。

② 按下增量倍率键（指示灯亮）。

③ 按下"＋X"或"－X"键，X 轴将向正向或负向移动一个增量值。

④ 按下"＋Z"或"－Z"键，使 Z 轴向正向或负向移动一个增量值。

（5）增量值选择。增量值的大小由选择的增量倍率按键来决定。增量倍率按键有四个挡位：×1、×10、×100、×1000。增量倍率按键和增量值的对应关系见表 5-3。

表 5-3 增量倍率按键和增量值的对应关系

增量倍率按键	×1	×10	×100	×1000
增量值/mm	0.001	0.01	0.1	1

当系统在增量进给运行方式下，增量倍率按键选择的是"×1"时，则每按一下坐标轴，该轴移动 0.001mm。

3）手动控制主轴

（1）主轴正反转及停止。

第 1 步 确保系统处于手动方式下。

第 2 步 设定主轴转速。

第 3 步 按下"主轴正转"键（指示灯亮），主轴以机床参数设定的转速正转；按下"主轴反转"键（指示灯亮），主轴以机床参数设定的转速反转；按下"主轴停止"键（指示灯亮），主轴停止运转。

（2）主轴速度修调。主轴正转及反转的速度可通过主轴修调调节。按下主轴修调右侧的"100%"键（指示灯亮），主轴修调倍率被置为 100%；按下"＋"键，修调倍率增加10%，按下"－"键，修调倍率递减 10%。

4）刀位选择和刀位转换

第 1 步 确保系统处于手动方式下。

第 2 步 按下"刀位选择"键，选择所使用的刀，这时显示窗口右下方的"辅助机能"里会显示当前所选中的刀号。例如，图 5-8 中选择的刀号为 ST01。

第 3 步 按下"刀位转换"键，转塔刀架转到所选到的刀位。

图 5-8 选择刀号

5）机床锁住

在手动运行方式下，按下"机床锁住"键，再进行手动操作，系统执行命令，显示屏上的坐标轴位置信息变化，但机床不动。

6）MDI 运行

第 1 步　进入 MDI 运行方式。

方法 1　在系统控制面板上，按下菜单键中左数第 4 个按键——"MDI F4"，进入 MDI 功能子菜单，如图 5-9 所示。

方法 2　在 MDI 功能子菜单下，按下左数第 6 个按键——"MDI 运行 F6"，进入 MDI 运行方式，如图 5-10 所示。

图 5-9　系统控制面板　　　　　　图 5-10　MDI 功能子菜单

这时就可以在 MDI 一栏后的命令行内输入 G 代码指令段。

第 2 步　输入 MDI 指令段。MDI 指令段有两种输入方式：可以一次输入多个指令字，还可多次输入，每次输入一个指令字。

例如，可以按如下步骤输入"G00 X100 Z100"。

① 在命令行输入"G00 X100 Z100"，按 Enter 键，这时显示窗口内 X、Z 值分别变为 100、100。

② 在命令行先输入"G00"，按 Enter 键，显示窗口内显示"G00"；再输入"X100"按 Enter 键，显示窗口内 X 值变为 100；最后输入"Z100"，然后按 Enter 键，显示窗口内 Z 值变为 100。

在输入指令时，可以在命令行看见当前输入的内容，在按 Enter 键之前发现输入错误，可用 BS 键将其删除；在按 Enter 键后，发现输入错误或需要修改，只需重新输入一次指令，新输入的指令就会自动覆盖旧的指令。

第 3 步　运行 MDI 指令段。输入完成一个 MDI 指令段后，按下操作面板上的"循环启动"按键，系统就开始运行所输入的指令。

7）自动运行操作

（1）进入程序运行菜单。

第 1 步　在系统控制面板下，按下"自动加工 F1"键，进入程序运行子菜单，如图 5-9 所示。

第 2 步　在程序运行子菜单下，可以自动运行零件程序，如图 5-11 所示。

（2）选择运行程序。按下"程序选择 F1"键，会弹出一个含有两个选项的菜单，如图 5-12 所示。

图 5-11　程序运行子菜单　　　　　　图 5-12　选择运行程序

（3）程序校验。

第 1 步　打开要加工的程序。

第 2 步　按下机床控制面板上的"自动"键，进入程序运行方式。

第 3 步　在程序运行子菜单下，按"程序校验 F3"键，程序校验开始。

第 4 步　如果程序正确，校验完成后，光标将返回到程序头，并且显示窗口下方的提示栏显示提示信息，说明没有发现错误。

（4）启动自动运行。

第 1 步　选择并打开零件加工程序。

第 2 步　按下机床控制面板上的"自动"键（指示灯亮），进入程序运行方式。

第 3 步　按下机床控制面板上的"循环启动"键（指示灯亮），机床开始自动运行当前的加工程序。

（5）单段运行。

第 1 步　按下机床控制面板上的"单段"键（指示灯亮），进入单段自动运行方式。

第 2 步　按下"循环启动"键，运行一个程序段，执行完成后机床就会减速停止，刀具、主轴均停止运行。

第 3 步　按下"循环启动"键，系统执行下一个程序段，执行完成后再次停止。

4. 数控切削加工刀具

数控刀具必须适应数控机床高速、高效和自动化程度高的特点，一般应包括通用刀具、通用连接刀柄及少量专用刀柄。刀柄要连接刀具并装在机床动力头上，目前已逐渐标准化和系列化。

1）数控刀具的分类

数控刀具种类繁多，如图 5-13 和图 5-14 所示，分类方法如下：

（1）按照刀具结构分类，数控刀具可分为整体式、镶嵌式（采用焊接或机夹式连接。其中，机夹式刀具又可分为不转位和可转位两种）、特殊型式（如复合式刀具、减振式刀具等）。

（2）按照制造刀具所用的材料分类，数控刀具可分为高速钢刀具、硬质合金刀具、金刚石刀具、其他材料刀具（如立方氮化硼刀具、陶瓷刀具等）。

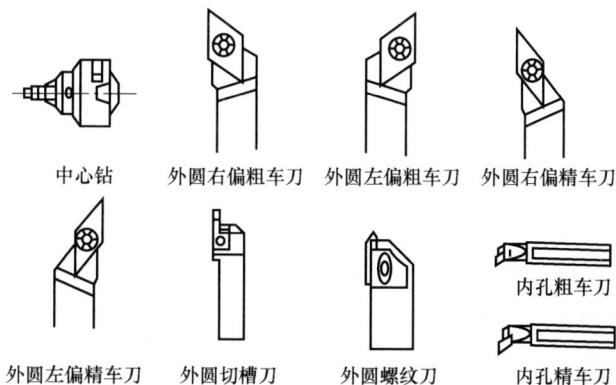

中心钻　外圆右偏粗车刀　外圆左偏粗车刀　外圆右偏精车刀

外圆左偏精车刀　外圆切槽刀　外圆螺纹刀　内孔粗车刀　内孔精车刀

图 5-13　数控车削常用刀具

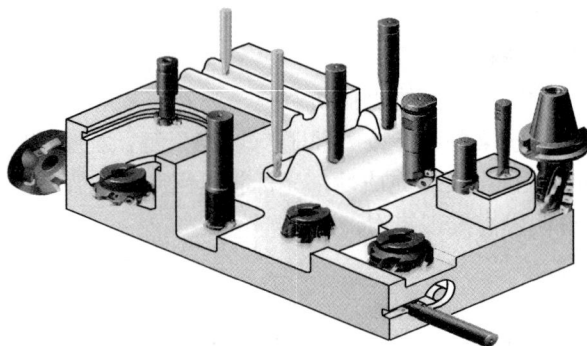

图 5-14 数控铣削常用刀具

（3）按照切削工艺分类，数控刀具可分为车削刀具（其又可分外圆、内孔、螺纹、切割等多种刀具）、铣削刀具、钻削刀具（包括钻头、铰刀、丝锥等）、镗削刀具。

为了适应数控机床对刀具耐用度、稳定、易调、可换等的要求，近几年机夹式可转位刀具得到广泛的应用，在数量上占数控刀具总数的 30%～40%，金属切除量占总数的 80%～90%。

2）数控刀具的特点

数控刀具与普通机床上所用的刀具相比，主要具有以下特点：

（1）刚性好（尤其是粗加工刀具）、精度高、抗振及热变形小；互换性好，便于快速换刀。

（2）寿命高，切削性能稳定、可靠。

（3）刀具的尺寸便于调整，减少了换刀调整时间。

（4）刀具能够可靠地断屑或卷屑，利于切屑的排除。

（5）系列化、标准化利于编程和刀具管理。

5. 数控机床加工特点

与普通机床相比，数控机床是一种机电一体化的高效自动机床，它具有以下加工特点。

1）具有广泛的适应性和较高的灵活性

数控机床更换加工对象，只需要重新编制和输入加工程序即可实现加工；在某些情况下，甚至只要修改程序中部分程序段或利用某些特殊指令就可实现加工（如利用缩放功能指令就可实现加工形状相同、尺寸不同的零件）。这为单件、小批量、多品种生产，产品改型和新产品试制提供了极大的方便，大大缩短生产准备及试制周期。

2）加工精度高，质量稳定

由于数控机床采用了数字伺服系统，数控装置每输出一个脉冲，通过伺服执行机构使机床产生相应的位移量（称为脉冲当量），可达 0.1～1μm；机床传动丝杠采用间歇补偿，螺距误差及其传动误差可由闭环系统控制，因此数控机床能达到较高的加工精度。如普通精度加工中心，定位精度一般可达到每 300mm 长度误差不超过 ±（0.005～0.008）mm，重复精度可达到 0.001mm。另外，数控机床结构刚性和热稳定性都较好，制造精度能得到保证；其自动加工方式避免了操作者的人为操作误差，加工质量稳定，合格率高，同批加工的零件几何尺寸一致性好。数控机床能实现多轴联动，可以加工普通机床很难加工甚至不可能加工的复杂曲面。

3）加工生产率高

在数控机床上可选择最有利的加工参数，实现多道工序连续加工；也可实现多机看管。由于采用了加速、减速措施，机床移动部件能快速移动和定位，大大减少了加工过程中的空程时间。

4）可获得良好的经济效率

虽然数控机床分摊到每个零件上的设备费（包括折旧费、维修费、动力消耗费等）较高，但生产效率高，单件、小批量生产时节省辅助时间（如画线、机床调整、加工检验等），节省直接生产费用。数控机床加工精度稳定，废品率下降，使生产成本进一步降低。

6. 数控机床安全操作规程

遵循数控机床的安全操作规程，不仅是保障人身和设备安全的需要，还是保证数控机床能够正常工作、达到技术性能、充分发挥其加工优势的需要。因此，在数控机床的使用和操作中必须严格遵循数控机床的安全操作规程。这里主要介绍在生产实际中应用广泛的数控车床、数控铣床（加工中心）的安全操作规程。

1）开机前应遵守的操作规程

（1）穿戴好劳保用品，不要戴手套操作机床。

（2）详细阅读机床的使用说明书，在未熟悉机床操作前，切勿随意动机床，以免发生安全事故。

（3）操作前必须熟知每个按钮的作用及操作注意事项。

（4）注意机床各个部位警示牌上所警示的内容。

（5）按照机床说明书要求加装润滑油、液压油、切削液，接通外接气源。

（6）机床周围的工具要摆放整齐，便于拿放。

（7）加工前必须关上机床的防护门。

2）在加工操作中应遵守的操作规程

（1）文明生产，精力集中，杜绝酗酒和疲劳操作；禁止打闹、闲谈、睡觉和任意离开岗位。

（2）机床在通电状态时，操作者千万不要打开和接触机床上标示有闪电符号的、装有强电装置的部位，以防被电击伤。

（3）注意检查工件和刀具是否装夹正确、可靠；在刀具装夹完毕后，应采用手动方式进行试切。

（4）机床运转过程中，不要清除切屑，要避免用手接触机床运转部件。

（5）清除切屑时，要使用一定的工具，注意不要被切屑划伤手脚。

（6）测量工件必须在机床停止状态下进行。

（7）打雷时不要开机床。因为雷击时的瞬时高电压和大电流易冲击机床，导致烧坏模块或丢失改变数据，造成不必要的损失。

3）工作结束后应遵守的操作规程

（1）如实填写好交接班记录，发现问题要及时反映。

（2）要打扫干净工作场地，擦拭干净机床，注意保持机床及控制设备的清洁。

（3）切断系统电源，关好门窗后才能离开。

7. 数控机床日常维护和保养

1）接通电源前的检查

（1）检查与添加冷却液、液压油、润滑油，保证导轨、滑板、立柱、丝杆副等运动部件始终保持良好的润滑状态，以降低机械磨损，延长其使用寿命。

（2）检查机床的防护门、电柜门是否关闭。

（3）检查工具、量具等是否已准备好。

2）接通电源后的检查

（1）检查操作面板上的指示灯是否正常，各按钮、开关是否处于正确位置。显示屏上是否有报警显示，若有问题应及时予以处理。

（2）液压装置的压力表指示是否在所要求的范围内。

（3）控制箱的冷却风扇是否正常运转。

（4）刀具是否正确夹紧在刀架上，回转刀架是否可靠夹紧，刀具是否有损伤。

3）机床运转后的检查

（1）运转中，主轴、滑板处是否有异常噪声。

（2）有无异常现象。

5.1.2 任务实施：数控车床基本操作

1）开机与关机

（1）数控车床的开机顺序。

① 合上数控车床电气柜总开关，机床正常送电。

② 接通操作面板电按钮，给数控系统上电。

③ 向右转动、拔出急停开关。

（2）数控车床的关机顺序。

① 按下急停开关。

② 按下操作面板断电按钮。

③ 断开数控车床电气柜总开关。

2）数控机床面板操作

（1）控制 X 轴、Z 轴返回机床参考点。

（2）手动移动坐标轴。

① 点动运行方式下，X 轴、Z 轴正负方向移动。

② 点动快速运行方式下，X 轴、Z 轴正负方向移动。

③ 点动进给速度调整，分别调为 20%、50%、100%、120%，并控制 X 轴、Z 轴正负方向移动。

④ 增量运行方式下，X 轴、Z 轴正负方向移动。

⑤ 增量运行方式下增量值调整，分别调为×1、×10、×100、×1000，X 轴、Z 轴正负方向移动。

（3）手动控制主轴正反转，主轴速度修调为 10%、50%、100%，查看主轴转速。

（4）刀位选择和刀位转换，选择刀具为 T0202、T0404。

（5）MDI 运行，输入指令：G00 X100 Z50；G00 X80 Z5。

（6）自动运行操作，能调用指定的原有程序。

3）数控机床日常维护

（1）接通电源前的检查。

（2）接通电源后的检查。

（3）机床运转后的检查。

考核评价

实训任务完成后，进行总结评价，学生自检（查）、班组长互检（查）与教师过程评价和综合评价相结合。合计分公式及权重由教师拟定。数控机床基本操作考核评分见表 5-4。

表 5-4　数控机床基本操作考核评价表

序号	考核内容	考核项目	配分	检测标准	自检（查）	互检（查）	评分
1	数控车床的开机与关机	华中世纪星-21T 系统数控车床开机与关机操作	20	华中世纪星-21T 系统数控车床的正确操作			
2	数控车床的面板操作	（1）回机床参考点。 （2）手动移动坐标轴。 （3）手动控制主轴正反转。 （4）刀位选择和刀位转换。 （5）MDI 运行。 （6）自动运行操作	40	不能完成每处扣 5 分，扣完为止			
3	数控车床安全操作规程	安全操作情况	20	视操作规范情况			
4	数控车床的日常维护	日常维护	20	视日常维护工作情况			

合计：

总体评价：

任务 5.2 --- 数控编程与加工

☞ 工作任务

加工练习曲面型芯零件，工程图如图 5-15 所示。制定该零件数控车削工艺并编制该零件精加工程序。

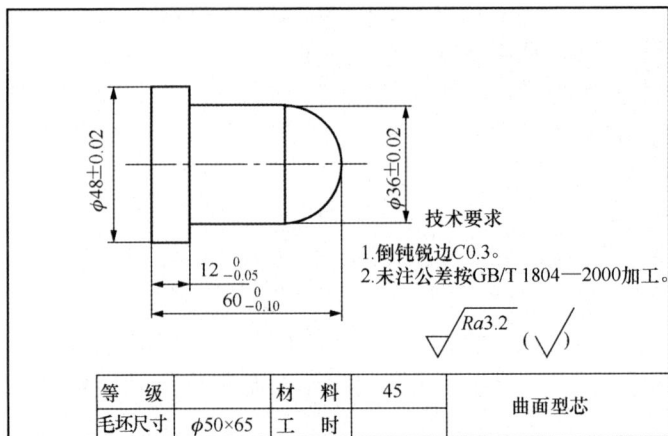

技术要求

1. 倒钝锐边C0.3。
2. 未注公差按GB/T 1804—2000加工。

$\sqrt{Ra3.2}$ $(\sqrt{})$

等　级		材　料	45	
毛坯尺寸	$\phi50\times65$	工　时		曲面型芯

图 5-15　曲面型芯零件工程图

5.2.1　相关知识：数控编程与加工基础

1. 数控编程基础知识

数控加工就是根据零件图样及工艺技术要求等原始条件，编制零件数控加工程序，输入数控机床的数控系统，以控制数控机床中刀具相对工件的运动轨迹，从而完成零件的加工。利用数控机床完成零件的数控加工过程，如图 5-16 所示。

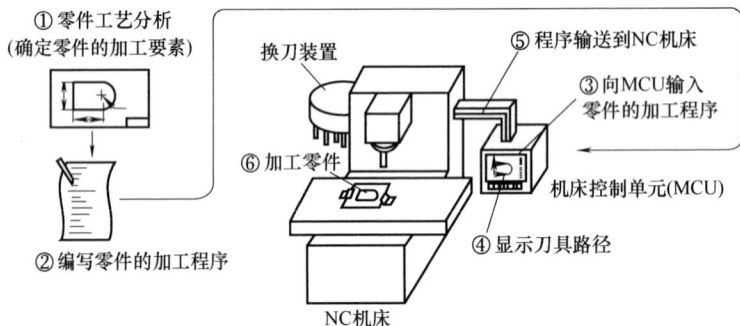

图 5-16　数控加工过程示意图

（1）根据零件加工图样进行工艺分析，确定加工方案、工艺参数和位移数据。

（2）用规定的程序代码和格式编写零件加工程序，或用自动编程软件直接生成零件的 NC 加工程序文件。

（3）程序的输入或传输。手工编程时，可以通过数控机床的操作面板输入程序；由自动编程软件生成的 NC 加工程序，通过计算机的串行通信接口直接传输到数控机床的控制单元（MCU）。

（4）将输入或传输到数控装置的 NC 加工程序进行试运行与刀具路径模拟等。

（5）通过对机床的正确操作，运行程序，完成零件的加工。

1）数控程序的编制方法及步骤

数控编程的方法主要有手工编程和自动编程两种。

（1）手工编程。手工编程主要是由人工来完成数控编程中各个阶段的工作。由于几何形状不太复杂的零件，所需的加工程序不长，计算比较简单，故用手工编程比较合适。

手工编程的特点：耗费时间较长，容易出现错误，无法胜任复杂形状零件的编程。据国外资料统计，当采用手工编程时，一段程序的编写时间与其在机床上运行加工的实际时间之比平均约为 30∶1，而无法使用数控机床加工的原因中有 20%～30%是加工程序编制困难，编程时间较长。

（2）自动编程。在编程过程中，除了分析零件图样和制定工艺方案由人工进行，其余工作均由计算机辅助完成。

采用计算机自动编程时，数学处理、编写程序、检验程序等工作是由计算机自动完成的。由于计算机可自动绘制出刀具中心运动轨迹，编程人员可及时检查程序是否正确，需要时可随时修改。又由于计算机自动编程代替程序编制人员完成了烦琐的数值计算，可提高编程效率几十倍乃至上百倍，因此其解决了许多手工编程无法解决的复杂零件的编程难题。总之，自动编程的特点是编程效率高，可解决复杂形状零件的编程难题。

2）数控加工程序的格式及指令字的功能

（1）程序的结构。一个完整的数控加工程序，由程序名、程序内容和程序结束指令三部分组成。程序内容是整个程序的核心，它由若干程序段组成；一个程序段由若干个指令字组成，每个指令字是控制系统的一个具体指令，表示数控机床要完成的动作，由文字（地址符）和数字（有些数字还带符号）组成，字母、数字、符号通称为字符。

程序如下：

```
%0010
N0010  G97  G21    G40  G80
N0020  M03  S500   T0101  M08
…
N0060  M98  P3001  L3
N0070  G80
…
N0090  M09
N0100  G00  X100    Z100
N0110  M05
N0120  M30
```

这是一个完整的零件加工程序，由 12 个程序段组成，每个程序段以字母 "N" 开头，整个程序开始于程序名 "%0010"，以便区别于其他程序，程序名由字母 "%" 及数字 0010 组成。不同的数控系统程序名地址码不同，有些用字母 "O"，有些用 "%"。整个程序结束用指令 M02 或 M30。

（2）程序的格式。零件的加工程序由程序段组成。程序段格式是指一个程序段中字、字符、数据的书写规则，不同的数控系统往往有不同的程序段格式，格式不符合规定，则数控系统不能接受。通常有字地址程序段格式、带分隔符的程序段格式和固定顺序程序段格式，其中最常用的为字地址程序段格式。

字地址程序段格式由顺序号字、功能字和程序段结束符组成。每个字都以地址符开始，其后紧跟符号和数字，字的排列顺序没有严格要求，不需要的字及与上一程序段意义相同的字可以不写，如程序段 "N0020 G91 G28 X0 Y0 Z0" 中，N 为顺序号地址码，用于指令程序顺序号，G 为指令动作方式的准备功能字，X、Y、Z 为坐标轴地址，其后的数字表示该坐标移动的距离。该格式程序简短、直观，便于修改和校验，因此目前被广泛使用。

字地址程序段格式的编排顺序如下：

N＿ G＿ X＿ Y＿ Z＿ F＿ S＿ T＿ M＿ L＿ F＿＿

注意：上述程序段中包括的各种指令并非在加工程序的每个程序段中都必须具备，而是要根据各程序段的具体功能来编入相应的指令。

（3）常用地址符及其含义。在程序段中表示地址的英文字母可分为尺寸字地址和非尺寸字地址两类。

尺寸字地址的英文字母有 X、Y、Z、U、V、W、P、Q、I、J、K、A、B、C、D、E、R、H 共 18 个字母，非尺寸字地址有 N、G、F、S、T、M、L、O 等 8 个字母。各字母的含义如表 5-5 所示。

表 5-5　地址符的含义

地址	功能	意义	地址	功能	意义
A	坐标字	绕 X 轴旋转	F	进给速度	进给速度指令
B		绕 Y 轴旋转	G	准备功能	指令动作方式
C		绕 Z 轴旋转	H	补偿号	刀具长度补偿指令
D	补偿号	刀具半径补偿指令	I	坐标字	圆弧中心 X 轴向坐标
E		第二进给功能字			
J	坐标字	圆弧中心 Y 轴向坐标	T	刀具功能	刀具编号的指令
K		圆弧中心 Z 轴向坐标			
L	重复次数	固定循环及子程序的重复次数	U	坐标字	与 X 轴平行的附加轴或增量坐标值或暂停时间
M	辅助功能	机床开关指令			
N	顺序号	程序段顺序号	V		与 Y 轴平行的附加轴或增量坐标值
O	程序号	程序号、子程序的指定			
P		暂停或程序中某功能的开始使用的顺序号	W		与 Z 轴平行的附加轴或增量坐标值
Q		固定循环终止段号或固定循环中的定距	X	坐标字	X 轴的绝对坐标或暂停时间
R		圆弧半径的指定	Y		Y 轴的绝对坐标
S	主轴功能	主轴转速的指令	Z		Z 轴的绝对坐标

（4）字的功能。组成程序段的每一个字都有其特定的功能含义，以下是以华中世纪星-21T 系统数控车床的规范为主来介绍的。

① 顺序号字 N。顺序号字又称为程序段号或程序段序号。顺序号位于程序段之首，由顺序号字 N 和后续 2～4 位数字组成，一般可以省略。

② 准备功能字 G。准备功能字的地址符是 G，又称为 G 功能或 G 代码，是用于建立机床或控制系统工作方式的一种指令，如表 5-6 所示。

G 代码分为模态和非模态两大类，模态 G 代码已经指定，直到同组 G 代码出现为止一直有效。若在同一个程序中有几个同组模态 G 代码出现，则在书写位置上仅排在最后一个 G 代码有效，非模态 G 代码仅在所在的程序段中有效，故又称为一次性 G 代码。

表 5-6　华中世纪星-21T 系统数控车常用准备功能字

G 代码	组别	功能	说明
*G00	01	快速点定位	模态指令
G01		直线插补	
G02		顺圆插补	
G03		逆圆插补	
G04	00	暂停	非模态指令
G17	16	选择 XY 平面	模态指令
*G18		选择 XZ 平面	
G19		选择 YZ 平面	
G20	06	英制输入	模态指令
*G21		公制输入	
G32	01	螺纹切削	模态指令
*G40	07	刀尖半径补偿取消	模态指令
G41		刀尖半径左补偿	模态指令
G42		刀尖半径右补偿	模态指令
G50	00	坐标系设定	非模态指令
*G54	14	选择工件坐标系 1	模态指令
G55		选择工件坐标系 2	
G56		选择工件坐标系 3	
G57		选择工件坐标系 4	
G58		选择工件坐标系 5	
G59		选择工件坐标系 6	
G70	00	精加切槽工循环	非模态指令
G71		粗车外圆循环	
G72		粗车端面循环	
G73		多重车削循环	
G74		端面切槽循环	
G75		外圆切槽循环	
G76		复合螺纹车削循环	
G90	01	内外径车削循环	模态指令
G92		螺纹车削循环	
G94		端面车削循环	
G96	02	主轴恒线速 m/min	模态指令
*G97		主轴恒转速 r/min	
G98	05	每分钟进给 mm/min	模态指令
*G99		每转进给 mm/r	

注：表中带有*号的 G 代码为初始 G 代码。

③ 尺寸字。尺寸字用于确定机床上刀具运动终点的坐标位置。

第一组 X、Y、Z、U、V、W、P、Q、R 用于确定终点的直线坐标尺寸。

第二组 A、B、C、D、E 用于确定终点的角度坐标尺寸。

第三组 I、J、K 用于确定圆弧轮廓的圆心坐标尺寸。

在一些数控系统中，还可以用 P 指令暂停时间，用 R 指令确定圆弧半径等。

④ 进给功能字 F。进给功能字的地址符是 F，又称为 F 功能或 F 指令，用于指定切削的进给速度。对于车床，F 可分为每分钟进给和主轴每转进给两种，对于其他数控机床，一般只用每分钟进给。

⑤ 主轴转速功能字 S。主轴转速功能字的地址符是 S，又称为 S 功能或 S 指令，用于指定主轴转速，单位为 r/min。

⑥ 刀具功能字 T。刀具功能字的地址符是 T，又称为 T 功能或 T 指令，用于指定加工时所用刀具的编号。对于数控车床，由刀具的编号字 T 和后续 2～4 位数字组成，如 T0101 前两位数字表示刀具号，后两位数字表示刀尖半径补偿号。

⑦ 辅助功能字 M。辅助功能字的地址符是 M，后续数字一般为两位正整数，又称为 M 功能或 M 指令，用于指定数控机床辅助装置的开关动作，如表 5-7 所示。

表 5-7　常用辅助功能字

M 代码	功能	说明
M00	程序停止	单程序段有效模态指令
M01	计划停止	
M02	程序结束	
M03	主轴顺时针转动	模态指令
M04	主轴逆时针转动	
M05	主轴停止	
M08	开冷却液	模态指令
M09	关冷却液	
M30	程序结束，返回程序头	非模态指令
M98	调用子程序	模态指令
M99	子程序返回	

3）数控车床坐标系

为确定机床运动的方向和距离，数控机床上必须要有一个坐标系才能实现，我们把这种机床固有的坐标系称为机床坐标系；该坐标系的建立必须依据一定的原则。

目前，数控机床坐标轴的指定方法已标准化，我国执行的数控标准 GB/T 19660—2005《工业自动化系统与集成 机床数值控制坐标系和运动命名》与国际标准 ISO 和 EIA 等效，即数控机床的坐标系采用右手笛卡儿直角坐标系，它规定直角坐标系中 X、Y、Z 三个直线坐标轴，围绕 X、Y、Z 各轴的旋转运动轴为 A、B、C 轴，用右手螺旋法则判定 X、Y、Z 三个直线坐标轴与 A、B、C 轴的关系及其正方向。

（1）机床坐标系的确定原则。

① 假定刀具相对于静止的工件而运动的原则。这个原则规定，不论数控铣床是刀具运动还是工件运动，均以刀具的运动为准，工件看成静止不动，这样可按零件图轮廓直接确定数控铣床刀具的加工运动轨迹。

② 采用右手笛卡儿直角坐标系原则。如图 5-9 所示，张开食指、中指与大拇指，且三者相互垂直，中指指向 $+Z$ 轴，大拇指指向 $+X$ 轴，食指指向 $+Y$ 轴。

坐标轴的正方向规定为增大工件与刀具之间距离的方向。旋转坐标轴 A、B、C 的正方向根据右手螺旋法则确定。

③ 机床坐标轴的确定方法。Z 坐标轴的运动由传递切削动力的主轴所规定；X 坐标轴一般是水平方向，它垂直于 Z 轴且平行于工件的装夹平面；最后根据右手笛卡儿直角坐标系原则确定 Y 轴的方向。图 5-17 所示为右手笛卡儿直角坐标系。

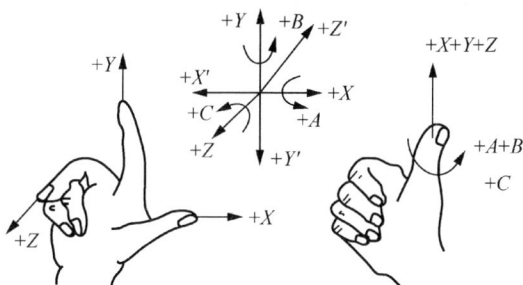

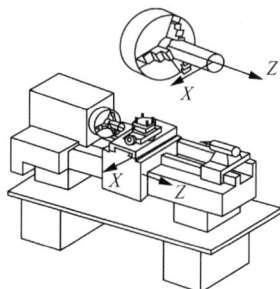

（2）数控车床坐标系。数控机床坐标轴的方向取决于机床的类型和各组成部分的布局。数控车床坐标系如图 5-18 所示，Z 轴平行于主轴轴心线，以刀架沿着离开工件的方向为 Z 轴正方向；X 轴垂直于主轴轴心线，以刀架沿着离开工件的方向为 X 轴正方向。

图 5-17　右手笛卡儿直角坐标系　　　　图 5-18　数控车床坐标系

（3）机床原点和机床参考点。

① 机床原点。即数控机床坐标系的原点，又称机床零点，是数控机床上设置的一个固定点，它在机床装配、调试时就已设置好，一般情况下不允许用户进行更改。数控机床原点又是数控机床进行加工运动的基准参考点，一般设置在刀具远离工件的极限位置，即各坐标轴正方向的极限点处。

② 机床参考点。该点在机床制造厂出厂时已调好，并将数据输入数控系统中。对于大多数数控机床，开机时必须首先进行刀架返回机床参考点操作，以确认机床参考点。返回参考点的目的就是建立数控机床坐标系，并确定机床坐标系的原点。只有机床返回参考点以后，机床坐标系才建立起来，刀具移动才有了依据；否则不仅加工无基准，还会发生碰撞等事故。机床参考点位置在机床原点处，故回机床参考点操作可以称为回机床零点操作，简称"回零"。

机床坐标轴的机械行程是由最大和最小限位开关来限定的。机床坐标轴的有效行程范围是由软件限位来确定的，其值由制造商定义。机床原点、机床参考点构成数控机床机械行程及有效行程，如图 5-19 所示。

（4）编程坐标系、编程原点。编程坐标系又称为工件坐标系，是编程人员用来定义工件形状和刀具相对工件运动的坐标系。编程人员确定工件坐标系时不必考虑工件毛坯在机床上的实际装夹位置。一般通过对刀获得工件坐标系。工件坐标系一旦建立便一直有效，直到被新的工件坐标系所取代。

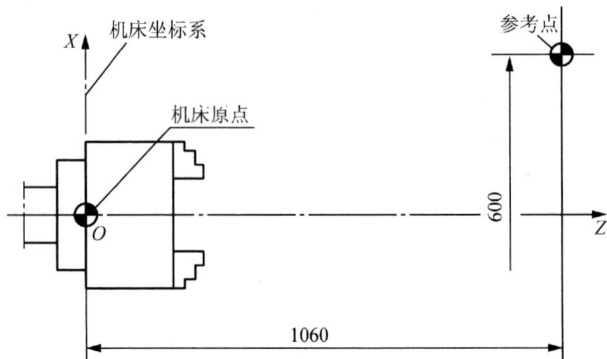

图 5-19　机床原点和机床参考点

编程原点是根据加工零件图样及加工工艺要求选定的工件坐标系原点，又称为工件原点。

编程原点的选择应尽量满足编程简单、尺寸换算少、引起的加工误差小等条件。一般情况下，编程原点应选在零件的设计基准或工艺基准上。对数控车床而言，工件坐标系原点一般选在工件轴线与工件的前端面、后端面、卡爪前端面的交点上，各轴的方向应该与所使用的数控机床相应的坐标轴方向一致，如图 5-20 所示，O_3 为车削零件的编程原点。

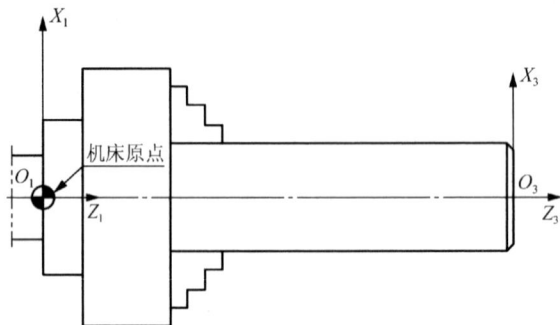

图 5-20　工件坐标系和机床坐标系

（5）对刀点和换刀点。对刀是操作数控车床的重要内容，对刀的好坏将直接影响到车削零件的尺寸精度。

对刀是指执行加工程序前，调整刀具的刀位点，使其尽量重合于某一理想基准点的过程。刀位点是指在加工程序编制中，用以表示刀具特征的点，也是对刀和加工的基准点。

确定对刀点时应注意以下几点：

① 尽量与零件的设计基准或工艺基准一致。

② 便于用常规量具在车床上进行找正。

③ 该点的对刀误差应较小，或可能引起的加工误差为最小。

④ 尽量使加工程序中的引入或返回路线短，并便于换刀。

⑤ 确定换刀点，即在加工过程中，自动换刀装置的换刀位置。换刀点的位置应保证刀具转位时不碰撞被加工零件或夹具，一般可设置在对刀点。

4）数控编程中的数学处理

数学处理主要用于手工编程的轮廓加工，其计算内容主要包括零件轮廓中几何元素的基点、插补线段的节点、刀具位置及一些辅助计算等。

基点就是构成零件轮廓各相邻几何元素之间的交点。如两直线间的交点，直线与圆弧或圆弧与圆弧间的交点或切点，圆弧与二次曲线的交点或切点等。

节点是在满足允许加工误差要求条件下，用若干插补线段（如直线段或圆弧段等）去逼近实际轮廓曲线时，相邻两插补线段的交点。

一般基点和节点为切削点，即刀具切削部位必须切到的位置。

刀具位置点是表示刀具所处不同位置的坐标点，即刀位点。

辅助计算包括增量计算、辅助程序段的数值计算等。

一般根据零件图样所给已知条件，用代数、三角、几何或解析几何的有关知识可直接计算出基点数值，对于复杂的运算还得借助计算机。

例如，从图 5-21 中给出的尺寸可以很容易地找出 $A(0,0)$，$B(0,12)$，$D(110,26)$，$E(110,0)$。但基点 C 是过 B 点的直线与圆心为 O_1、半径为 30mm 的圆弧的切点，这个尺寸，图中并未给出，因此需计算 C 点的坐标值。求 C 点的坐标值有多种方法。

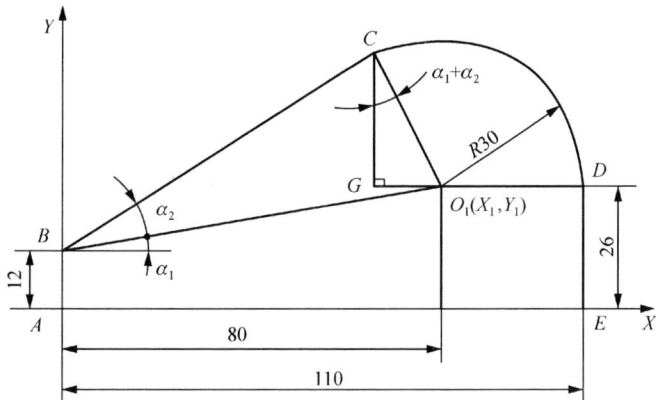

图 5-21 零件轮廓基点坐标计算

（1）利用联立方程组求解基点。过 C 点作 X 轴的垂线与过 O_1 点作 Y 轴的垂线相交于 G 点。由图 5-21 中各坐标位置关系可知

$$\Delta X = X_1 - X_B = 80 - 0 = 80$$
$$\Delta Y = Y_1 - Y_B = 26 - 12 = 14$$

则

$$\alpha_1 = \arctan\left(\frac{\Delta Y}{\Delta X}\right) = 9.93°$$

$$\alpha_2 = \arcsin\left(\frac{R}{\sqrt{\Delta X^2 + \Delta Y^2}}\right) = 21.68°$$

$$K = \tan(\alpha_1 + \alpha_2) = 0.62$$

圆心为 O_1 的圆方程与直线 BC 的方程联立求解：

$$\begin{cases} (X-80)^2 + (Y-26)^2 = 30^2 \\ Y = 0.62X + 12 \end{cases}$$

即可求得 C 点坐标是(64.28,51.55)。

（2）利用三角函数关系求解基点。当已知 α_1 和 α_2 后，可利用三角函数关系得

$$\begin{cases} 80 - X_C = \sin(\alpha_1 + \alpha_2) R \\ Y_C - 26 = \cos(\alpha_1 + \alpha_2) R \end{cases}$$

$$X_C = 64.28$$
$$Y_C = 51.55$$

由此可见，直接利用图形间的几何、三角关系求解基点坐标，计算过程相对于联立方程求解会简单一些。但用这种方法求解时，必须考虑组成轮廓的直线、圆的方向性，只有这样，在多数情况下解才是唯一的。

5）基本编程指令

（1）快速点定位指令 G00。

　　指令格式：G00X（U）　Z（W）

其中：X、Z——刀具移动目标点的绝对坐标值；

　　　　U、W——刀具移动目标点的相对坐标值。

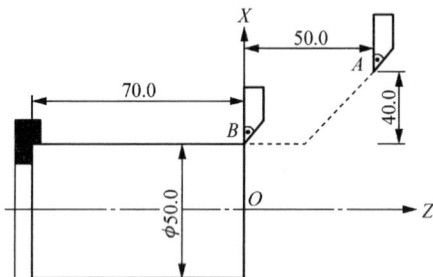

图 5-22　G00 快速点定位

说明：① G00 用于快速移动刀具位置，不对工件进行加工，可以在几个轴上同时执行快速移动，由此产生一线性轨迹，如图 5-22 所示。

② 机床数据中规定每个坐标轴快速移动速度的最大值，一个坐标轴运行时就以此速度快速移动。如果快速移动同时在两个轴上执行，则移动速度为两个轴可能的最大速度。

③ 用 G00 快速点定位时，在地址 F 下设置的进给率无效。

④ G00 模态有效，直到被 G 功能组中其他的指令（G01、G02、G03、…）取代为止。例如，实现图 5-22 所示的从 A 点到 B 点的快速移动，其程序段如下。

绝对编程：

　　N0010 G00X 50.0　Z0.0

相对编程：

　　N0010 G00 U−80.0 W−50.0

（2）直线插补指令 G01。

　　指令格式：G01X（U）　Z（W）F

其中：X、Z——刀具移动目标点的绝对坐标值；

　　　　U、W——刀具移动目标点的相对坐标值；

　　　　F——进给速度（mm/r）。

说明：① 刀具以直线从起始点移动到目标位置，按地址 F 下设置的进给速度运行。所有的坐标轴可以同时运行，如图 5-23 所示。

② G01 模态有效，直到被 G 功能组中其他的指令（G00、G02、G03、…）取代为止。

例如，实现图 5-23 所示的从 A 点到 B 点的直线插补运动，其程序段如下。

绝对编程：

 N0030 G01 X45.0 Z－26.0 F0.3

相对编程：

 N0030 G01 U15.0 W－26.0 F0.3

（3）圆弧插补指令 G02/G03。

指令格式如下。

圆心和终点编程：

 G02/G03X（U） Z（W） I K F

半径和终点编程：

 G02/G03X（U） Z（W） R F

其中：X、Z——圆弧终点的绝对坐标值；

  U、W——圆弧终点相对圆弧起点的相对坐标值；

  I、K——圆弧起点到圆心点的矢量分量，正负同坐标轴方向；

  R——圆弧半径。

说明：① 刀具沿圆弧轨迹从圆弧起始点移动到终点，方向由 G 指令确定，如图 5-24 所示。

② G02 顺时针圆弧插补；G03 逆时针圆弧插补。

③ G02 和 G03 一直有效，直到被 G 功能组中其他的指令（G00、G01、…）取代为止。

④ 当同一程序段中同时出现 I、K 和 R 时，以 R 为优先，I、K 无效。

⑤ I、K 值若为 0，则可省略不写。

⑥ 当终点坐标与指定的半径值没有交于同一点时，会显示警示信息。

⑦ R 数值前带"—"表明插补圆弧段大于 180°。

判断：沿着第三轴的负方向看圆弧的旋转方向，顺时针为顺圆插补用 G02，反之用 G03。

例如，实现图 5-25 所示的从 A 点到 B 点的圆弧插补运动，其程序段如下。

圆心坐标和终点坐标编程如下。

绝对编程：

 N0030 G02 X40.0 Z－20.0 I30.0 K0F0.3

相对编程：

 N0030 G02 U20.0 W－20.0 I30.0 K0F0.3

终点和半径尺寸编程如下。

绝对编程：

 N0030 G02 X40.0 Z－20.0 R30.0 F0.3

相对编程：

 N0030 G02 U20.0 W－20.0 R30.0 F0.3

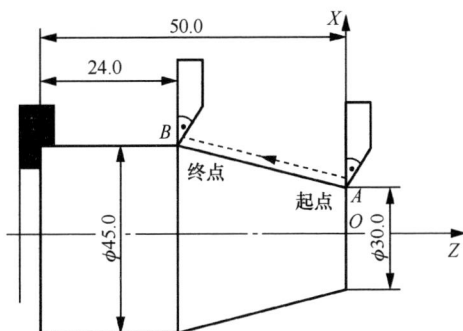

图 5-23 G01 直线插补指令

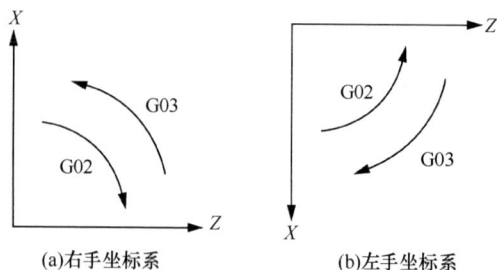

图 5-24 G02/G03 圆弧插补顺逆判别

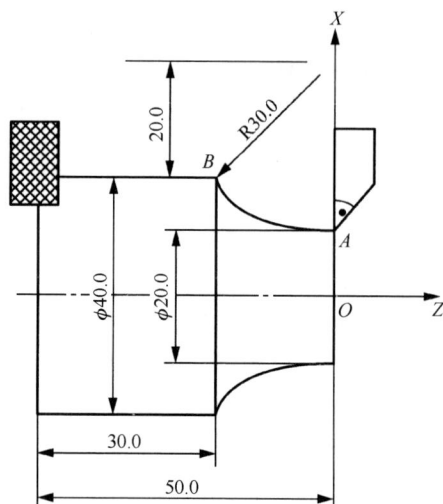

图 5-25 圆弧插补实例

（4）内外径粗车复合循环指令 G71。

指令格式：

    G71 U（Δd） R（r） P（ns） Q（nf） X（Δx） Z（Δz） F S T

其中：Δd——切削深度（每次切削量），指定时不加符号，方向由矢量 AA' 决定；

r——每次退刀量；

ns——精加工路径第一程序段（即图中 AA'）的顺序号；

nf——精加工路径最后程序段（即图中 BB'）的顺序号；

Δx——X 方向精加工余量；

Δz——Z 方向精加工余量；

F，S，T——粗加工时 G71 中编程的 F、S、T 有效，而精加工时从 ns 到 nf 程序段
之间的 F、S、T 有效。

说明：该指令执行图 5-26 所示的粗加工与精加工，其中精加工路径为 A—A'—B'—B
的轨迹，切削进给方向平行于 Z 轴。

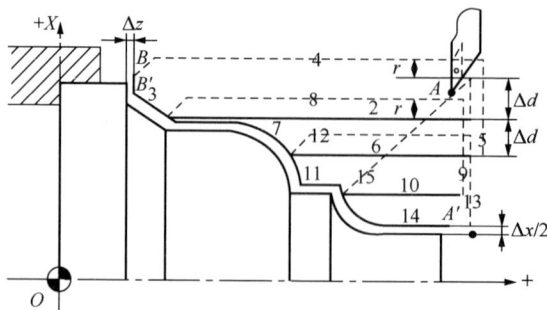

图 5-26 内外径粗车复合循环 G71

（5）螺纹切削复合循环指令 G76。

指令格式：

```
G76 C(c) R(r) E(e) A(a) X(x) Z(z) I(i) K(k) U(d)V(Δdmin)
Q(Δd) P(p) F(L)
```

其中：c——精整次数（1～99），为模态值。

r——螺纹 Z 向退尾长度（0～99），为模态值。

e——螺纹 X 向退尾长度（0～99），为模态值。

a——刀尖角度（两位数字），为模态值；在 80°、60°、55°、30°、29°和 0°六个角度中选一个。

x、z——绝对值编程时，为有效螺纹终点 C 的坐标；增量值编程时，为有效螺纹终点 C 相对于循环起点 A 的有向距离。

i——螺纹两端的半径差。

k——螺纹高度，该值由 X 轴方向上的半径值指定。

Δdmin——最小切削深度（半径值）。

d——精加工余量（半径值）。

Δd——第一次切削深度（半径值）。

p——主轴基准脉冲处距离切削起点的主轴转角。

L——螺纹导程。

说明：螺纹切削复合循环 G76 执行图 5-27 所示的加工轨迹。其单边切削及参数如图 5-28 所示。

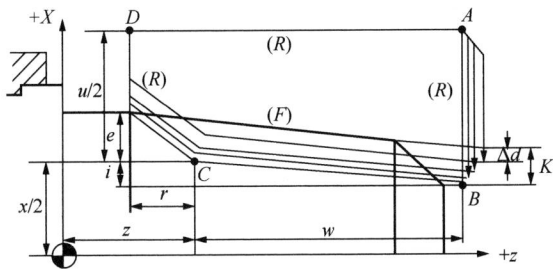

图 5-27　螺纹切削复合循环 G76

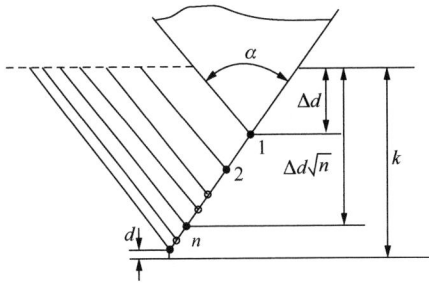

图 5-28　G76 单边切削及参数

2. 数控加工工艺知识

1）数控加工工艺文件

数控加工工艺文件主要包括数控加工工艺规程卡、工序卡和刀具使用卡。

（1）数控加工工艺规程卡。数控加工工艺规程卡是数控加工工艺文件的重要组成部分。它规定了工序号、工序名称、设备名称、刀具的编号和规格、辅具等，如表 5-8 所示。

（2）工序卡。工序卡是编制数控加工程序的重要依据之一，应按已确定的工步顺序编写。工序卡的内容包括工序号、工步内容、刀具号和切削用量等，如表 5-9 所示。

表 5-8　数控加工工艺规程卡

零件名称		零件材料	毛坯种类	毛坯硬度		毛坯重	编制
××		××	××	××		××	××
工序号	工序名称	设备名称	夹具	刀具		辅具	冷却液
				编号	规格		
1							
2							
⋮							
编制	××	审核　××	批准　××	年　月　日		共　页	第　页

表 5-9　工序卡

单位名称	××	产品名称	零件名称	零件图号
		××	××	××
工序号	程序编号	夹具名称	使用设备	车间
××	××	××	××	××

工序简图:

（略）

工序号	工步内容	刀具号	刀具规格 /mm	主轴转速 $n/(r \cdot min^{-1})$	进给速度 $f/(mm \cdot r^{-1})$	背吃刀量 a_p/mm	备注
1							
2							
⋮							
编制	××	审核　××	批准　××	年　月　日	共　页	第　页	

（3）刀具使用卡。刀具使用卡是说明完成一个零件加工所需的全部刀具，主要包括刀具号、规格名称、刀尖半径等内容，如表 5-10 所示。

表 5-10　刀具使用卡

产品名称		××	零件名称		××	零件图号	××
序号	刀具号	刀具规格名称	数量	加工表面	刀尖半径 R/mm	刀尖方位 T	备注
1							
2							
⋮							
编制	××	审核　××	批准　××		共　页	第　页	

2）工艺分析的内容与步骤

（1）工件的装夹与找正。正确、合理地选择工件的定位与夹紧方式，是保证零件加工精度的必要条件。

选择定位基准，力求设计基准、工艺基准与编程计算基准统一，减少基准不重合误差和数控编程中的计算工作量，并尽量减少装夹次数；在多工序或多次安装中，要选择相同的定位基准，保证零件的位置精度；要保证定位准确、可靠，夹紧机构简单，且操作简便。

常用的装夹方法有两种：①在自定心卡盘上装夹。利用这种方法装夹工件方便、省时、自动定心好，但夹紧力较小，适用于装夹外形规则的中、小型工件。自定心卡盘可安装成正爪或反爪两种形式，反爪用来装夹直径较大的工件，如图 5-29 所示。②在两顶尖之间装夹。用这种方法装夹工件不需找正，每次装夹的精度高，适用于长度尺寸较大或加工工序较多的轴类工件装夹，如图 5-30 所示。

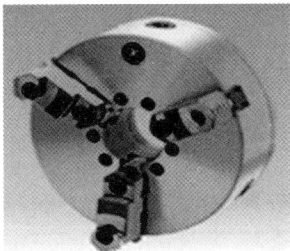

图 5-29　自定心卡盘（反爪）　　　　图 5-30　用前后顶尖装夹工件

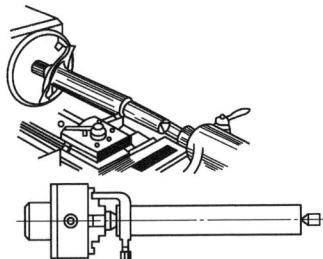

（2）工艺路线的确定。工艺路线的确定包含工序划分和工序顺序安排两部分内容。

工序的划分注意以下几点：

① 以一次装夹工件所进行的加工为一道工序。将位置精度要求较高的表面加工，安排在一次装夹下完成，以免多次装夹所产生的误差影响位置精度。

② 以粗、精加工划分工序。粗精加工分开可以提高加工效率，对于容易发生加工变形的零件，更应将粗、精加工内容分开。

③ 以同一把刀具加工的内容划分工序。根据零件的结构特点，将加工内容分成若干部分，每一部分用一把典型刀具加工，这样可以减少换刀数和空行程时间。

④ 以加工部位划分工序。根据零件的结构特点，将加工的部位分成几个部分，每一部分的加工内容作为一个工序。

工序顺序的安排注意如下几点：

① 基面先行。先加工定位基准面，减少后面工序的装夹误差。如轴类零件，先加工中心孔，再以中心孔为精基准加工外圆表面和端面。

② 先粗后精。先对各表面进行粗加工，然后进行半精加工和精加工，逐步提高加工精度。

③ 先近后远。离对刀点近的部位先加工，离对刀点远的部位后加工，以便缩短刀具移动距离，减少空行程时间，同时有利于保持工件的刚性，改善切削条件。

④ 内外交叉。先进行内、外表面的粗加工，后进行内、外表面的精加工。不能加工完内表面后，再加工外表面。

（3）切削用量的确定。切削用量包括切削速度、进给量和切削深度。

数控加工时对同一加工过程选用不同的切削用量，会产生不同的切削效果。合理的切削用量应能保证工件的质量要求（如加工精度和表面粗糙度），在切削系统强度和刚性允许的条件下充分利用机床功率，最大限度地发挥刀具的切削性能，并保证刀具有一定的使用寿命。

选择切削用量一般应遵循以下原则。

① 粗车时切削用量的选择。粗车时一般以提高生产率为主，兼顾经济性和加工成本；提高切削速度、加大进给量和背吃刀量都能提高生产率，其中切削速度对刀具寿命的影响最大，背吃刀量对刀具寿命的影响最小，所以考虑粗加工切削用量时，首先应选择一个尽可能大的背吃刀量，其次选择较大的进给速度，最后在刀具使用寿命和机床功率允许的条

件下选择一个合理的切削速度。

② 精车、半精车时切削用量的选择。精车和半精车的切削用量要保证加工质量，兼顾生产率和刀具的使用寿命。精车和半精车的背吃刀量是根据零件加工精度和表面粗糙度要求，以及粗车后留下的加工余量决定的，一般情况是一次去除余量。精车和半精车的背吃刀量较小，产生的切削力也较小，所以可在保证表面粗糙度的情况下，适当加大进给量。

对应数控车削加工的常用刀具材料、工件材料与切削用量如表 5-11 所示。

表 5-11　切削用量推荐表

零件材料及毛坯尺寸	加工内容	背吃刀量 a_p/mm	主轴转速 n/(r·min^{-1})	进给速度 f/(mm·r^{-1})	刀具材料
45 钢坯料，外径 ϕ20～60mm 内径 ϕ13～20mm	粗加工	1～2.5	300～800	0.15～0.4	硬质合金（YT 类）
	精加工	0.25～0.5	600～1000	0.08～0.2	
	切槽、切断（切刀宽 35mm）		300～500	0.05～0.1	
	钻中心孔		300～800	0.1～0.2	高速钢
	钻孔		300～500	0.05～0.2	高速钢

5.2.2　任务实施：曲面型芯的数控车削

1. 工艺准备

01 图样分析。根据零件图样要求、确定毛坯及加工顺序。

① 设型芯零件毛坯尺寸为 ϕ50mm×120mm，轴心线为工艺基准，用自定心卡盘夹持 ϕ50mm 外圆，使工件伸出卡盘 80mm，一次装夹完成粗、精加工。

② 加工顺序。假设毛坯已完成圆弧及外圆的粗车，留 0.5mm 精加工余量（R18mm、ϕ36mm×30mm、ϕ48mm×20mm），从右到左精车圆弧及外圆，达尺寸要求。

02 选择机床设备及刀具。根据零件图样要求，选 CK6150 型卧式数控车床。由加工要求，选用 1 把 93°硬质合金外圆车刀；刀具号 T01。把刀具在自动换刀刀架上安装好且对好刀，把它们的刀偏值输入相应的刀具参数中，刀具卡片如表 5-12 所示。

表 5-12　刀具卡片

产品名称		××		零件名称		模柄		零件图号		××
序号	刀具号	刀具规格名称	数量	加工表面		刀尖半径 R/mm		刀尖方位 T		备注
1	T01	93°硬质合金外圆车刀	1	精车圆弧及 ϕ36mm、ϕ48mm 外圆		0.2		3		
⋮										
编制		××		审核	××	批准	××	共 页		第 页

03 确定切削用量。切削用量的具体数值应根据机床性能、相关的手册并结合实际经验用类比方法确定，切削用量推荐值可参见表5-11。

04 确定工件坐标系、对刀点和换刀点。确定以工件的右端面与轴心线的交点 O 为工件原点，建立工件坐标系。采用手动试切对刀方法，把点 O 作为对刀点。假设换刀点设置在工件坐标系下 $X150$、$Z150$ 处，数控加工工序卡如表5-13所示。

表5-13 曲面型芯零件数控加工工序卡

单位名称	××	产品名称		零件名称		零件图号
		××		曲面型芯		××
工序号	程序编号	夹具名称		使用设备		车间
002	O0030	自定心卡盘		CK6150 数控车		数控实训车间

工序简图：

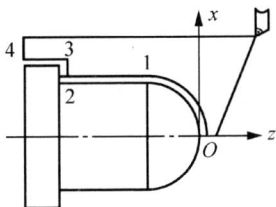

工步号	工步内容	刀具号	刀具规格 /mm	主轴转速 n/(r·min^{-1})	进给速度 f/(mm·r^{-1})	背吃刀量 a_p/mm	备注
1	装夹						手动
2	对刀，编程原点工件右端面	T01	93°硬质合金外圆车刀	450			手动
3	精车圆弧及ϕ36mm、ϕ48mm外圆达尺寸要求			750	0.08	0.5	自动
⋮							
编制	××	审核	××	批准	××	年 月 日	共 页 第 页

05 基点运算。以工件右端面的中心点为编程原点，基点值为绝对尺寸编程值。切削加工的基点计算值如表5-14所示。

表5-14 切削加工的基点计算值

基 点	0	1	2	3	4
x	0	36.0	36.0	48.0	48.0
z	0	−18.0	−48.0	−48.0	−60.0

06 程序编制。

曲面型芯零件精加工程序编制清单如下：

```
%0030                          程序名
N0010 G97 G99                  主轴恒转速，每转进给
```

N0020 S750 M03	主轴正转，750r/min
N0030 T0101	换1号车刀，1号刀补
N0040 G00 X0 Z5.0	快速移动刀具定位
N0050 G01 Z0 F0.08	直线插补，进给速度0.08mm/r
N0060 G03 X36.0 Z−18.0 R18.0	精车圆弧R18
N0070 G01 Z−48.0	精车外圆ϕ36mm×30mm
N0080 X48.0	精车端面
N0090 Z−68.0	精车外圆ϕ48mm×20mm
N0100 G00 X50.0	快速移动刀具定位
N0110 X150.0 Z150.0	快速移动刀具定位
N0120 M05	主轴停
N0130 M30	程序结束

2. 操作步骤

01 工件装夹。毛坯尺寸为ϕ50mm×120mm，用自定心卡盘夹持ϕ50mm外圆，使工件伸出卡盘80mm。

02 刀具装夹。将93°硬质合金外圆车刀装在1#刀位，刀具号T01。

03 对刀。

04 将程序O0030输入并调试。

05 自动运行程序，完成加工。

▌考核评价

实训任务完成后，进行总结评价，学生自检（查）、班组长互检（查）与教师过程评价和综合评价相结合。合计分公式及权重由教师拟定。曲面型芯考核评分内容见表5-15。

表5-15　曲面型芯考核评分表

序号	鉴定项目及标准		配分	评分标准	自检（查）	互检（查）	评分
1	工艺准备 20%	刀具卡	5	刀具选用不合理扣2分，刀具卡填写不正确每处扣1分			
2		工序卡	5	工序编排不合理扣2分，工序卡填写不正确每处扣1分			
3		程序单	10	程序编制不正确每处扣2分			
4	任务实施 20%	工件装夹	2	装夹方法不正确扣2分			
5		刀具安装	2	刀具安装不正确扣2分			
6		程序录入	3	程序输入不正确扣2分			
7		对刀操作	4	对刀不正确每次扣1分			
8		零件加工	4	加工不连续，每中止一次扣1分			
9		安全文明	5	撞刀、未清理机床扣5分			

序号	鉴定项目及标准		配分	评分标准	自检（查）	互检（查）	评分
10	工件质量 50%	$R18$mm	10	每超差 0.01mm 扣 5 分			
11		$\phi 36$mm± 0.02mm	10	每超差 0.01mm 扣 5 分			
12		$\phi 48$mm± 0.02mm	10	每超差 0.01mm 扣 5 分			
13		$60_{-0.10}^{0}$ mm	10	每超差 0.05mm 扣 5 分			
14		$12_{-0.05}^{0}$ mm	10	每超差 0.03mm 扣 5 分			
15	误差分析 10%	零件自检	4	自检有误每处扣 1 分			
16		误差分析	6	误差分析不到位相应扣 1~6 分			

合计：

误差分析（学生填）：

考核结果（教师填）：

操作员		检验员		时间	

数控车削加工练习题

1. 成形面零件的数控车削加工

成形面零件的工程图如图 5-31 所示，成形面零件考核评分见表 5-16。

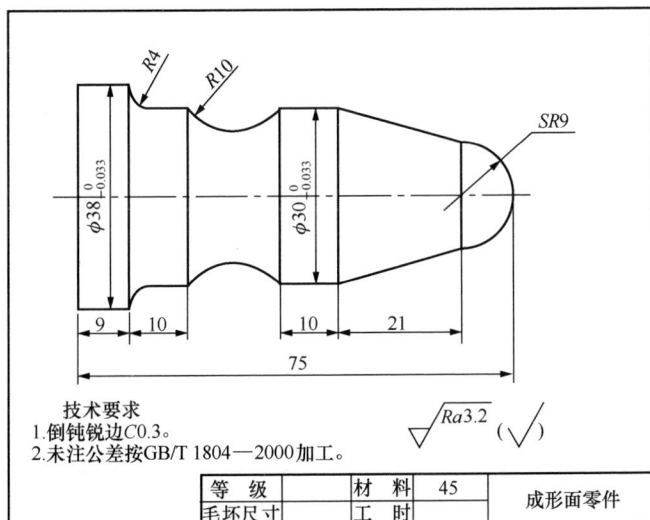

技术要求
1.倒钝锐边C0.3。
2.未注公差按GB/T 1804—2000加工。

等 级		材 料	45	成形面零件
毛坯尺寸		工 时		

图 5-31 成形面零件工程图

表 5-16　成形面零件考核评分表

序号	鉴定项目及标准		配分	评分标准	自检（查）	检验结果	得分	备注
1	工艺准备 20%	刀具卡	5	刀具选用不合理扣 2 分，刀具卡填写不正确每处扣 1 分				
2		工序卡	5	工序编排不合理扣 2 分，工序卡填写不正确每处扣 1 分				
3		程序单	10	程序编制不正确每处扣 2 分				
4	任务实施 20%	工件装夹	2	装夹方法不正确扣 2 分				
5		刀具安装	2	刀具安装不正确扣 2 分				
6		程序录入	3	程序输入不正确扣 2 分				
7		对刀操作	4	对刀不正确每次扣 1 分				
8		零件加工	4	加工不连续，每中止一次扣 1 分				
9		安全文明	5	撞刀、未清理机床扣 5 分				
10	工件质量 50%	$\phi 38_{-0.033}^{0}$ mm	8	每超差 0.01mm 扣 4 分				
11		$\phi 30_{-0.033}^{0}$ mm	8	每超差 0.01mm 扣 4 分				
12		SR9mm	6	超差扣 6 分				
13		R10mm	6	超差扣 3 分，未成形扣 6 分				
14		R4mm	4	超差扣 4 分				
15		75mm	6	每超差 0.02mm 扣 2 分				
16		21mm	3	每超差 0.02mm 扣 1 分				
17		10mm	3	每超差 0.02mm 扣 1 分				
18		9mm	2	每超差 0.02mm 扣 1 分				
19		Ra3.2μm	4	每处扣 1 分				
20	误差分析 10%	零件自检	4	自检有误每处扣 1 分				
21		误差分析	6	误差分析不到位相应扣 1～6 分				

合计：

误差分析（学生填）：

考核结果（教师填）：

操作员		检验员		时间	

2. 手柄零件的数控车削加工

手柄零件的工程图如图 5-32 所示，手柄零件考核评分见表 5-17。

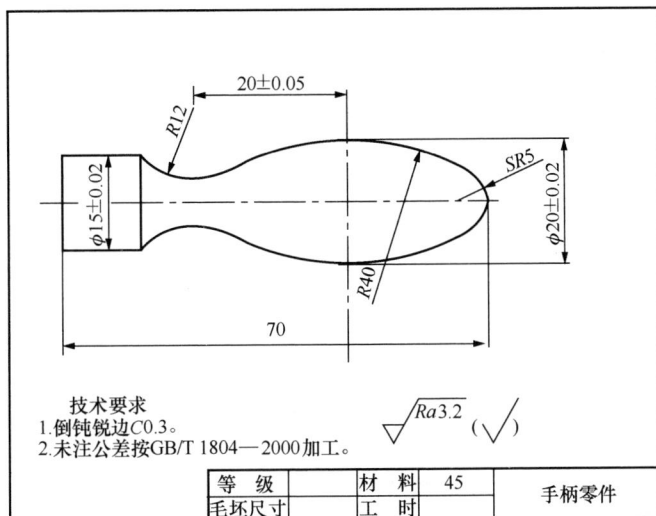

技术要求
1. 倒钝锐边 C0.3。
2. 未注公差按GB/T 1804—2000加工。

$\sqrt{Ra3.2}$ $(\sqrt{})$

等　级	材　料	45	手柄零件
毛坯尺寸	工　时		

图 5-32　手柄零件工程图

表 5-17　手柄零件考核评分表

序号	鉴定项目及标准		配分	评分标准	自检（查）	检验结果	得分	备注
1	工艺准备 20%	刀具卡	5	刀具选用不合理扣 2 分，刀具卡填写不正确每处扣 1 分				
2		工序卡	5	工序编排不合理扣 2 分，工序卡填写不正确每处扣 1 分				
3		程序单	10	程序编制不正确每处扣 2 分				
4	任务实施 20%	工件装夹	2	装夹方法不正确扣 2 分				
5		刀具安装	2	刀具安装不正确扣 2 分				
6		程序录入	3	程序输入不正确扣 2 分				
7		对刀操作	4	对刀不正确每次扣 1 分				
8		零件加工	4	加工不连续，每中止一次扣 1 分				
9		安全文明	5	撞刀、未清理机床扣 5 分				
10	工件质量 50%	ϕ20mm$\pm$0.02mm	6	每超差 0.01mm 扣 2 分				
11		ϕ15mm$\pm$0.02mm	6	每超差 0.01mm 扣 2 分				
12		SR5mm	6	超差扣 6 分				
13		R40mm	6	超差扣 6 分				
14		R12mm	4	超差扣 6 分				
15		70mm	8	每超差 0.02mm 扣 2 分				
16		（20$\pm$0.05）mm	4	每超差 0.02mm 扣 1 分				
17		圆弧光滑	6	圆弧过渡不光滑每处扣 2 分				
18		Ra3.2μm	4	每处扣 1 分				

续表

序号	鉴定项目及标准		配分	评分标准	自检（查）	检验结果	得分	备注
19	误差分析	零件自检	4	自检有误每处扣1分				
20	10%	误差分析	6	误差分析不到位相应扣1～6分				
合计：								

误差分析（学生填）：

考核结果（教师填）：

操作员		检验员		时间	

3. 螺纹类零件的数控车削加工

螺纹类零件的工程图如图 5-33 所示，螺纹类零件考核评分见表 5-18。

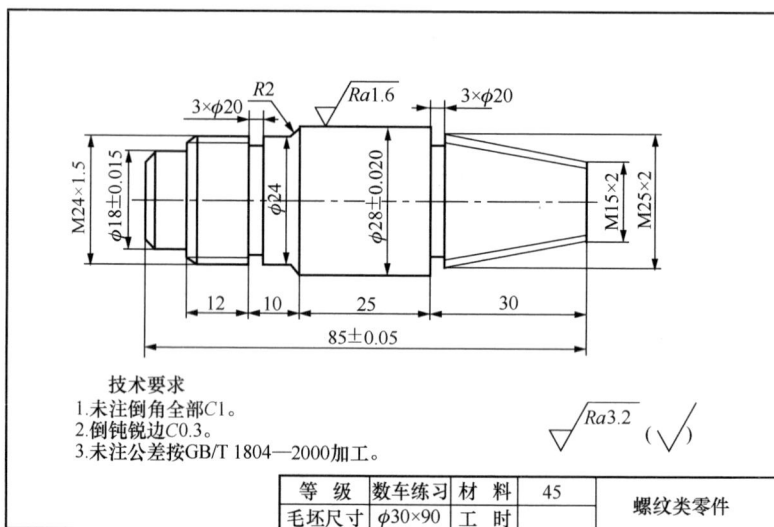

图 5-33　螺纹类零件工程图

表 5-18　螺纹类零件考核评分表

序号	鉴定项目及标准		配分	评分标准	自检（查）	检验结果	得分	备注
1	工艺准备 20%	刀具卡	5	刀具选用不合理扣2分，刀具卡填写不正确每处扣1分				
2		工序卡	5	工序编排不合理扣2分，工序卡填写不正确每处扣1分				
3		程序单	10	程序编制不正确每处扣2分				

续表

序号	鉴定项目及标准		配分	评分标准	自检（查）	检验结果	得分	备注
4	任务实施 20%	工件装夹	2	装夹方法不正确扣 2 分				
5		刀具安装	2	刀具安装不正确扣 2 分				
6		程序录入	3	程序输入不正确扣 2 分				
7		对刀操作	4	对刀不正确每次扣 1 分				
8		零件加工	4	加工不连续，每中止一次扣 1 分				
9		安全文明	5	撞刀、未清理机床扣 5 分				
10	工件质量 50%	ϕ18mm±0.015mm	4	每超差 0.01mm 扣 2 分				
11		ϕ24mm	6	每超差 0.01mm 扣 2 分				
12		ϕ28mm±0.020mm	4	每超差 0.01mm 扣 2 分				
13		槽	4	超差扣 6 分				
14		M24×1.5	6	超差扣 3 分，未成形扣 6 分				
15		M25×2	6	超差扣 3 分，未成形扣 6 分				
16		25mm	4	每超差 0.02mm 扣 1 分				
17		12mm	4	每超差 0.02mm 扣 2 分				
18		30mm	4	每超差 0.02mm 扣 2 分				
19		85mm	6	每超差 0.02mm 扣 2 分				
20		Ra3.2μm	4	每处扣 1 分				
21	误差分析 10%	零件自检	4	自检有误每处扣 1 分				
22		误差分析	6	误差分析不到位相应扣 1～6 分				

合计：

误差分析（学生填）：

考核结果（教师填）：

操作员		检验员		时间	

4. 轴套类零件的数控车削加工

轴套类零件的工程图如图 5-34 所示，轴套类零件考核评分见表 5-19。

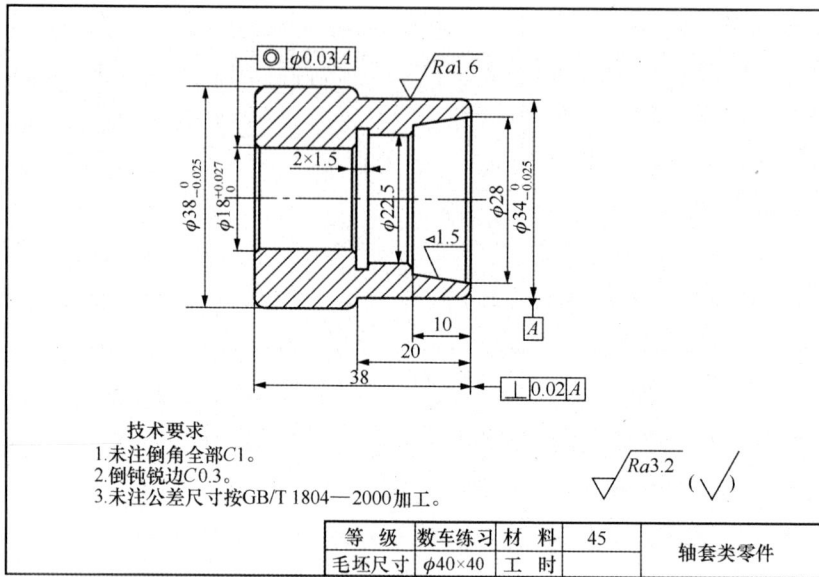

图 5-34　轴套类零件工程图

技术要求
1.未注倒角全部C1。
2.倒钝锐边C0.3。
3.未注公差尺寸按GB/T 1804—2000加工。

| 等　级 | 数车练习 | 材　料 | 45 | 轴套类零件 |
| 毛坯尺寸 | φ40×40 | 工　时 | | |

表 5-19　轴套类零件考核评分表

序号	鉴定项目及标准		配分	评分标准	自检(查)	检验结果	得分	备注
1	工艺准备 20%	刀具卡	5	刀具选用不合理扣2分，刀具卡填写不正确每处扣1分				
2		工序卡	5	工序编排不合理扣2分，工序卡填写不正确每处扣1分				
3		程序单	10	程序编制不正确每处扣2分				
4	任务实施 20%	工件装夹	2	装夹方法不正确扣2分				
5		刀具安装	2	刀具安装不正确扣2分				
6		程序录入	3	程序输入不正确扣2分				
7		对刀操作	4	对刀不正确每次扣1分				
8		零件加工	4	加工不连续，每中止一次扣1分				
9		安全文明	5	撞刀、未清理机床扣5分				
10	工件质量 50%	$\phi38_{-0.025}^{0}$ mm	6	每超差0.01mm扣2分				
11		$\phi34_{-0.025}^{0}$ mm	6	每超差0.01mm扣2分				
12		$\phi22.5$mm	3	每超差0.01mm扣2分				
13		$\phi18_{0}^{+0.027}$ mm	6	每超差0.01mm扣2分				
14		锥度1∶5	4	超差扣6分				
15		33mm	4	超差扣4分				
16		20mm	3	超差扣3分				
17		10mm	3	超差扣3分				
18		⊥0.02 A	4	每超差0.01mm扣2分				
19		◎φ0.03 A	4	每超差0.01mm扣2分				

序号	鉴定项目及标准		配分	评分标准	自检(查)	检验结果	得分	备注
20	工件质量 50%	C1（7 处）	7	每处扣 1 分				
21	误差分析 10%	零件自检	4	自检有误每处扣 1 分				
22		误差分析	6	误差分析不到位相应扣 1～6 分				

合计：

误差分析（学生填）：

考核结果（教师填）：

操作员		检验员		时间	

主要参考文献

程鸿思，赵军华，2008. 普通铣削加工操作实训 [M]. 北京：机械工业出版社.

高汉华，李艳霞，2011. 数控加工与编程 [M]. 北京：清华大学出版社.

机械工业职业技能鉴定指导中心，2004. 初级铣工技术 [M]. 北京：机械工业出版社.

机械工业职业技能鉴定指导中心，2006. 初级车工技术 [M]. 北京：机械工业出版社.

冀秀焕，2009. 金工实习教程 [M]. 北京：机械工业出版社.

刘冠军，楚天舒，2011. 铣工模块式实训教程 [M]. 北京：化工工业出版社.

邵刚，2010. 金工实训 [M]. 北京：电子工业出版社.

孙强，王建，2009. 车工（中级）考前辅导 [M]. 北京：机械工业出版社.

王洪光，岳振方，李军，2006. 铣工 [M]. 北京：化工工业出版社.

游震洲，2010. 金工实训 [M]. 北京：清华大学出版社.

张丽萍，郭洋，朱崇高，2010. 数控加工编程与操作 [M]. 北京：清华大学出版社.

浙江省安全生产教育培训教材编写组，2002. 焊接与热切割作业 [M]. 北京：中国工人出版社.

中国机械工业教育协会，2007. 金工实习 [M]. 北京：机械工业出版社.